21世纪高等学校计算机专业实用规划教材

JavaScript 实战详解

◎千锋教育高教产品研发部 / 编著

清華大学出版社
北京

内 容 简 介

本书是 JavaScript 初学者的不二之选。本书循序渐进、由浅入深，内容丰富，实战性强，全面覆盖 JavaScript 的核心语法，包括变量、数据类型、作用域链、闭包、BOM 和 DOM 模型、AJAX 技术、面向对象等，还囊括了事件模型、算法、运动特效、ECMAScript 6.0 等。

本书既可作为各高等院校相关专业的教材，也可作为培训机构的教学用书，同时也非常适合广大 Web 前端爱好者自学。

图书在版编目（CIP）数据

JavaScript 实战详解 / 千锋教育高教产品研发部编著.—北京：清华大学出版社，2019（2023.9 重印）
（21 世纪高等学校计算机专业实用规划教材）
ISBN 978-7-302-53710-6

Ⅰ.①J…　Ⅱ.①千…　Ⅲ.①JAVA 语言 -程序设计 -高等学校 -教材　Ⅳ.①TP312.8

中国版本图书馆 CIP 数据核字（2019）第 178055 号

责任编辑： 陈景辉　黄　芝
封面设计： 胡耀文
责任校对： 时翠兰
责任印制： 丛怀宇

出版发行： 清华大学出版社
网　　址：http://www.tup.com.cn, http://www.wqbook.com
地　　址：北京清华大学学研大厦 A 座　　邮　　编：100084
社 总 机：010-83470000　　邮　　购：010-62786544
投稿与读者服务：010-62776969，c-service@tup.tsinghua.edu.cn
质 量 反 馈：010-62772015，zhiliang@tup.tsinghua.edu.cn
课 件 下 载：http://www.tup.com.cn，010-83470236

印 装 者： 三河市龙大印装有限公司
经　　销： 全国新华书店
开　　本： 185mm×260mm　　**印　张：** 23.5　　**字　　数：** 539 千字
版　　次： 2019 年 10 月第 1 版　　**印　　次：** 2023 年 9 月第 7 次印刷
印　　数： 6801～7800
定　　价： 79.90 元

产品编号：078641-01

编委会

序 preface

千锋教育是一家拥有核心教研能力以及校企合作能力的职业教育培训企业，2011 年成立于北京，秉承“初心至善　匠心育人”的核心价值观，以坚持面授的泛 IT 职业教育培训为根基，公司现有教育培训、高校服务、企业服务三大业务板块。教育培训业务分为大学生职业技能培训和职后技能培训；高校服务业务主要提供校企合作全解决方案与定制服务。

党的二十大报告指出“教育是国之大计、党之大计。培养什么人、怎样培养人、为谁培养人是教育的根本问题”；强调“必须坚持科技是第一生产力、人才是第一资源、创新是第一动力，深入实施科教兴国战略、人才强国战略、创新驱动发展战略，开辟发展新领域新赛道，不断塑造发展新动能新优势”；使用了“强化企业科技创新主体地位”的全新表达，特别强调要“加强企业主导的产学研深度融合”。

千锋教育面对 IT 技术日新月异的发展环境，不断探索新的应用场景和技术方向，紧随当下新产业、新技术和新职业发展，并将其融合到高校人才培养方案中去，秉承精品、系列、前沿、实战，编著适应当前教学应用的系列教材。本系列教材注重理论与实践相融合，坚持思想性、系统性、科学性、生动性、先进性相统一，做到结构严谨、逻辑性强、体系完备。鼓励开展探索性科学实践项目，调动学生积极性和主动性，激发学生学习兴趣和潜能，增强学生创新创造能力。

为此，做好教材建设先行的工作，是我们奋力编写“好程序员成长”丛书的目的与初衷。系列丛书提供配套的教辅资源和服务，具体如下。

高校服务

“锋云智慧”(www.fengyunedu.cn) 是千锋旗下面向高校业务的服务品牌。我们提供从教材到实训教辅、师资培训、赛事合作、实习实训、精品特色课建设、实验室建设、专业共建、产业学院共建等多维度、全方位的产教融合平台。致力于融合创新、产学合作、赋能职业落地教育改革，加快构建现代职业化教育体系，培养更多高素质技术技能人才。

锋云智慧实训教辅平台是基于教材，专为中国高校打造的开放式实训教辅平台，旨在为高校提供高效的数字化新形态教学全场景、全流程的教学活动支撑。平台由教师端、学生端构成，教师可利用平台中的教学资源和教学工具，构建高质量的教案和教辅流程。同时，教师端和学生端可以实现课程预习、在线作业、在线实训、在线考试教学环节和学习行为和结果分析统计，提升教学效果，延伸课程管理，推进“三全育人”教改模式。扫下方二维码即可体验该平台。

锋云智慧公众号

教师服务与交流群

教师服务与交流群（QQ 群号：713880027）是图书编者建立的，专门为教师提供教学服务，如分享教学经验和案例资源、答疑解惑、师资培训等，帮助提高教学质量。

大学生服务与交流群

学 IT 有疑问，就找“千问千知”。“千问千知”是一个有问必答的 IT 学习平台，平台上的专业答疑辅导老师承诺在工作日的 24 小时内答复您学习时遇到的专业问题。本书配套学习资源可添加 QQ 号 2133320438 或扫下方二维码索取。

千问千知公众号

前言 Foreword

如今，科学技术与信息技术快速发展和社会生产力变革对 IT 行业从业者提出了新的需求，从业者不仅要具备专业技术能力，更要具备业务实践能力和健全的职业素质。因此，复合型技术技能人才更受企业青睐。高校毕业生求职面临的第一道门槛就是技能与经验，教科书也应紧随新一代信息技术和新职业要求的变化及时更新。

本书倡导理实结合、实战就业，在语言描述上力求准确、通俗易懂。本书针对重要知识点精心挑选案例，将理论与技能深度融合，促进隐性知识与显性知识的转化。案例讲解包含设计思路、运行效果、实现思路、代码实现、技能技巧详解等。本书引入企业项目案例，从动手实践的角度， 帮助读者逐步掌握前沿技术，为高质量就业赋能。

在章节编排上循序渐进，在语法阐述中尽量避免使用生硬的术语和枯燥的公式，从项目开发的实际需求入手，将理论知识与实际应用相结合，促进学习和成长，快速积累项目开发经验，从而在职场中拥有较高起点。

本书特点

JavaScript 是一门广泛应用于 Web 前端开发的脚本语言，可以为网页添加各式各样的动态交互效果，为用户提供舒适、美观的人机交互体验。本书使用简洁形象的案例，剖析晦涩的知识点，核心内容言简意赅。在全面系统地讲解知识的基础上，配备精彩的实战操作演练，有助于读者对知识的理解，使读者对知识的领悟更加透彻，逐步培养读者编程的兴趣和能力。

通过本书读者将学习到以下内容。

第 1 章介绍 JavaScript 的定义、特性和 JavaScript 基本编程。

第 2 章讲解 JavaScript 中的基本语法，包括变量、数据类型、运算符和流程控制语句的基本语法与操作。

第 3 章讲解 JavaScript 与 HTML、CSS 之间进行交互操作的方法，并结合实例讲解 DOM 获取网页中的 HTML 元素，并设置相关的 CSS 样式。

第 4 章介绍 JavaScript 提供的内置函数的基本用法，讲解如何定义函数、调用函数及多函数相关的传参、arguments、返回值、作用域等常见操作。

第 5 章介绍 JavaScript 中定时器、this 关键字的作用及实际应用；讲解属性操作、Math 数学对象等在实际开发中常用语法及技巧处理。

第 6 章介绍 JavaScript 中字符串和数组两种常见的数据类型，讲解截取字符串、查找字符串、转换字符串等系列操作方法及数组的定义及循环操作、添加数组、删除数组、查找数组、转换数组、筛选数组、排序数组等系列操作方法。

第 7 章介绍 JavaScript 中时间函数和正则表达式的作用、基本使用方法，通过倒计时、数码时钟、匹配标签、添加千分符等讲解时间函数和正则表达式的常见方法。

第 8 章介绍 DOM 节点、DOM 操作等基本概念，讲解利用 DOM 操作网页中的元素和 innerHTML 修改元素中的内容，以及使用 DOM 获取并设置样式。

第 9 章介绍 BOM、window 对象、BOM 与浏览器常见接口等基本概念。讲解浏览器网址、浏览器信息、浏览器历史记录、浏览器 Cookie 等操作。

第 10 章讲解 JavaScript 语言的事件，包括 event 对象的常见属性及事件的绑定写法、事件的取消写法、事件代理等高级用法。

第 11 章介绍 JSON、AJAX 的基本知识，讲解 AJAX 执行的步骤，GET 与 POST 的区别和跨域 JSONP 的操作与实现。

第 12 章介绍 JavaScript 中的面向对象基础和面向对象高级用法，讲解 JavaScript 面向对象的程序设计，并配合继承或多态来完成复杂的开发。

第 13 章介绍在 JavaScript 中实现动画原理、使用方法及递归、排序、去重、二分查找等经典算法，利用照片墙等实际项目详细讲解通过匀速公式、tween 算法实现一个简易的运动框架。

第 14 章介绍 ECMAScript 6.0 的一些相关概念和基本语法与新功能。

致谢

千锋教育 Java 教学团队将多年积累的教学实战案例进行整合，通过反复的精雕细琢最终完成了这本著作。另外，多名院校老师也参与了教材的部分编写与指导工作。除此之外，千锋教育 500 多名学员也参与了教材的试读工作，他们从初学者的角度对教材提供了许多宝贵的修改意见，在此一并表示衷心的感谢。

意见反馈

在本书的编写过程中，虽然力求完美，但难免有一些不足之处，欢迎各界专家和读者朋友给予宝贵的意见。

编者

2019 年 5 月于北京

目录 Contents

第1章 chapter 1

JavaScript 简介

本章学习目标

- 了解 JavaScript 的定义和用途;
- 理解 JavaScript 的特点与组成;
- 初探 JavaScript 程序并运行。

JavaScript（简称 JS）是一种可以嵌入 HTML 页面中的脚本语言。JavaScript 是由浏览器一边解释一边执行，每一个 Web 项目都离不开它，它能够让网页更加活灵活现。目前，已成为最受欢迎的开发语言之一。

1.1 什么是 JavaScript

视频讲解

1.1.1 JavaScript 的诞生

1991 年 8 月 6 日，来自欧洲核子研究中心的科学家 Tim Berners-Lee，启动了世界上第一个可以正式访问的网站（http: // info. cern. ch/），从此人类进入互联网时代。

当时的浏览器属于国家专利，一般用于军事方面。美国的计算机服务公司，即网景通信公司（Netscape Communications Corporation），在 1994 年 12 月发布了网景浏览器（Netscape Navigator）1.0 正式版，成为当时最热门的商业浏览器，占据了市场的主要份额。

网景浏览器 1.0 正式版只能用来浏览网页，并不具备与访问者互动的能力，如单击、滑动、验证等功能，因此网景公司迫切地需要一种网页脚本语言，以实现浏览器与网页的互动。

图 1.1　Brendan Eich（JavaScript 之父）

1995 年，由网景公司聘请的程序员 Brendan Eich（如图 1.1 所示）开发了这种网页脚本语言。由于当时时间紧、任务重，Brendan Eich 只用 10 天就设计出了这种语言的第一版。由于设计时间太短，语言的一些细节还不够完善，但 JavaScript 语言的雏形就此诞生。

1.1.2 JavaScript 与 Java 的关系

网景公司的这种浏览器脚本语言最初的名字叫作 Mocha，1995 年 9 月改名为 LiveScript。同年 12 月，网景公司与 Sun 公司（即 Java 语言的发明者与所有者）达成协议，后者允许将这种语言叫作 JavaScript。这样，网景公司可以借助 Java 语言的声势，而 Sun 公司则可以将自身的影响力扩展到浏览器。因此，JavaScript 语言与 Java 语言并没有任何关系，只是互相炒作的关系而已。就像雷锋和雷峰塔不存在关系一样，JavaScript 与 Java 也毫无关系，如图 1.2 所示。

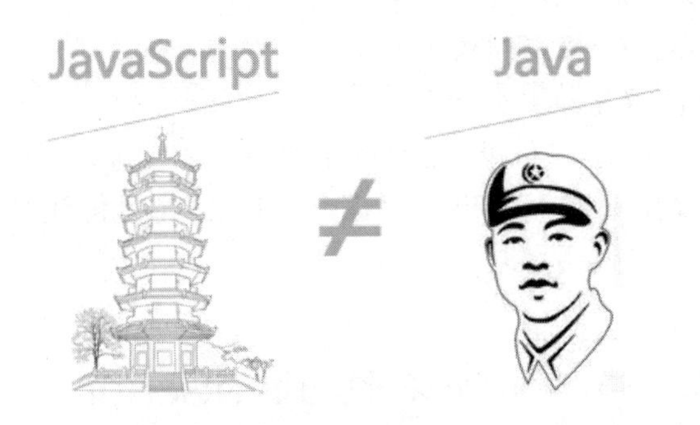

图 1.2　JavaScript 与 Java 无关系

1995 年 12 月 4 日，网景公司与 Sun 公司联合发布了 JavaScript 语言。

1996 年 3 月，网景浏览器(Netscape Navigator) 2.0 浏览器正式内置 JavaScript 脚本语言。

1.1.3 为什么学习 JavaScript

JavaScript 语言既适合作为学习编程的入门级语言，也适合用于日常开发的工作。它是目前最有希望、最有前途的计算机语言之一。JavaScript 特点如图 1.3 所示。

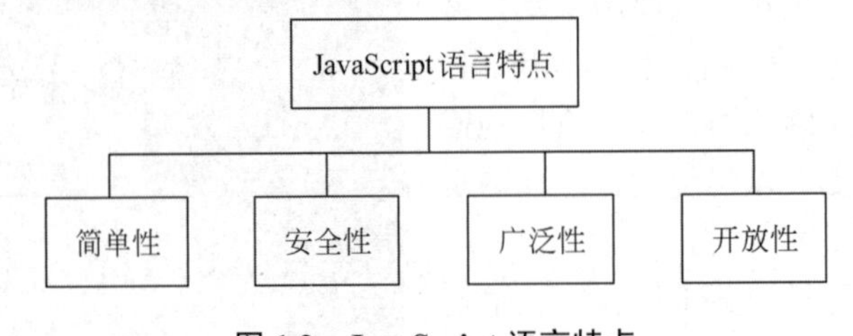

图 1.3　JavaScript 语言特点

（1）简单性

相对于其他编程语言，JavaScript 语法更加简单，适合初学者学习。JavaScript 的很多语法都是借鉴大家所熟悉的 Java 或 C++的语法，这对于学习 JavaScript 语言具有非常大的帮助。

除了语言本身的简单以外，JavaScript 的开发环境也是相当简单，只需要文本编辑器就可以编写 JavaScript 程序。它不需要对开发环境做过多的配置，快速入门是这种语言的最大特点。

（2）安全性

JavaScript 语言主要是用来完成浏览器与访问者之间的交互效果，并不会涉及数据存储服务器、网络文档修改或删除等功能。例如：用户的账号、密码、支付等功能的实现均不涉及，因此没有安全性问题。从另外一个角度来说，JavaScript 本身没有操作数据的功能，所以说学习 JavaScript 这门语言本身就是"非常安全"的。

（3）广泛性

JavaScript 可以应用于被浏览器解析的 Web 端，可以作为后端语言使用，还可以用于构建移动端 APP 等。此外，JavaScript 还可以用来构建桌面应用，世界上最流行的 2D 游戏引擎之一 Cocos2d 和最流行的 3D 游戏引擎之一 Unity3D 均可以由 JavaScript 来开发。

（4）开放性

JavaScript 属于客户端脚本语言，可以在浏览器中直接查看到其源代码，对于学习和借鉴都很有帮助，可以说 JavaScript 这门语言具有完全的开放性。

在大型互联网公司的不断推广下，JavaScript 生态圈也在不断的完善之中，各种类库、API 接口层出不穷，从而使其生态环境蒸蒸日上。使用各种现成的框架或类库，可以快速地搭建大型应用，同时其开放的环境使得这门语言成为当下最流行的编程语言之一。

1.2 JavaScript 的特性

视频讲解

1.2.1 语言特性

每种编程语言都有自己的语言特性，只有了解语言的独到之处，才能更好地理解这种语言。JavaScript 语言特性如图 1.4 所示。

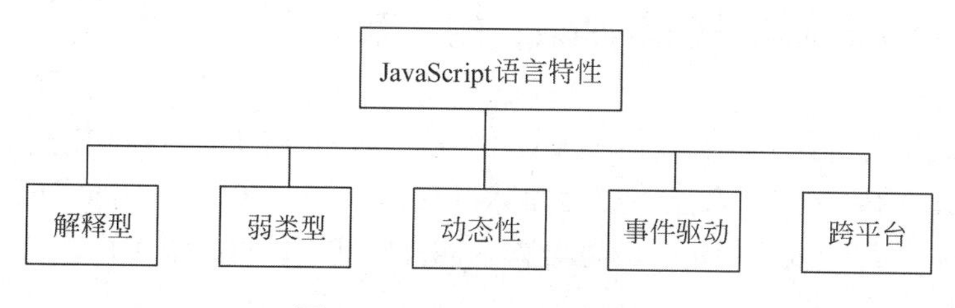

图 1.4 JavaScript 语言特性

1. 解释型

编译型语言在计算机运行代码前，先把代码翻译成计算机可以理解的文件，如 Java、

C++等属于编译型语言；而解释型语言则不同，解释型语言的程序不需要在运行前编译，只需在运行程序时编译即可，如 JavaScript、PHP 等属于解释型语言。

解释型语言的优点是可移植性较好，只要有解释环境，可在不同的操作系统上运行。代码修改后即可运行，无须编译，上手方便、快速。但缺点是需要解释环境，运行起来比编译型语言慢，占用资源多，代码效率低。

2．弱类型

弱类型语言是相对于强类型语言而言的。在强类型语言中，变量类型有很多种，如 int、char、float、boolean 等，不同的类型相互转换有时需要强制转换。而 JavaScript 只有一种类型 var，当其为变量赋值时会自动判断类型并进行转换，因此 JavaScript 是弱类型语言。

弱类型语言的优点是易于学习、语言表达简单易懂、代码更优雅、开发周期更短、更加偏向逻辑设计。缺点是程序可靠性差、调试烦琐、变量不规范、性能低下。

3．动态性

动态性语言是指在变量定义时不一定进行赋值操作，只需在使用时作赋值操作即可。这种方式使得代码更灵活、方便。在 JavaScript 中有多处会用到动态性，如获取元素、原型等。

4．事件驱动

JavaScript 可以直接对用户或客户输入做出响应，无须经过 Web 程序。它对用户的响应以事件驱动的方式进行，即由某种操作动作引起相应的事件响应，如单击、拖动窗口、选择菜单等。

5．跨平台

JavaScript 依赖于浏览器本身，与操作环境无关。只要计算机上可以运行浏览器，并且浏览器支持 JavaScript，即可正确执行，从而实现“编写一次，走遍天下”。

1.2.2 JavaScript 与 ECMAScript 的关系

为了与微软公司竞争，1996 年 11 月，网景公司决定将 JavaScript 提交给国际标准化组织 ECMA，希望这门语言能够成为国际标准。次年，ECMA 发布 262 号标准文件（ECMA-262）的第一版，规定了浏览器脚本语言标准，并将此语言称为 ECMAScript，版本为 1.0 版。

此标准开始就是针对 JavaScript 语言而制定，但名称为 ECMA JavaScript 而不是 JavaScript 有两个原因：一是商标，Java 是 Sun 公司的商标，根据授权协议，只有网景公司可以合法地使用 JavaScript 这个名字，且 JavaScript 本身也已经被网景公司注册为商标；二是体现这门语言的制定者是 ECMA，而不是网景，这有利于保证 JavaScript 语言的开放性和中立性。因此，ECMAScript 和 JavaScript 的关系为前者是后者的规范，后者是前者的实现。

1.2.3 JavaScript 与 HTML 和 CSS 的关系

JavaScript 语言主要用来完成浏览器与访问者之间的交互效果，需要与 HTML、CSS 配合使用，三者就像板凳的三条腿，缺一不可。Web 前端三大核心技术的关系，如图 1.5 所示。如果想要对 JavaScript 语言有更深入的理解，需要对 HTML 和 CSS 有一定的认知。

那么，三者是如何进行分工的呢？下面用一个盖房子的例子来描述三者之间的关系，首先需要把房子的地基和骨架搭建好，即良好的结构（HTML）；然后给房子刷上油漆和添加窗户，对房子样式进行美化（CSS）；最后给房子添加电梯和地暖，与住户进行一些行为上的交互（JavaScript），这样房子才算搭建完毕。总而言之，首先通过 HTML 搭建网页的结构，然后用 CSS 设置网页的样式，最后通过 JavaScript 添加网页的交互效果，从而完成整个前端的开发过程。具体分工如下：HTML 负责结构、CSS 负责样式、JavaScript 负责行为。根据 W3C 组织规定的 Web 标准，应该尽可能地让三者进行分离式开发，最后再整合到一起，从而实现最终的效果。

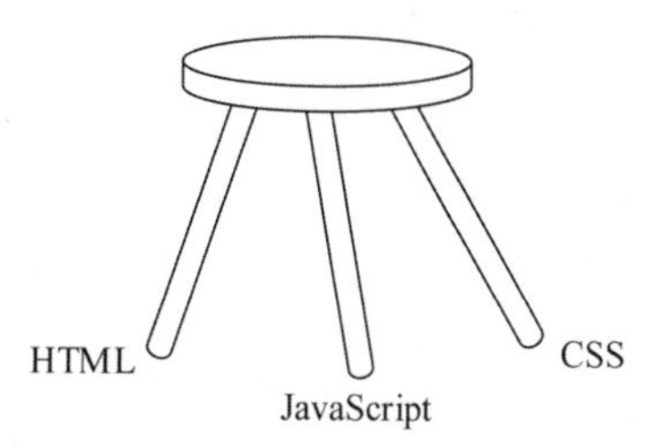

图 1.5 Web 前端三大核心技术的关系

1.2.4 JavaScript 的组成

JavaScript 的组成包含三大部分，分别为 ECMAScript、DOM 和 BOM。JavaScript 的组成如图 1.6 所示。

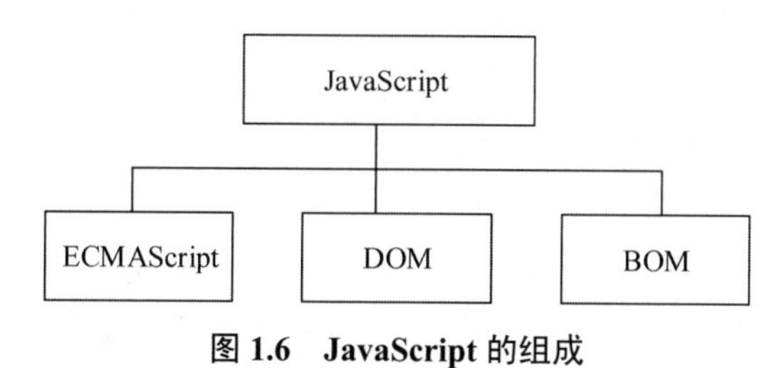

图 1.6 JavaScript 的组成

1. ECMAScript

ECMAScript 是 JavaScript 语言的规范，是 JavaScript 的核心内容，它描述了语言的基本语法和数据类型等。ECMAScript 是一套标准，规范了 JavaScript 编码方式与语言特性。

2. DOM

文档对象模型（Document Object Model，DOM）是 W3C 组织推荐的处理可扩展标记语言（HTML 或 XML）的标准编程接口（API）。网页上组织页面（或文档）的对象被组织在一个树形结构中，通过DOM操作的方式可以让页面跟JavaScript进行通信交互。DOM 树展示，如图 1.7 所示。

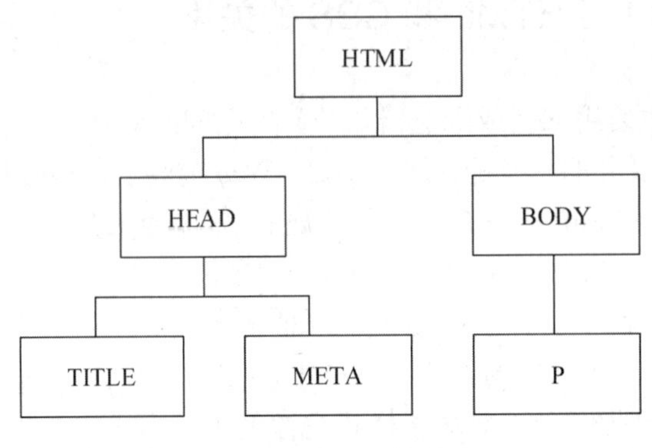

图 1.7　DOM 树展示

通俗地说，DOM 就是获取或设置 HTML 和 CSS 代码的功能实现。通过下面的示例可以看出 HTML 页面的每个部分都是一个节点的衍生物，具体示例代码如下：

```
1    <!DOCTYPE HTML>
2    <html>
3    <head>
4         <meta charset="utf-8">
5         <title>demo</title>
6    </head>
7    <body>
8         <p>hello JavaScript!</p>
9    </body>
10   </html>
```

DOM 通过创建树来表示文档中所有的标签结构（即节点），从而使开发者对文档的内容和结构具有空前的控制力。用 DOM API 可以轻松地删除、添加和替换节点。

3．BOM

浏览器对象模型（Browser Object Model，BOM）是对浏览器窗口进行访问和操作的功能接口。例如，弹出新的浏览器窗口、获取浏览器信息等。注意，BOM 是作为 JavaScript 的一部分而不是作为 W3C 组织的标准，每款浏览器都有自己的实现方式，这会导致 BOM 代码的兼容性不如 ECMAScript 和 DOM 代码的兼容性。

1.2.5　JavaScript 版本

JavaScript 的版本主要指核心部分 ECMAScript 的版本。1998 年和 1999 年，分别发布了 ECMAScript 2.0 和 ECMAScript 3.0。ECMAScript 3.0 版是一个巨大的成功，在业界

得到广泛的支持，并成为通行标准，为 JavaScript 语言的基本语法奠定了基础。直到目前，初学者开始学习 JavaScript，还是在学习 ECMAScript 3.0 版的语法。

2000 年，ECMAScript 4.0 开始酝酿。但是由于此版本太过激进，对 ECMAScript 3.0 进行了彻底的升级，导致标准委员会的一些成员不愿意接受。因此，中止了 ECMAScript 4.0 的开发，将其中涉及现有功能改善的一小部分，临时发布为 ECMAScript 3.1，而将其他激进的设想，放入以后的版本中。

2009 年 12 月，ECMAScript 3.1 正式改名为 ECMAScript 5.0（ECMAScript 3.0 和 ECMAScript 5.0 语法基本相同，并保持兼容模式），并正式发布。2011 年 6 月，ECMAScript 5.1 版本发布，它是当前最为稳定的一个版本。

2015 年 6 月，ECMAScript 6.0 正式通过，成为国际标准，此版本对 JavaScript 语言有了较大的改进，提供了很多特性和新功能。

本教材主要以 ECMAScript 5.1 版本作为核心进行讲解，同时也会对 ECMAScript 6.0 进行讲解。

1.3 编写第一个 JavaScript 程序

视频讲解

1.3.1 JavaScript 编辑工具

俗话说，工欲善其事，必先利其器。在进行 JavaScript 开发时，首先需要选择适合的编辑工具。常见的网页编码工具有以下四种。

- Dreamweaver，它是由 Adobe 公司出品。
- Sublime Text，它是由程序员 Jon Skinner 开发的。
- WebStorm，它是由 JetBrains 公司出品。
- HBuilder，它是由 DCloud 公司出品。

推荐使用 Sublime Text，它是一款强大的网页编辑器，且对 JavaScript 支持情况非常好，具有强大的插件功能，可适应各种类库的编码操作。Sublime Text 编辑器如图 1.8 所示。

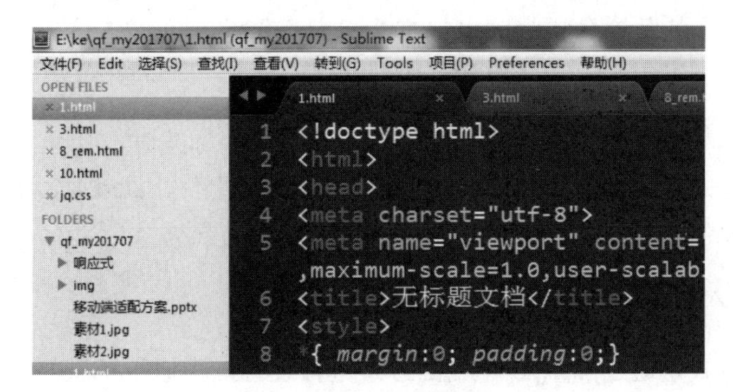

图 1.8 Sublime Text 编辑器

1.3.2 JavaScript 在 HTML 的引入方式

CSS 在 HTML 中有三种引入方式，JavaScript 与 CSS 在 HTML 中的引入方式完全相同，如下所示。

1．行间引入方式（行内式）

行间引入方式是通过 HTML 标签的属性进行操作，一般不推荐使用，因为它违背了 Web 标准中规定的结构、样式、行为三者分离开发的原则，接下来通过案例演示行间 JavaScript 展示效果，具体如例 1-1 所示。

【例 1-1】 行间 JavaScript 展示效果。

```
1   <!doctype html>
2   <html>
3   <head>
4   <meta charset="utf-8">
5   <title>编写第一个 JS 程序</title>
6   </head>
7   <body>
8   <div onclick="alert('Hello JavaScript!')">单击</div>
9   </body>
10  </html>
```

运行结果如图 1.9 所示。

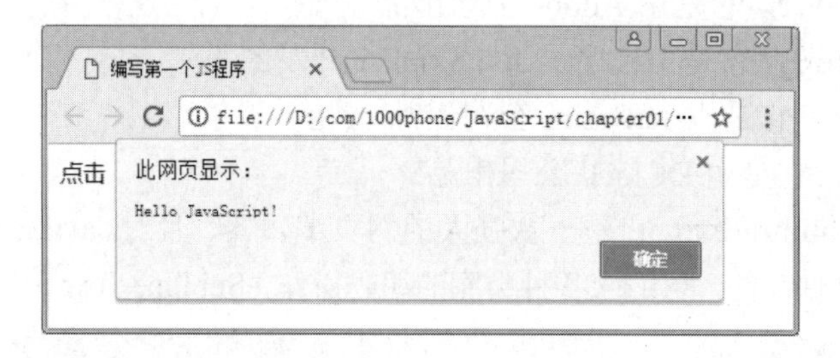

图 1.9　例 1-1 的运行结果

在 Chrome 浏览器下运行上面的代码，当单击<div>标签时，会弹出一个提示窗口，显示设置的文本内容。其中 onclick 属性表示单击相应事件，alert()表示弹出窗口方法，括号中的内容为弹出内容。

2．内部引入方式（内嵌式）

内部引入方式是通过<script>标签的方式进行设置，类似于 CSS 中的<style>标签引入方式，接下来通过案例演示内部 JavaScript 展示效果，具体如例 1-2 所示。

【例 1-2】 内部 JavaScript 展示效果。

```
1    <!doctype html>
2    <html>
3    <head>
4    <meta charset="utf-8">
5    <title>编写第一个 JS 程序</title>
6    </head>
7    <body>
8    <script>
9        // 弹出窗口
10         alert('Hi JavaScript!');
11   </script>
12   </body>
13   </html>
```

运行结果如图 1.10 所示。

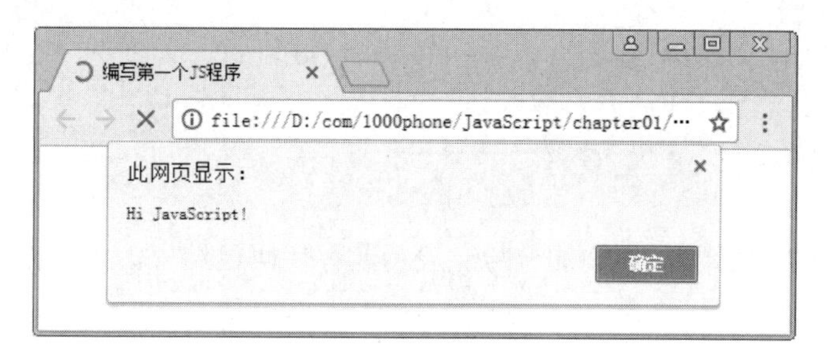

图 1.10 例 1-2 的运行结果

<script>标签可以写在 HTML 结构中的任意位置，比如<head>或<body>中。需要注意，alert 方式会阻止后续代码的执行。因此，当不单击弹窗的“确定”按钮时，会一直显示加载的状态；当单击了“确定”按钮时，页面加载完成。

3. 外部引入方式（外链式）

外部引入方式，也是通过<script>标签的方式进行设置，但引入的是一个外部 JavaScript 文件，通过 src 属性引入链接的地址。类似于 CSS 中的<link>标签引入方式，具体示例代码如下：

```
<script src="js/hello.js"></script>
```

执行代码和展示效果都与内部引入方式类似，只是采用一个外部的 JavaScript 文件，这样可以在多个页面中共享同一段 JavaScript 代码。

1.3.3 注释、空格、分号

JavaScript 中的注释分为单行代码注释和多行代码注释两种，下面将分别介绍这两种注释方式。

（1）单行代码注释，通过//的方式，具体示例代码如下：

```
<script>
    // alert('Hi JavaScript!');
</script>
```

（2）多行代码注释，通过/* */的方式，具体示例代码如下：

```
<script>
     /*alert('Hi JavaScript!');
     alert('Hello JavaScript!');*/
</script>
```

JavaScript 语法对空格没有限制，两个语法之间可以通过多个空格隔开。需要注意，不能对一个完整的语法进行空格分隔，否则将会报错。具体示例代码如下：

```
<script>
     alert(      'Hi JavaScript!'      );    // √
     alert      ('Hi JavaScript!');          // √
     ale      rt('Hi JavaScript!');          // ×
</script>
```

一般在语句结束后，需要添加分号，表示此行代码已结束。此操作并不是强制的，但养成良好的编程习惯很重要。

1.3.4 JavaScript 调试控制台

一般情况下，可以利用 alert()方式打印 JavaScript 计算后的值，从而进行程序的测试。但 alert()方式会阻止后续代码的执行，连续测试会很不方便。JavaScript 中提供了另外一种测试方式，即 console.log()方式。此方式与 alert()类似，可以打印出相关的值，但二者的区别在于 console.log()方式不会阻止后续代码的运行。因此，console.log()方式适合做连续的输出操作。

如果想要查看 console.log()方式打印的数据值，需要通过浏览器自带的调试控制台打印输出。例如 Chrome 浏览器，按 F12 键即可打开调试控制台。接下来通过案例演示 Chrome 浏览器调试控制台，具体如例 1-3 所示。

【例 1-3】 Chrome 浏览器调试控制台。

```
1   <!doctype html>
2   <html>
3   <head>
4   <meta charset="utf-8">
5   <title>编写第一个 JS 程序</title>
6   </head>
7   <body>
8   <script>
```

```
9        // 在 Chrome 调试控制台打印相关信息
10          console.log('Hi JavaScript!');
11   </script>
12   </body>
13   </html>
```

Chrome 浏览器调试结果如图 1.11 所示

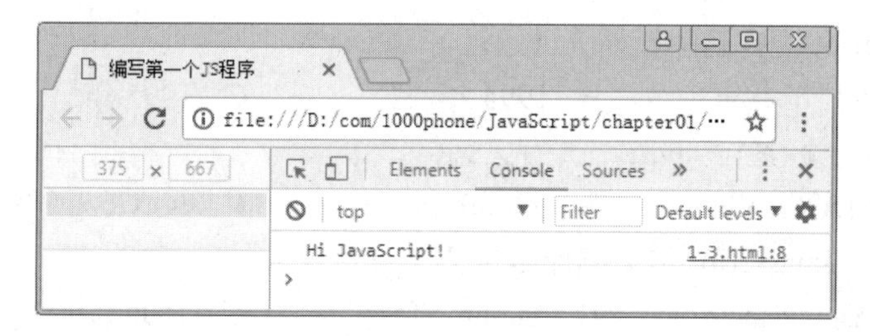

图 1.11 Chrome 浏览器调试结果

首先编写例 1-3，然后在 Chrome 浏览器中运行当前案例，运行后再按 F12 键，打开 Chrome 浏览器内置的调试工具，然后选择 Console 选项，即可以查看到例 1-3 中 console.log()语法中的代码信息。

如果尝试添加多个 console.log()代码输出，可以看到同时执行多条语句。但是如果尝试添加多个 alert()代码输出时，只会弹出一个提示框，只有当单击提示框的“确认”按钮后，才会执行下一次的弹窗提示。

1.4 本章小结

通过本章的介绍，希望读者能够初步了解什么是 JavaScript 及学习 JavaScript 的必要性。重点掌握 JavaScript 的特性和基本组成模式，编写并运行第一个 JavaScript 程序，通过浏览器查看运行效果。JavaScript 环境的搭建非常简单，编辑代码也非常方便。只要对 HTML 和 CSS 有一定的基础，学习 JavaScript 就是一件非常轻松的事情。

1.5 习题

1. 填空题

（1）Web 前端开发所包括的三大核心技术包含 HTML、CSS、________语言。

（2）JavaScript 包含________、________、________三大部分。

（3）JavaScript 在 HTML 中的引入方式包括：________、________、________。

（4）在浏览器的调试控制台中进行打印结果使用________。

（5）JavaScript 中的注释包括________注释、________注释。

2．选择题

（1）以下列出的 JavaScript 特点，不正确的是（　　）。

A．弱类型语言　　B．编译型语言　　C．动态性语言　　D．事件驱动

（2）（多选）下面哪项不属于 JavaScript 中的注释。（　　）

A．//　　B．/**/　　C．#　　D．*

（3）JavaScript 语言诞生日期为（　　）。

A．1993 年　　B．1994 年　　C．1995 年　　D．1996 年

（4）下面哪个标签与 JavaScript 有关。（　　）

A．<! DOCTYPE >　　B．<html>　　C．<style>　　D．<script>

（5）（多选）JavaScript 常见编译器包括（　　）。

A．Dreamweaver　　B．Sublime Text　　C．HBuilder　　D．photoshop

3．思考题

（1）请简述什么是 ECMAScript。

（2）请简述 HTML、CSS、JavaScript 三者的关系及职能划分。

第2章 chapter 2

JavaScript基本语法

本章学习目标

- 掌握 JavaScript 基本语法规则与使用；
- 熟悉 JavaScript 基本操作与语句；
- 熟悉 JavaScript 流程控制及逻辑过程。

本章将介绍 JavaScript 的基本语法，包括变量、数据类型、运算符、流程控制等知识。

2.1 变　　量

视频讲解

变量是存储数据的容器。在 JavaScript 中通过以下写法定义变量，具体示例代码如下：

```
var foo = 'Hello JavaScript!';
```

var 语法用于声明变量，foo 表示自定义的变量名，'Hello JavaScript!'表示自定义的变量值。

2.1.1 关键字与保留字

在 JavaScript 中提供了很多关键字，每个关键字都具有特定的用途，因此，不能将这些关键字定义为变量名。JavaScript 中常见关键字如表 2.1 所示。

表 2.1　JavaScript 中常见关键字

break	do	instanceof	var
case	else	new	void
catch	finally	return	while
continue	for	switch	with
debugger	function	this	delete
default	if	throw	
in	try	typeof	

除了表 2.1 中的关键字，还有一部分单词不能用作变量的命名。JavaScript 语言的部

分语法在当前版本中可能并没有得到使用，但是很有可能会出现在后续的版本中，通常将这部分语法称为 JavaScript 中的保留字。JavaScript 中的保留字如表 2.2 所示。

表 2.2 JavaScript 中的保留字

abstract	enum	int	short
boolean	export	interface	static
byte	extends	long	super
char	final	native	synchronized
class	float	package	throws
const	goto	private	transient
double	import	public	

在定义变量名时，应尽量避免出现 JavaScript 关键字与保留字。本质上来讲，关键字与保留字为同一概念，但在 JavaScript 中，关键字是指已经被系统使用的保留字，而保留字是指未被系统使用的关键字。

2.1.2 命名规则

JavaScript 变量名命名要遵循一定的规则，其具体规则如下：

- 不能是关键字或保留字。
- 第一个字符，可以是任意字母、下画线（_）、美元符（$）。
- 第二个字符及后面的字符，除了字母、美元符号和下画线，还可以用数字 0～9。
- 中文是合法的变量名，但应尽量避免使用。

下面通过示例演示 JavaScript 命名规则，具体示例代码如下：

```
var for = '';        // ×(for 为关键字)
var enum = '';       // ×(enum 为保留字)
var 1foo = '';       // ×(第一个字符不能是数字)
var $foo = '';       // √
var _foo = '';       // √
var 千锋 = '';       // √(尽量不用中文命名)
```

在定义变量时，可以采用一些常见的命名法，具体方法如下：

- 驼峰命名法：第一个单词以小写字母开始；第二个单词的首字母大写或每一个单词的首字母都采用大写。
- 匈牙利命名法：开头字母用变量类型的缩写，其余部分用变量的英文或英文的缩写，要求单词第一个字母大写（类型将在后面章节中进行讲解）。
- 下画线命名法：通过下画线连接多个单词。

下面分别用三种常见的命名方法进行命名，具体示例代码如下：

```
var fooBar = '';          // 驼峰命名法
var sFoo = '';            // 匈牙利命名法
var foo_bar = '';         // 下画线命名法
```

2.1.3 规范与简写

在 JavaScript 中定义变量，分为显式声明和隐式声明，其中显式声明通过 var 的方式定义，而隐式声明则不需要通过 var 的方式定义。具体示例代码如下：

```
var foo = '';              // 显式声明
bar = '';                  // 隐式声明
```

在 JavaScript 规范中规定，所有变量必须均采用显式声明的方式定义，这样才能避免出现隐式定义变量。

JavaScript 语言的代码是严格区分大小写的，因此，下面示例代码表示了两个不同的变量，具体示例代码如下：

```
var foo = '';
var Foo = '';
```

当定义多个变量时，可以分别进行定义，也可以通过简写的方式进行定义，用逗号隔开多个变量。具体示例代码如下：

```
var foo = '',bar = '';  // 简写定义 foo 和 bar
```

通常可能会遇到一种错误的写法，具体示例代码如下：

```
var foo = bar = '';
```

上述代码定义了一个显式声明的 foo 变量和一个隐式声明的 bar 变量。

2.2 数据类型

视频讲解

在 JavaScript 语言中把变量值也进行了划分，划分出来的不同类型值，称为数据类型。

2.2.1 类型划分

JavaScript 的数据类型分为 number、string、boolean、object、undefined、null 六种。

1. number

number 类型表示数字类型，用于存储数字。数字可分为整型（int）和浮点型（float），整型用于表示整数，浮点型用于表示小数。具体示例代码如下：

```
var foo = 123;          // 数字类型的整型
```

```
var bar = 3.14;        // 数字类型的浮点型
```

2. string

string 类型表示字符串类型。字符串是由 Unicode 字符集子集构成的序列，在 JavaScript 中用来表示文本的数据类型。具体示例代码如下：

```
var foo = 'hello';     // 字符串类型
var bar = '123';       // 字符串类型
```

注意，字符串类型的值必须添加引号，如：'123'表示字符串类型，而 123 则表示数字类型。引号可以是单引号也可以是双引号，一般采用单引号定义 JavaScript 中的字符串，而双引号一般用于定义 HTML 的属性值。

3. boolean

boolean 类型表示布尔值类型，布尔值表示真假值，只有两个可选值，即真值（true）和假值（false）。具体示例代码如下：

```
var foo = true;        // 布尔值类型
var bar = false;       // 布尔值类型
```

4. object

object 类型表示对象类型，对象是各种值的集合。在后面章节中涉及的数组、函数、各种内置对象都属于对象类型。在后面章节中将会对对象进行详细的讲解，这里了解即可。

5. undefined

undefined 类型表示未定义类型，如果 var 关键字声明一个变量，但并没有对其进行赋值，则无法判断变量的数据类型，此时变量数据类型是 undefined，具体示例代码如下：

```
var foo;               // 未定义类型
```

6. null

null 类型表示空类型，表示当前为空值，具体示例代码如下：

```
var foo = null;        // 空类型
```

可以发现，undefined 与 null 有些类似，null 表示一个变量被赋予了一个空值，而 undefined 则表示该变量尚未被赋值。

7. 其他类型

数据类型还可划分为原型类型、合成类型、特殊类型三大类。

（1）原始类型包括：number、string、boolean。

（2）合成类型包括：object。

（3）特殊类型包括：undefined、null。

2.2.2 类型判断

在 JavaScript 中判断数据类型的方法有三种。本节只介绍第一种方法，通过 typeof 语法判断数据类型，具体示例代码如下：

```
typeof 123;          // number
typeof '123';        // string
typeof true;         // boolean
typeof {};           // object
typeof [];           // object
typeof undefined;    // undefined
typeof null;         // object
```

需要注意 null 值不会返回 null 类型，而是返回 object 类型。因为在最初的 JavaScript 版本中，只有五种类型，没有 null 类型，空值是在 object 类型下定义的，所以 typeof null 会返回 object 类型，而这个问题一直延续至今。虽然 typeof 判断不出 null 类型，但可以采用另外两种判断方法。另外两种判断方法将在后面章节中进行讲解，这里不再赘述。

2.2.3 类型转换

数据的类型是可以发生改变的，在 JavaScript 中改变数据类型的方式有显式类型转换和隐式类型转换两种方法，下面分别讲解这两种类型转换的方法。

1. 显式类型转换

显式类型转换是通过具体的方法，手动地进行转换的方式。Number()方法是把变量转换成数字类型；String()方法是把变量转换成字符串类型；Boolean()方法是把变量转换成布尔值类型。具体示例代码如下：

```
var foo = '1';
var bar = 2;
var baz = 'hi';
Number(foo);              // 1
typeof Number(foo);       // number
foo;                      // '1'
String(bar);              // '2'
typeof String(bar);       // string
bar;                      // 2
Boolean(baz);             // true
typeof Boolean(baz);      // boolean
```

```
baz;                          // 'hi'
```

从上述示例代码中可以发现，foo、bar、baz 的原始值并不会改变，只有调用显式类型方法时才改变，当然在 JavaScript 中改变数据类型的方法并不止三种方法，这里只是介绍什么是类型转换，在后面的章节中会讲解一些常用的类型转换方法。

注意：当一个变量不能转成数字类型时，会返回 NaN。NaN 表示变量值不是数字，但其类型却是数字类型。具体示例代码如下：

```
var baz = 'hi';
Number(baz);                  // NaN
typeof Number(baz);           // number
baz;                          // 'hi'
```

JavaScript 中，提供了 isNaN()的方法，用于判断当前变量是否为 NaN，如果为 NaN 则返回 true，如果不为 NaN 则返回 false。具体示例代码如下：

```
isNaN(NaN)                    // true
isNaN(123)                    // false
```

2．隐式类型转换

隐式类型转换是通过运算的方式，自动进行转换的方式。在 JavaScript 中有很多隐式类型转换的方法，这里只作简单介绍，后面章节中也会涉及相关转换的方法。

当数字与字符串相乘时，会自动地把字符串转成数字类型，然后计算出结果。当数字与布尔值相乘时，会自动地把布尔值转成数字类型，true 会转成 1，false 会转成 0，然后计算出结果。具体示例代码如下：

```
2 * '3';                      // 6
2 * true;                     // 2
```

需要注意+运算符，+除了表示加法，还表示连接。因此当数字与字符串相加时，实际上是要连接两个变量，并不会发生隐式类型转换，而其他运算符不表示连接，可以进行隐式类型转换。具体示例代码如下：

```
2 + '3';                      // 23
```

前面介绍过 undefined 与 null 的区别，undefined 表示未定义，而 null 表示已经定义，其值为空。因此，当隐式类型转换时，undefined 不可以转换为数字，而 null 可以转换成 0。具体示例代码如下：

```
2 * undefined;                // NaN
2 * null;                     // 0
```

2.2.4 类型比较

数据类型可以转换，同样也可以用来比较，在后面小节中将介绍比较运算符==、===。

其中，==运算符左右变量进行比较时，值相同，类型可以不同；而===运算符左右变量进行比较时，值相同而且类型也要相同。具体示例代码如下：

```
2 == '2';                  // true
2 === '2';                 // false
```

还有几个特殊的比较，undefined 与 null 比较时会返回 true；与 NaN 比较时，则会返回 false。具体示例代码如下：

```
undefined == null;         // true
undefined === null;        // false
NaN == NaN;                // false
```

注意，NaN 与任何值比较都会返回 false，包括它自身。这也属于 JavaScript 的历史原因。因为，当时的语法不够严谨，延续至今。JavaScript 语言是一门极其灵活的语言，在很多地方不严谨，需要更多的实践与总结。

除上述规则外，类型比较时还有许多地方需要注意，后面小节会进行详细分析。

2.3 运 算 符

视频讲解

运算符是完成一系列操作的符号。JavaScript 中根据运算符类型可以分为五种，下面依次进行介绍。

2.3.1 算术运算符

算术运算符用于在程序中进行加、减、乘、除等运算。在 JavaScript 中算术运算符一共有九种，如表 2.3 所示。

表 2.3 算术运算符

运 算 符	描 述	示 例
+	加	2+3 // 5
−	减	5−2 // 3
*	乘	2*3 // 6
/	除	6/3 // 2
%	取模	7%4 // 3
++	自增	++1 // 2
−−	自减	−−1 // 0
+	数值	+1 // 1
−	负数值	−1 // −1

加、减、乘、除运算符比较简单，这里将重点讲解取模运算符。使用取模运算时需要注意，当被除数小于除数取模时，模为被除数本身。具体示例代码如下：

```
3%5;                    // 3
```

自增运算符（++）和自减运算符（--）是对数值进行加 1 或减 1 的操作，会改变原始数值的大小。具体示例代码如下：

```
var foo = 1;
++foo;              // 2
foo;                // 2
```

对于自增和自减运算符需要注意一点，当运算符放在变量之后时，会先返回变量操作前的值，再进行自增或自减操作；当运算符放在变量之前时，会先进行自增或自减操作，再返回变量操作后的值。具体示例代码如下：

```
var foo = 1;
var bar = 1;
foo++;              // 1
++bar;              // 2
```

上面代码中，foo 是先返回当前值，然后再自增，因此得到 1；bar 是先自增，然后再返回新的值，因此得到 2。

数值运算符（+）和负数值运算符（–）的作用可以将任何值转为数值（与 Number 函数的作用类似），一般用于显式类型转换中。数值运算符会返回一个新的值，而不会改变原始变量的值。具体示例代码如下：

```
var foo = '2';
+foo;                       // 2
typeof +foo;                // number
foo;                        // '2'
typeof foo;                 // string
```

2.3.2 赋值运算符

JavaScript 中的赋值运算符分为简单赋值运算符和复合赋值运算符两种，下面分别介绍这两种赋值运算符。

1. 简单赋值运算符

将赋值运算符（=）右边表达式的值保存到左边的变量中。具体示例代码如下：

```
var foo = 1;            // 简单赋值运算符
var bar = 2;            // 简单赋值运算符
```

2. 复合赋值运算符

结合了其他操作（如算术运算操作）和赋值操作。具体示例代码如下：

```
var foo = 1;
foo += 4;                // 复合赋值运算符，等价于  foo = foo + 4;
```

+=的方式是一种简写的运算方式，除了+=外，还有*=、/=、-=、%=等常见写法。

2.3.3 比较运算符

比较运算符用于比较两个值，返回一个布尔值，表示是否满足比较条件。满足条件返回 true，不满足条件返回 false。在 JavaScript 中一共有八种比较运算符，如表 2.4 所示。

表 2.4 比较运算符

运 算 符	描 述	示 例
==	相等	2==3 // false
===	严格相等	2=== '2' // false
!=	不相等	2!=3 // true
!==	严格不相等	2!=='2' // true
<	小于	7<4 // false
<=	小于或等于	7<=4 // false
>	大于	7>4 // true
>=	大于或等于	7>=4 // true

在前面的小节中介绍过类型的转换方式，当不同类型进行比较时，先把左右类型转成数字类型，然后再进行比较，具体示例代码如下：

```
12 == '12';      // true   '12'转成数字 12
1 == true;       // true   true 转成数字 1
0 == null;       // true   null 转成数字 0
2 > true;        // true   true 转成数字 1
5 < '12';        // true   '12'转成数字 12
```

但需要注意一条规则，当比较的两个值都是字符串类型时，不会按照上面的规则进行转化，而是按照字符串每一位的 Unicode 码点进行比较，例如，字符串 a 的码点为 97、字符串 b 的码点为 98，因此，a 小于 b，具体示例代码如下：

```
'a' < 'b';       // true      'a'转成 97，'b'转成 98
'5' > '12';      // true      '5'转成 5，'1'转成 1
5   > '12';      // false     '12'转成数字 12
```

从上述示例可以发现，当字符串出现多位时，是按照一位一位进行比较的，因此，当'5' > '12'比较时，是字符串 5 与字符串 1 先进行比较。

在前面介绍数据类型比较时，介绍了==和===两个运算符，两者的区别是==运算符表示值相等，类型可以不相同，而===运算符表示值相等而且类型也相同。具体示例代码如下：

```
12 == '12';            // true      值相同，所以相等
```

```
12 === '12';            // false      值相同但类型不同，所以不相等
```

不等运算符同样适用于此规则，具体示例代码如下：

```
6 != '6';               // false      值相同，所以相等
6 !== '6';              // true       值相同但类型不同，所以不相等
```

第一个算式会忽略类型比较，因此返回 false，第二个算式需要比较类型，因此返回 true。

2.3.4 逻辑运算符

逻辑运算符一般用于执行布尔运算，通常和比较运算符一起用来表示复杂比较运算，逻辑运算涉及的变量通常不止一个，而且常用于 if、while 和 for 语句中。常见的逻辑运算符有&&（逻辑与）运算符、||（逻辑或）运算符和!（逻辑非）运算符三种。

1. &&运算符

&&表示逻辑与，若两边表达式的值都为 true，则返回 true；任意一个值为 false，则返回 false。具体示例代码如下：

```
5<6 && 4<3;                 // false     后面的表达式为 false
2=='2' && 1==true           // true      前后表达式都为 true
```

2. ||运算符

||表示逻辑或，只有表达式的值都为 false，才返回 false，否则返回 true。具体示例代码如下：

```
5<6 || 4<3;                 // true      前面的表达式为 true
2==='2' || 0==true          // false     前后表达式都为 false
```

3. !运算符

!表示逻辑非，若表达式的值为 true，则返回 false；若表达式的值为 false，则返回 true。具体示例代码如下：

```
!(5<6);                     // false     非运算符会对结果进行取反操作
```

逻辑非运算符还可以用于类型转换，采用两个非运算来保证转换的正确性，具体示例代码如下：

```
var foo = 123;
!!foo;                      // true      将其他类型转换成布尔值类型
```

2.3.5 条件运算符

条件运算符是 JavaScript 支持的一种特殊的运算符。其语法格式如下：

```
条件 ? 语句1 : 语句2;
```

其中，如果条件为 true，则表达式的值使用“语句 1”的值；如果条件为 false，则表达式的值使用“语句 2”的值，？：运算符需要有三个操作数，因此一般也称为三目运算。具体示例代码如下：

```
var foo = true ? 2 : 3;
foo;                    // 2        当条件为真，返回 2 值
```

2.4 流程控制

视频讲解

JavaScript 中的流程控制语句与其他语言相似，一般可分为顺序结构、选择结构和循环结构三种。

顺序结构就是程序从上到下、从左到右依次执行。选择结构是按照给定的逻辑条件决定执行顺序，下面将介绍两种选择结构 if 判断和 switch 判断。循环结构是根据代码的逻辑条件来判断是否重复执行某一段程序，包括 for 循环和 while 循环。

2.4.1 if 判断

if 判断即 if 语句，是选择结构中运用最广泛的语句，一般可分为单向选择、双向选择和多项选择三种形式。

1. 单向选择

单向选择是指只有一条选择语句，符合条件即选择，不符合条件即不选择，其语法格式如下：

```
if( 逻辑条件 ){
语句1;
}
语句2;
```

其中，如果 if 的逻辑条件返回 true，则执行语句 1 和语句 2；如果 if 返回 false，则只执行语句 2。

if 语句单向选择流程图，如图 2.1 所示。

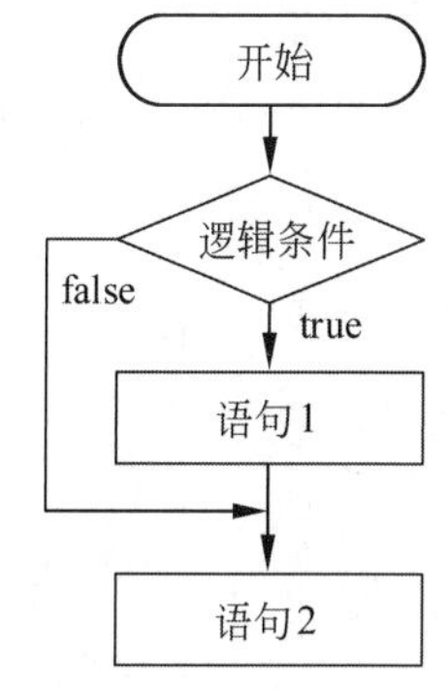

图 2.1 if 语句单向选择流程图

接下来通过案例演示单向选择语句，具体如例 2-1 所示。

【例 2-1】 单向选择语句。

```
1    <!doctype html>
2    <html>
3    <head>
4    <meta charset="utf-8">
```

```
5   <title>流程判断</title>
6   </head>
7   <body>
8   <script>
9       var score = 730;
10      if(score > 720){
11          console.log('被清华大学录取');     // 执行
12      }
13      console.log('高考结束了');            // 执行
14  </script>
15  </body>
16  </html>
```

调试结果如图 2.2 所示。

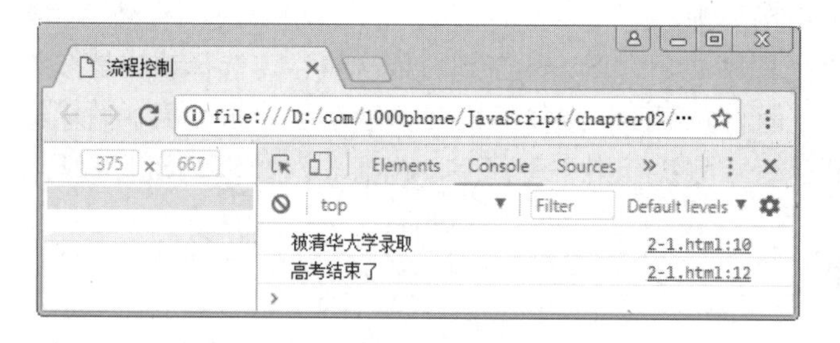

图 2.2　例 2-1 调试结果

例 2-1 中，定义变量 score 为 730。当执行到 if 语句时，如果 if 小括号内的结果为真，则执行 if 语句大括号内的代码；如果 if 语句为假，则不执行大括号内的代码。无论 if 语句是否执行，都不会影响 if 外代码的执行，因此，本例会输出以上两条语句。

2．双向选择

双向选择有两条选择语句，满足条件选择一条语句，不满足条件选择另一条语句。其语法格式如下：

```
if( 逻辑条件 ){
语句 1;
}
else{
语句 2;
}
```

其中，如果 if 的逻辑条件返回 true，则执行语句 1，如果 if 的逻辑条件返回 false，则执行 else 内的语句 2。

if 语句双向选择流程图，如图 2.3 所示。

接下来通过案例演示双向选择语句，具体如例 2-2 所示。

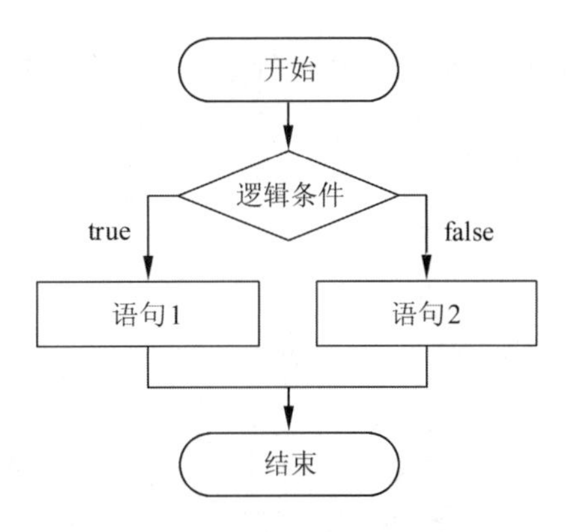

图 2.3 if 语句双向选择流程图

【例 2-2】 双向选择语句。

```
1   <!doctype html>
2   <html>
3   <head>
4   <meta charset="utf-8">
5   <title>流程控制</title>
6   </head>
7   <body>
8   <script>
9       var score = 700;
10      if(score > 720){
11          console.log('被清华大学录取');
12      }
13      else{
14          console.log('没有被清华录取');              // 执行
15      }
16  </script>
17  </body>
18  </html>
```

调试结果如图 2.4 所示。

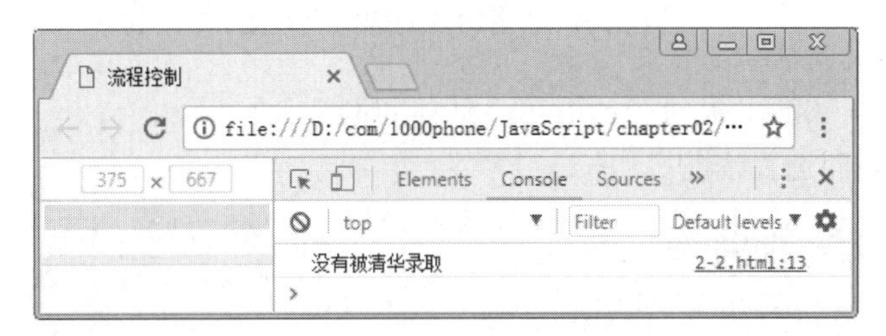

图 2.4 例 2-2 的调试结果

例 2-2 中，采用双向选择，即 if-else 语句。当 if 语句的条件为真时，会执行 if 大括号内的语句；当if语句的条件为假时，会执行else大括号内的语句。因此，if和else内的语句不能同时执行，只能执行一个。本例中，score的值为700，小于720，条件不满足，则触发else中的语句，输出以上相应结果。

3．多向选择

多向选择是指有多条选择，进行多次判断，根据判断结构执行相应的语句。其语法格式如下：

```
if( 逻辑条件 1){
语句 1;
}
else  if(逻辑条件 2){
语句 2;
}
else{
    语句 3;
}
```

其中，如果if的逻辑条件1返回true，则执行语句1；如果if的逻辑条件1返回false，则执行else if中的逻辑条件2。如果逻辑条件2返回true，则执行语句2；如果逻辑条件2返回false，则执行else中的语句3。

if语句多向选择流程图，如图2.5所示。

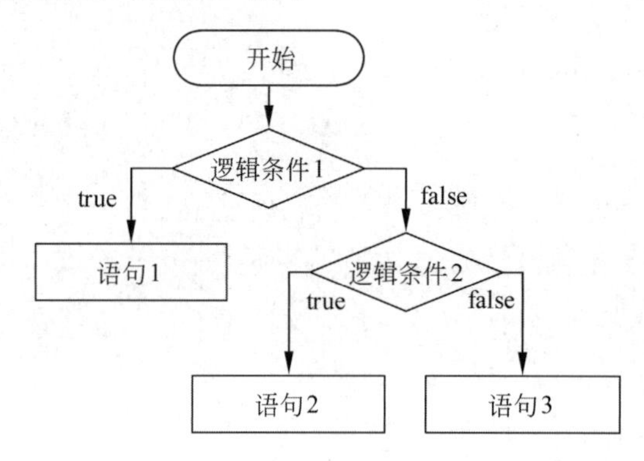

图2.5　if语句多向选择流程图

接下来通过案例演示多向选择语句，具体如例2-3所示。

【例2-3】 多向选择语句。

```
1   <!doctype html>
2   <html>
3   <head>
4   <meta charset="utf-8">
5   <title>流程控制</title>
6   </head>
```

```
7   <body>
8   <script>
9       var day = 6;
10      if(day == 7){
11          console.log('今天周日不上班');
12      }
13      else if(day == 6){
14          console.log('今天周六不上班');              // 执行
15      }
16      else{
17          console.log('工作日需要上班');
18      }
19  </script>
20  </body>
21  </html>
```

调试结果如图 2.6 所示。

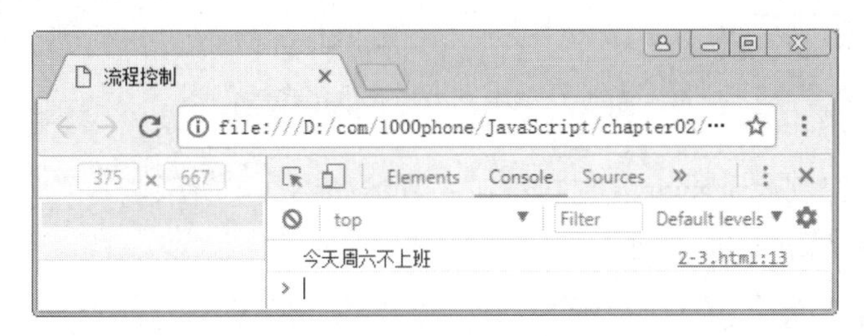

图 2.6　例 2-3 的调试结果

在例 2-3 中，采用了多向选择语句 if-else if-else 的组合，与双向选择类似，多向选择也只会输出对应的区域。day 变量初始被定义为 6。先进行 if 语句的条件判断，不满足条件；程序进行 else if 的条件判断，满足条件。因此，执行 else if 语句大括号内的代码，输出以上控制台打印的内容。

2.4.2　switch 判断

switch 判断即 switch 语句，也是选择结构中很常用的语句，用于将一个表达式同多个值进行比较，并根据比较结果选择执行语句。其语法格式如下：

```
switch(表达式 ){
    case  取值 1:
      语句 1;
break;
    case  取值 2:
      语句 2;
break;
```

```
    default:
      语句 3;
}
```

其中，如果 switch 的表达式匹配取值 1，则执行语句 1；如果 switch 的表达式匹配取值 2，则执行语句 2；如果都不匹配，则执行默认的代码块语句 3。

switch 语句判断流程图，如图 2.7 所示。

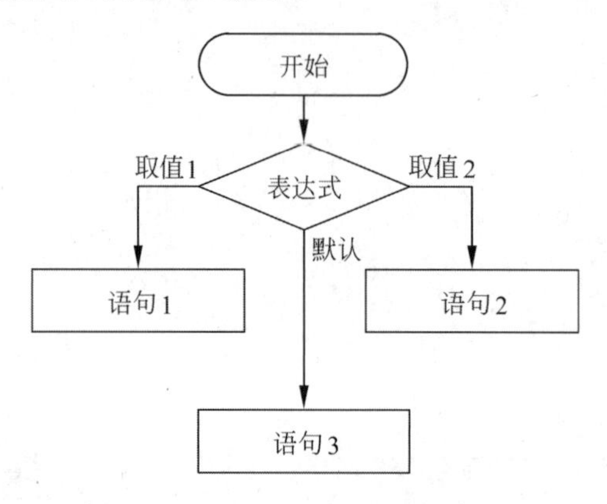

图 2.7　switch 语句判断流程图

接下来通过案例演示 switch 判断语句，具体如例 2-4 所示。

【例 2-4】 switch 判断语句。

```
1    <!doctype html>
2    <html>
3    <head>
4    <meta charset="utf-8">
5    <title>流程控制</title>
6    </head>
7    <body>
8    <script>
9         var dir = '←';
10        switch( dir ){
11            case '↑':
12               console.log('向上操作');
13               break;
14            case '↓':
15             console.log('向下操作');
16               break;
17            case '←':
18             console.log('向左操作');        // 执行
19             break;
20            case '→':
21               console.log('向右操作');
```

```
22                break;
23        }
24    </script>
25    </body>
26    </html>
```

调试结果如图 2.8 所示。

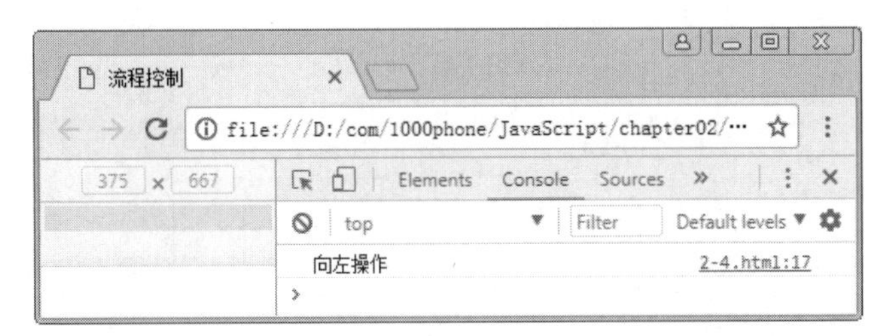

图 2.8　例 2-4 的调试结果

default 默认值可以省略，break 表示跳出选择，如果不加 break 语句，会执行后续 case 中的结果，因此需要添加 break 语句。注意，switch 中的表达式与 case 语句中的取值是严格相等的模式，即===方式，因此以下代码会执行 default 中的内容。具体示例代码如下：

```
1    <script>
2        var foo = '1';
3        switch( dir ){
4          case 1:
5              console.log(1);
6              break;
7            default:
8              console.log(2);         // 执行
9        }
10   </script>
```

2.4.3　while 循环

while 循环即 while 语句，是循环结构中常见的语句，也是比较简单的循环语句。其语法格式如下：

```
while( 逻辑条件 ){
    语句 1;
}
语句 2;
```

其中，while 循环的逻辑条件为 true 时，执行循环体语句 1，且会重复不断地执行语句 1。直到逻辑条件为 false 时，停止执行语句 1，而直接执行结束语句 2。因此，执行循环操作时，一定要在某个特定点使逻辑条件为 false，否则程序会进入死循环，从而造成浏览器运行崩溃。

while 循环流程图，如图 2.9 所示。

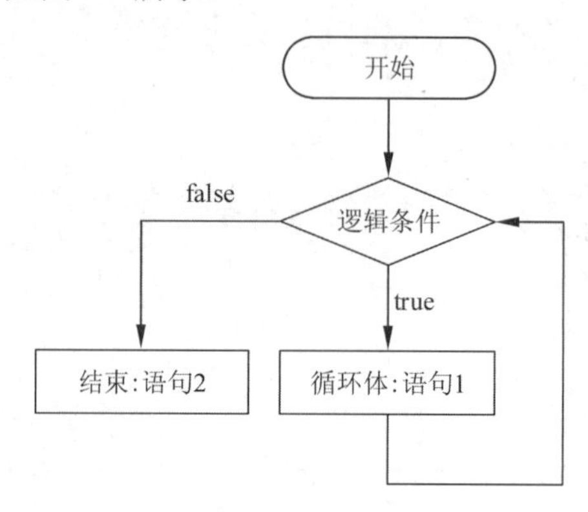

图 2.9 while 循环流程图

接下来通过案例演示 while 循环，具体如例 2-5 所示。

【例 2-5】 while 循环。

```
1   <!doctype html>
2   <html>
3   <head>
4   <meta charset="utf-8">
5   <title>流程控制</title>
6   </head>
7   <body>
8   <script>
9       var i = 0;
10        while( i<5 ){
11            console.log( '循环体: '+ i );
12            i++;
13        }
14        console.log( '结束' );
15  </script>
16  </body>
17  </html>
```

调试结果如图 2.10 所示。

在例 2-5 中，首先定义了变量 i 为 0，然后继续向后执行，执行 while 循环语句。当循环条件 i<5 条件成立时，执行 while 语句大括号内的代码，而且重复执行，直到 while 语句的条件不满足时结束。i 每次进入循环体中都进行自身加 1 操作，当循环 5 次时，i 为 5，不满足 while 语句条件，从而结束 while 循环，继续执行循环后的代码，即输出图 2.10 中的结果。

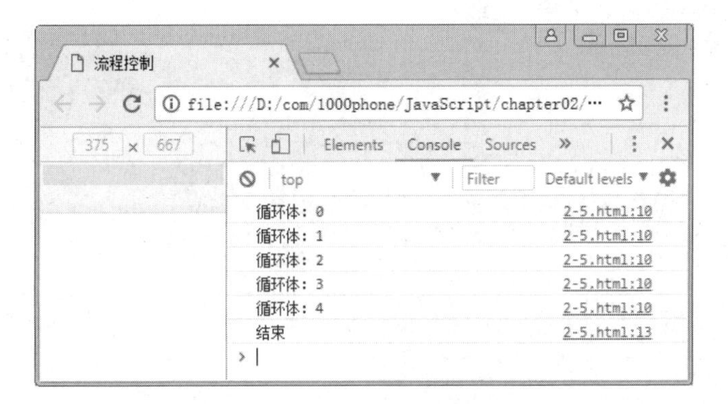

图 2.10 例 2-5 的调试结果

2.4.4 for 循环

for 循环即 for 语句，也是循环结构中常见的语句，同时也是使用最为广泛的循环语句。其语法格式如下：

```
for(初始值;逻辑条件;循环后操作 ){
    语句 1;
}
语句 2;
```

其中，循环 for 的逻辑条件为 true 时，执行循环体语句 1，然后执行循环后操作。直到逻辑条件为 false 时，停止语句 1 的执行，而直接执行结束语句 2。for 循环与 while 循环是等价的，所有能够进行 for 循环操作的方式都可以改写成 while 循环，反之亦然。

for 循环语句流程图，如图 2.11 所示。

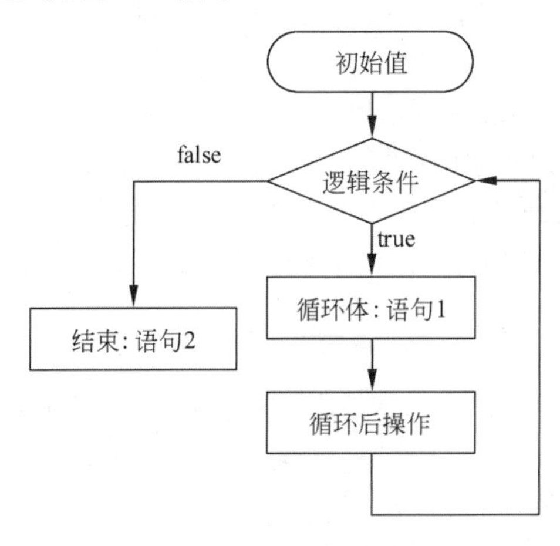

图 2.11 for 循环语句流程图

接下来通过案例演示 for 循环，具体如例 2-6 所示。

【例 2-6】 for 循环。

```
1    <!doctype html>
2    <html>
3    <head>
4    <meta charset="utf-8">
5    <title>流程控制</title>
6    </head>
7    <body>
8    <script>
9    var sum = 0;
10        for( var i=1; i<=100; i++ ){
11            sum += i;              // 累加 i 值到 sum 中
12        }
13        console.log( '从 1 加到 100 的和：'+sum );
14   </script>
15   </body>
16   </html>
```

调试结果如图 2.12 所示。

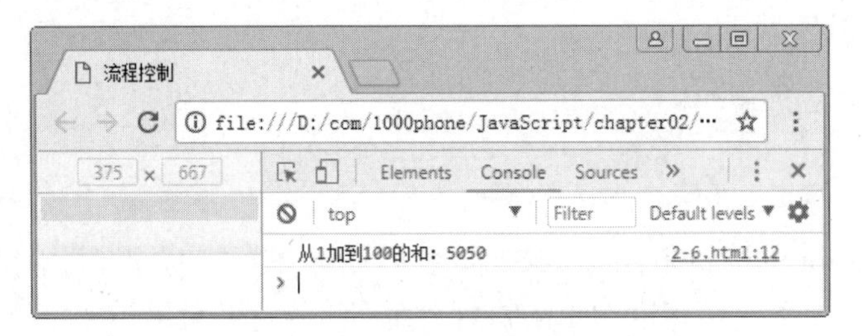

图 2.12　例 2-6 的调试结果

例 2-6 中，首先定义了变量 sum 的值为 0，然后执行 for 循环。在 for 循环的条件中定义了变量 i 的初始化为 1，条件为 i<=100，自增为 i++，这样 for 循环就会执行 100 次。在 100 次执行中都会触发 sum += i 的语句，即把每一次 i 的变化值都累加到 sum 变量中。最后循环结束后会输出 1 加到 100 的和，即 sum 的值为 5050。

有时需要在循环未结束时就停止循环操作，为此在循环中提供了 break 语句和 continue 语句两种跳出循环的方式，接下来将分别讲解这两种方式。

1. break 语句

break 语句用于跳出整体循环，停止后续循环操作。接下来通过案例演示 break 语句，具体如例 2-7 所示。

【例 2-7】 break 语句。

```
1    <!doctype html>
2    <html>
3    <head>
4    <meta charset="utf-8">
```

```
5   <title>流程控制</title>
6   </head>
7   <body>
8   <script>
9   for( var i=0; i<5; i++ ){
10      if(i==3){
11          break;              // 跳出整个循环
12      }
13      console.log( i );
14  }
15  </script>
16  </body>
17  </html>
```

调试结果如图 2.13 所示。

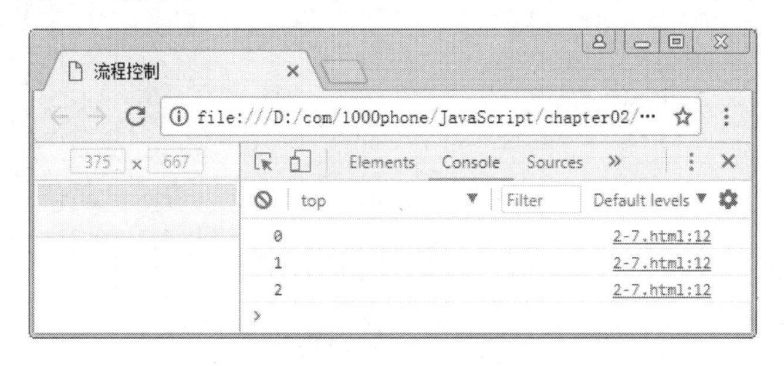

图 2.13 例 2-7 的调试结果

在例 2-7 中，首先定义了一个 for 循环，并且根据条件会执行 5 次循环体，但是当 i 自增到 3 时，会触发循环体中 if 语句的执行，即触发 break 语句。break 在循环中表示跳出整个循环，后续的代码及后续的循环都会立即停止。因此，只会触发输出 0、1、2 这三个结果。

2．continue 语句

continue 语句与 break 语句类似，但 continue 语句只跳出本次循环，不影响后续循环。接下来通过案例演示 continue 语句，具体如例 2-8 所示。

【例 2-8】 continue 语句。

```
1   <!doctype html>
2   <html>
3   <head>
4   <meta charset="utf-8">
5   <title>流程控制</title>
6   </head>
7   <body>
8   <script>
```

```
9       for( var i=0; i<5; i++ ){
10          if(i==2){
11            continue;      // 跳出当前循环
12          }
13          console.log( i );
14        }
15  </script>
16  </body>
17  </html>
```

调试结果如图 2.14 所示。

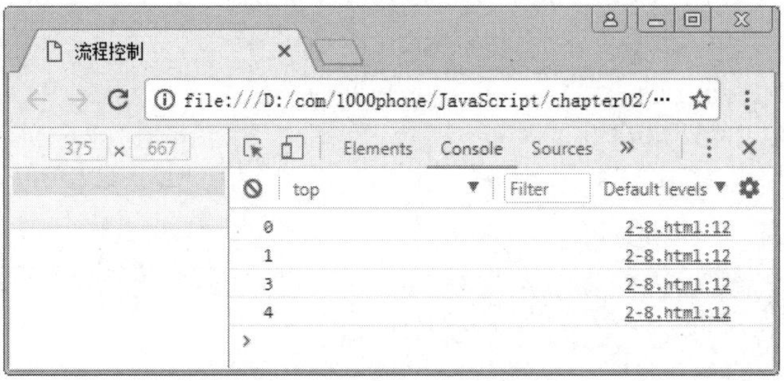

图 2.14 例 2-8 的调试结果

在例 2-8 中，首先定义一个 for 循环，然后根据条件会执行 5 次循环体，但是当 i 自增到 2 时，会触发循环体中 if 语句的执行，即触发 continue 语句，continue 在循环中表示跳出当前循环，后续的代码不会执行，但是后续的循环还会继续。因此，会触发输出 0、1、3、4 四个结果，而 2 并没有触发。

2.5 本章小结

通过本章的学习，希望读者能够掌握 JavaScript 中的基本语法，包括变量、数据类型、运算符和流程语句。掌握基本语法是学习 JavaScript 编程语言所需要的基本内容。

2.6 习　　题

1. 填空题

（1）JavaScript 中通过________定义一个变量。
（2）JavaScript 中变量的第一个字符必须是________、________、________。
（3）JavaScript 中的跳出语句包括________、________。
（4）JavaScript 中的逻辑运算符包括________、________、________。

（5）在 JavaScript 中通过________进行类型转换。

2．选择题

（1）下面不是 JavaScript 中的保留字的是（　　）。

A．break　B．new　C．true　D．$43

（2）"23"==23 的结果为（　　）。

A．23　B．"23"　C．true　D．false

（3）（多选）下面不属于 JavaScript 循环语句的是（　　）。

A．if　B．switch　C．for　D．while

（4）下面不属于 JavaScript 有关的数据类型的是（　　）。

A．字母　B．数字　C．对象　D．null

（5）typeof　'123'返回结果为（　　）。

A．true　B．number　C．undefined　D．string

3．思考题

（1）请简述 null 与 undefined 区别。

（2）请简述什么是 JavaScript 中的关键字与保留字。

第3章 chapter 3

DOM的基本操作

本章学习目标

- 掌握 DOM 中如何获取元素和集合;
- 掌握获取元素样式操作,行间与非行间;
- 熟悉 JavaScript 与 HTML、CSS 之间的联系与应用。

在前面的章节中介绍过 DOM。DOM(Document Object Model,文档对象模型)是W3C 组织推荐处理可扩展标记语言(HTML 或 XML)的标准编程接口(API)。通俗地说,可通过 DOM 操作获取或设置 HTML 或 CSS。本章主要学习 DOM 入门的相关内容,即如何通过 DOM 获取网页中的 HTML 元素,并设置相关的 CSS 样式。

3.1 获取元素

视频讲解

3.1.1 document 文档

如何通过 JavaScript 获取网页中的元素?首先需要了解 document 文档,document 文档指整个页面的根对象(最外层对象),通过 document 文档获取页面中的具体 HTML 元素。注意 document 文档的类型为对象类型,即 typeof document 返回 object 值,因此,通常 document 文档亦称 document 对象。document 文档页面的最外层如图 3.1 所示。

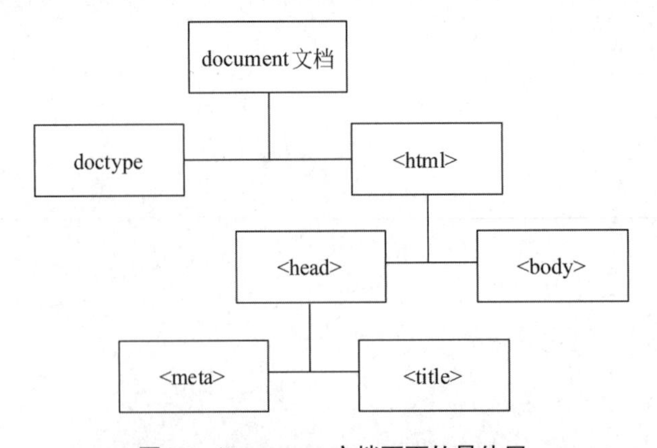

图 3.1 document 文档页面的最外层

document 对象常见属性如表 3.1 所示。

表 3.1 document 对象常见属性

属　性	描　述
doctype	获取或设置文档头信息
documentElement	获取或设置<html>标签
head	获取或设置<head>标签
body	获取或设置<body>标签
title	获取或设置<title>标签

接下来通过案例演示 document 对象的常见属性，具体如例 3-1 所示。

【例 3-1】 document 对象的常见属性。

```
1  <!doctype html>
2  <html>
3  <head>
4       <meta charset="utf-8">
5       <title>Hello JS</title>
6  </head>
7  <body>
8  <script>
9       console.log(document.doctype);              // <!doctype html>
10      console.log(document.documentElement);      // <html>
11      console.log(document.head);                 // <head>
12      console.log(document.body);                 // <body>
13      console.log(document.title);                // <title>
14 </script>
15 </body>
16 </html>
```

调试结果如图 3.2 所示。

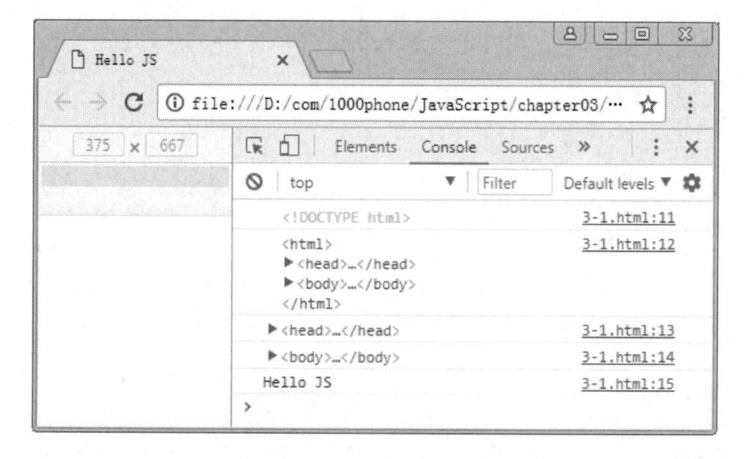

图 3.2 例 3-1 的调试结果

在例 3-1 中，分别输出五句 document 的属性，分别表示 document.doctype（文档头信息）、document.documentElement（<html>标签）、document.head（<head>标签）、document.body（<body>标签）、document.title（<title>标签）。可以看到控制台中输出了对应标签的格式及其子内容。

接下来修改<title>的内容，查看发生的变化。具体如例 3-2 所示。

【例 3-2】 修改<title>内容，查看变化。

```
1   <script>
2       document.title = 'hello DOM';  // 设置title为hello DOM
3   </script>
```

运行结果如图 3.3 所示。

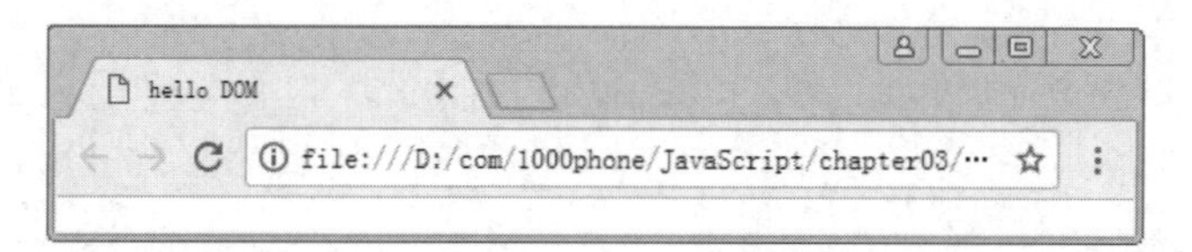

图 3.3 例 3-2 的运行结果

在例 3-2 中，对当前页面的<title>标签内的文本内容进行了重新定义，通过“document.title = 'hello DOM';”进行设置。可以看到示图中的 title 展示出来的效果。在后面的章节中还会讲解 document 对象一些常用的属性和方法等复杂内容，这里稍作了解即可。

3.1.2 getElementById()方法

在学习 DOM 获取 HTML 中指定的标签元素前，先来思考如何实现 CSS 样式，可以通过给元素添加 id 属性，然后通过 id 选择器进行样式的设置，具体示例代码如下：

```
1   <style>
2       #div1{ width:200px; height:200px; background : red;}
3   </style>
4   <body>
5       <div id="div1">hello</div>
6   </body>
```

DOM 操作也可以通过添加 id 的方式获取和设置指定的 HTML 元素，通过 document 对象的 getElementById()方法实现。通过单词拼写可直观地发现 getElementById()方法即用 id 的方式获取元素，具体示例代码如下：

```
1   <body>
2       <div id="div1">hello</div>
3   </body>
4   <script>
```

```
5        var div = document.getElementById('div1');
6    </script>
```

把 id 值通过字符串形式放到此方法的小括号中，即可以获取 div 元素，通过查看类型，可以发现字符串也属于对象类型，所以说对象是一个极其强大的数据类型，表示各种值组成的集合。

注意，在获取元素时，一定要保证<html>标签加载完毕后再获取，否则可能获取不到目的元素。

3.1.3 元素属性操作

只获取元素本身并不能对其属性进行操作，可以通过点的方式来获取元素身上的属性，具体示例代码如下：

```
1    <body>
2        <div id="div1" class="box" title="Hello JS">hello</div>
3    </body>
4    <script>
5        var div = document.getElementById('div1');
6        console.log(div.id);                // div1
7        console.log(div.className);         // box
8        console.log(div.title);             // Hello JS
9    </script>
```

这里需要注意 class 属性，因为 class 属于 JavaScript 中的保留字，所以不能通过 class 的方式获取，而需要通过 className 的语法形式获取。与 class 属性类似的还有 for 属性，需要通过 htmlFor 的方式获取。

除了获取外，也可以对元素的属性进行设置，接下来通过案例演示修改元素 title 属性。具体如例 3-3 所示。

【例 3-3】 修改元素 title 属性。

```
1    <!doctype html>
2    <html>
3    <head>
4       <meta charset="utf-8">
5       <title>Hello JS</title>
6    </head>
7    <body>
8       <div id="div1" class="box" title="Hello JS">hello</div>
9    <script>
10      var div = document.getElementById('div1');
11      div.title = 'Hello DOM';
12   </script>
```

```
13  </body>
14  </html>
```

运行结果如图 3.4 所示。

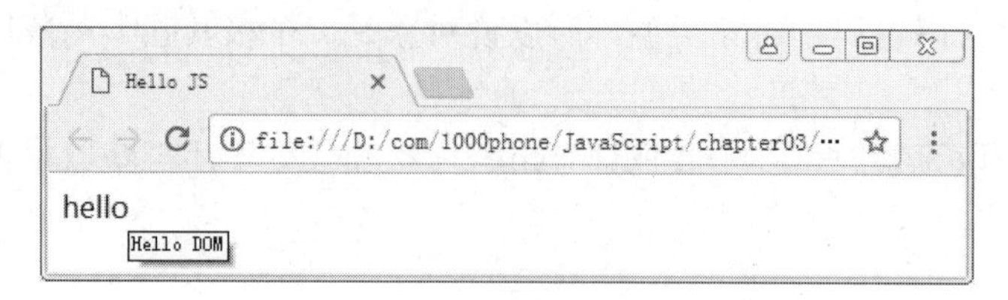

图 3.4 例 3-3 的运行结果

在例 3-3 中，首先通过 document.getElementById()方法获取页面中的 id 为 div1 的元素，然后赋值存储到一个变量 div 中，方便后续的操作。接下来通过“div.title = 'Hello DOM';”语句设置 div1 元素的 title 属性，当拖曳鼠标到 div1 元素时，会显示出 title 的提示信息。

3.2 元素样式操作

视频讲解

3.2.1 行间样式

在前面的小节中，讲解了 DOM 操作 HTML 元素的属性，同样对 HTML 元素的 style 属性也能够获取和设置。接下来通过案例演示调试获取 style 属性中的样式，具体如例 3-4 所示。

【例 3-4】 调试获取 style 属性中的样式。

```
1   <!doctype html>
2   <html>
3   <head>
4       <meta charset="utf-8">
5       <title>Hello JS</title>
6   </head>
7   <body>
8       <div id="div1" style="width:100px; height:50px;
9          background:red;">hello</div>
10  <script>
11      var div = document.getElementById('div1');
12        console.log(div.style);              // 获取 style 属性
13        console.log(div.style.width);        // 获取 style 下的 width
14        console.log(div.style.height);       // 获取 style 下的 height
15        console.log(div.style.background); // 获取 style 下的 background
16  </script>
```

```
17  </body>
18  </html>
```

调试结果如图 3.5 所示。

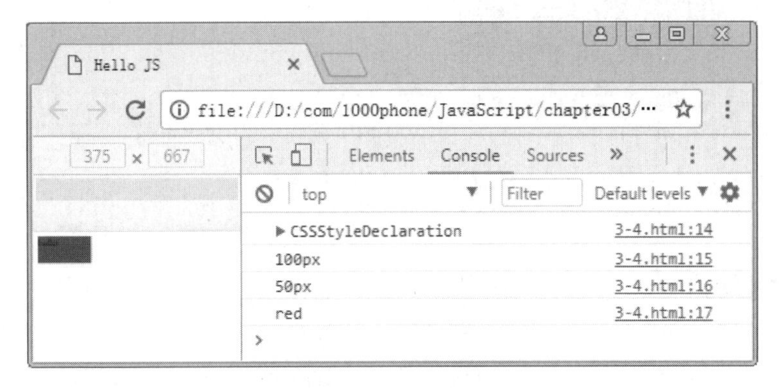

图 3.5 例 3-4 的调试结果

可以发现，div.style 包含很多默认样式值，当不设置样式时，默认值都为空字符串。也可以设置 style 中的样式，接下来演示设置 style 属性中的样式，具体如例 3-5 所示。

【例 3-5】 设置 style 属性中的样式。

```
1   <!doctype html>
2   <html>
3   <head>
4       <meta charset="utf-8">
5       <title>Hello JS</title>
6   </head>
7   <body>
8       <div id="div1" style="width:100px; height:50px;
9            background:red;">hello</div>
10  <script>
11      var div = document.getElementById('div1');
12       div.style.width = '200px';           // 设置 width 为 200px
13       div.style.height = '100px';          // 设置 height 为 100px
14       div.style.background = 'blue';       // 设置 background 为 blue
15  </script>
16  </body>
17  </html>
```

运行结果如图 3.6 所示。

在例 3-5 中，在 HTML 页面中设置一个宽为 100px，高为 50px 的红色方块。在 JavaScript 中，首先对元素进行获取，然后重新设置元素的宽度、高度、背景色，分别设置宽为 200px、高为 100px 的蓝色方块。

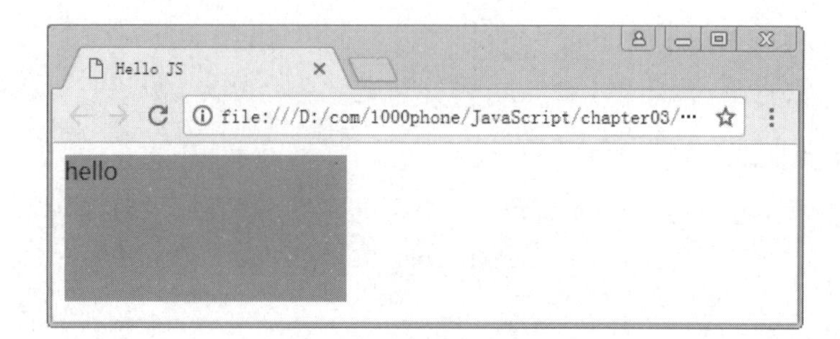

图 3.6　例 3-5 的运行结果

3.2.2　cssText

在 style 属性下操作多组样式，需要一行行设置，操作起来比较烦琐。DOM 提供了 cssText 属性，可用来一次性设置多组 CSS 样式，注意 cssText 属性是在 style 对象的下面，具体示例代码如下：

```
1   <body>
2        <div id="div1" style="width:100px; height:50px;
3          background:red;">hello</div>
4   </body>
5   <script>
6      var div = document.getElementById('div1');
7      div.style.cssText = 'width:200px; height:100px; background:blue;';
8   </script>
```

运行结果与图 3.6 一样。从上例可以发现，cssText 中样式的写法与 CSS 样式的写法类似，通过冒号和分号进行操作，设置简单明了。注意，当出现多个 cssText 属性时，后面的 cssText 会覆盖前面整个 cssText 中的样式。

3.2.3　非行间样式

3.2.2 节中获取和设置的样式，都是通过 style 属性完成，操作都是在行间完成，对于非行间样式并不可用，具体示例代码如下：

```
1   <style>
2        #div1{ width:200px; height:200px; background:red; }
3   </style>
4   <body>
5        <div id="div1">hello</div>
6   </body>
7   <script>
8        var div = document.getElementById('div1');
```

```
9       console.log(div.style.width);          // ''
10      console.log(div.style.height);         // ''
11      console.log(div.style.background);     // ''
12  </script>
```

style 属性只能获取行间样式，并不能获取<style>标签中的非行间样式，因此，返回结果并没有值，而是返回空字符串。可以发现，这对于开发并不是特别方便，如需要获取非行间中的样式，DOM 该如何操作？

window.getComputedStyle()是在标准规范下提供的获取最终样式的方法，最终样式即包括行间样式和非行间样式，因此可通过这种方法来完成需求。其语法格式如下：

```
window.getComputedStyle(元素).样式;
```

window 对象是可选的，表示窗口对象。

接下来通过案例演示获取非行间样式，具体如例 3-6 所示。

【例 3-6】 获取非行间样式。

```
1   <!doctype html>
2   <html>
3   <head>
4       <meta charset="utf-8">
5       <title>Hello JS</title>
6       <style>
7           #div1{ width:200px; height:200px; background:red; }
8       </style>
9   </head>
10  <body>
11      <div id="div1">hello</div>
12  <script>
13      var div = document.getElementById('div1');
14      console.log(window.getComputedStyle(div).width)
15        console.log(window.getComputedStyle(div).height);
16      console.log(window.getComputedStyle(div).background);
17  </script>
18  </body>
19  </html>
```

调试结果如图 3.7 所示。

可以发现，通过 background 属性获取的值为复合样式。如果只获取背景色，需要通过单一样式获取。

注意，在 JavaScript 语法中不支持横杠，因此不能在语法中出现类似 background-color 的写法。当有此需求时，JavaScript 中通过去掉横杠，并且设置横杠后的第一个字母为大写的方式来实现，类似于驼峰的命名方式。具体示例代码如下：

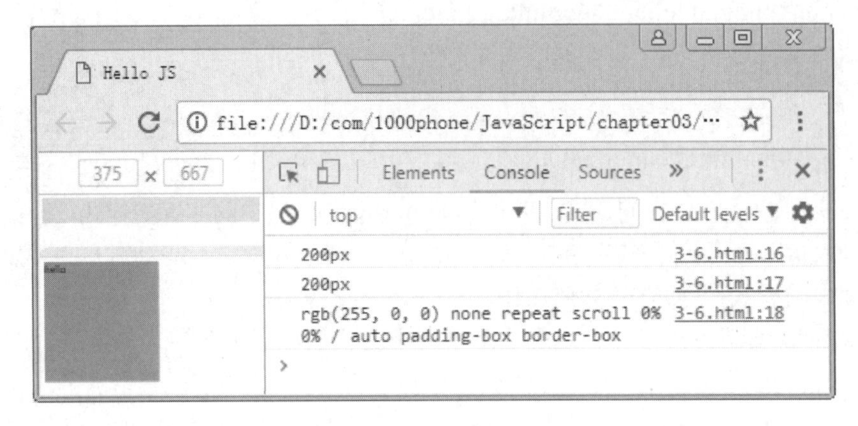

图 3.7　例 3-6 的调试结果

```
console.log(window.getComputedStyle(div).backgroundColor);
// rgb(255, 0, 0)
```

上例返回 RGB 方式的颜色，属于内部转化的形式，这里不作深究。

因为获取的是最终样式，所以假设既有行间样式，也有非行间样式，最终样式即是优先级高的样式。接下来通过案例演示，具体如例 3-7 所示。

【例 3-7】 最终样式即是优先级高的样式。

```
1   <!doctype html>
2   <html>
3   <head>
4       <meta charset="utf-8">
5       <title>Hello JS</title>
6       <style>
7           #div1{ width:200px; height:200px; background:red; }
8       </style>
9   </head>
10  <body>
11      <div id="div1" style="width:100px;">hello</div>
12  <script>
13      var div = document.getElementById('div1');
14        console.log(window.getComputedStyle(div).width);  // '100px'
15  </script>
16  </body>
17  </html>
```

运行结果如图 3.8 所示。

可以发现，最终样式的宽值返回 100px，是因为行间样式的优先级要比非行间样式的优先级高。

window.getComputedStyle()方法是在标准规范下提供的操作，对于之前一些旧版本浏览器，可能并不支持。因此，可以利用 currentStyle 对象实现兼容处理。其语法格式如下：

图 3.8 例 3-7 的运行结果

```
元素.currentStyle.样式;
```

接下来通过案例演示旧版本浏览器下 currentStyle 返回的值，具体如例 3-8 所示。

【例 3-8】 旧版本浏览器下 currentStyle 返回的值。

```
1   <!doctype html>
2   <html>
3   <head>
4       <meta charset="utf-8">
5       <title>Hello JS</title>
6       <style>
7           #div1{ width:200px; height:200px; background:red; }
8       </style>
9   </head>
10  <body>
11      <div id="div1">hello</div>
12  <script>
13      var div = document.getElementById('div1');
14        console.log(div.currentStyle.width);
15        console.log(div.currentStyle.height);
16        console.log(div.currentStyle.backgroundColor);
17  </script>
18  </body>
19  </html>
```

调试结果如图 3.9 所示。

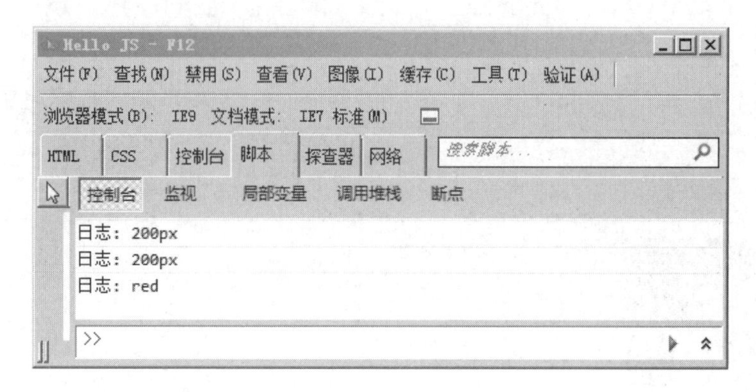

图 3.9 例 3-8 的调试结果

在例 3-8 中，首先打开旧版本的 IE 浏览器，然后运行案例相关代码，在控制台中打印代码信息。先去获取页面中 id 为 div1 的元素，并存储到 div 变量下，然后通过 currentStyle 语法去获取 div 元素的最终样式，并输出到控制台中。

无论是 getComputedStyle()方法还是 currentStyle()方法，都是只能获取非行间样式，并不能设置非行间样式。

那么，如何在 JavaScript 中设置非行间样式呢？一般情况下这种需求非常少见，但 JavaScript 是有这个能力的。只是对此功能进行了解即可，不必深究。接下来通过案例演示设置非行间样式，具体如例 3-9 所示。

【例 3-9】 设置非行间样式。

```
1   <!doctype html>
2   <html>
3   <head>
4       <meta charset="utf-8">
5       <title>Hello JS</title>
6       <style>
7           #div1{ width:200px; height:200px; background:red; }
8       </style>
9   </head>
10  <body>
11      <div id="div1">hello</div>
12  <script>
13       var div = document.getElementById('div1');
14       document.styleSheets[0].rules[0].style.width = '100px';
15       document.styleSheets[0].rules[0].style.height = '100px';
16       document.styleSheets[0].rules[0].style.background = 'blue';
17  </script>
18  </body>
19  </html>
```

调试结果如图 3.10 所示。

图 3.10 例 3-9 的调试结果

通过 chrome 浏览器的控制台样式，可以发现非行间样式发生了改变，styleSheets[0]表示获取 document 文档下的第一个样式表，rules[0]则表示样式表中的第一个样式。

3.3 获取集合

视频讲解

3.3.1 getElementsByTagName()方法

getElementById()方法可以获取指定 id 的 HTML 元素。那么，如何获取一个 HTML 元素集合呢？例如，一组<li>标签，可以通过 getElementsByTagName()方法来实现，该方法通过指定 HTML 标签名的方式来获取。其语法格式如下：

```
document/祖先元素.getElementsByTagName('标签名');
```

注意，一组标签既可以在整个 document 文档下获取，也可以在指定的祖先元素下获取。此方式与 getElementById()方法不一样，getElementById()方法只能在 document 文档下获取，因为 id 属性具有唯一性，不存在包含关系。

接下来通过案例演示获取 document 下的所有 li 标签，具体如例 3-10 所示。

【例 3-10】 获取 document 下的所有 li 标签。

```
1   <!doctype html>
2   <html>
3   <head>
4       <meta charset="utf-8">
5       <title>Hello JS</title>
6   </head>
7   <body>
8       <ul>
9           <li></li>
```

```
10          <li></li>
11            <li></li>
12        </ul>
13        <ol>
14            <li></li>
15            <li></li>
16          <li></li>
17        </ol>
18  <script>
19      var li = document.getElementsByTagName('li');
20        console.log(li);
21  </script>
22  </body>
23  </html>
```

运行结果如图 3.11 所示。

图 3.11 例 3-10 的运行结果

在例 3-10 中，首先定义两个列表，分别为无序列表和有序列表。通过“document.getElementsByTagName('li')”方式可以获取两个列表中的所有<li>标签集合。

接下来把这个集合在控制台中输出，可以看到里面对应的就是所有的 li 列表，并且存在 length 属性，表示集合的长度。

接下来通过案例演示获取 ul 下的所有 li 标签，具体如例 3-11 所示。

【例 3-11】 获取 ul 下的所有 li 标签。

```
1   <body>
2       <ul id="ul1">
3           <li></li>
4         <li></li>
5         <li></li>
6       </ul>
```

```
7        <ol>
8            <li></li>
9          <li></li>
10         <li></li>
11       </ol>
12   </body>
13   <script>
14       var ul = document.getElementById('ul1');
15       var li = ul.getElementsByTagName('li');
16       console.log(li);
17   </script>
```

调试结果如图 3.12 所示。

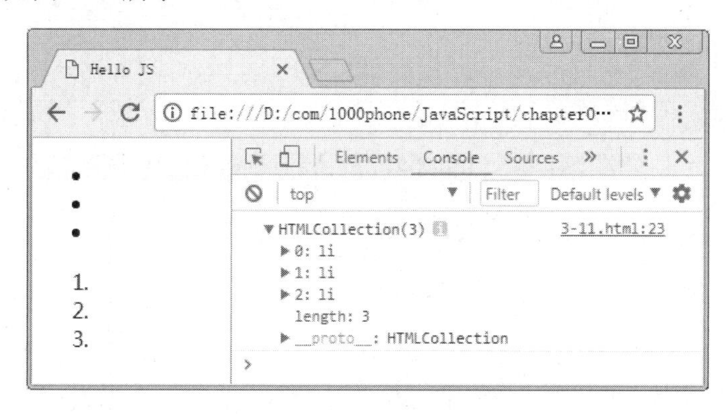

图 3.12　例 3-11 的调试结果

在例 3-11 中，只获取无序列表中的 li 元素，而不获取有序列表中的 li 元素，这时可先通过 document.getElementById()方法先获取无序列表 ul。然后再通过 ul.getElementsByTagName('li')获取 ul 下指定的 li 标签。在控制台输出时，只会显示三个 li 元素，如图 3.12 所示。

获取元素集合后，如何去操作？在 JavaScript 语法中不能直接操作整体集合，必须分别操作集合的每一项元素。可以通过“[]+下标”的方式获取指定集合中的某一项元素，下标从 0 开始。例如，li[0]表示 li 集合中的第一个元素，li[1]表示 li 集合中的第二个元素。接下来通过案例演示，具体如例 3-12 所示。

【例 3-12】 通过“[]+下标”的方式获取指定集合中的某一项元素。

```
1   <!doctype html>
2   <html>
3   <head>
4       <meta charset="utf-8">
5       <title>Hello JS</title>
6   </head>
7   <body>
8       <ul>
```

```
9            <li></li>
10          <li></li>
11          <li></li>
12        </ul>
13   <script>
14       var li = document.getElementsByTagName('li');
15         li[1].style.background = 'red';
16   </script>
17   </body>
18   </html>
```

运行结果如图 3.13 所示。

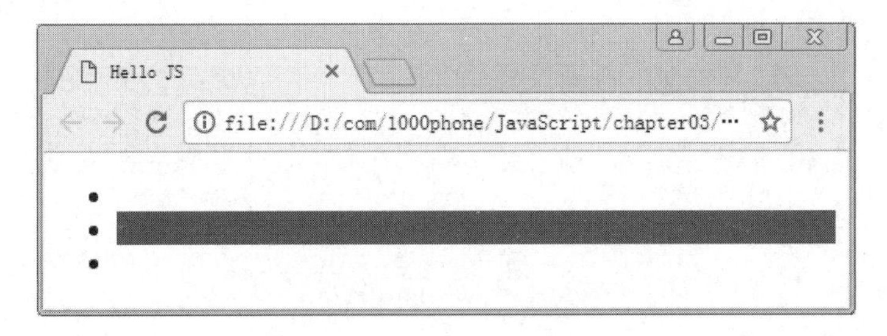

图 3.13 例 3-12 的运行结果

在例 3-12 中，获取某个集合中指定的 li 元素，首先获取所有的 li 集合，然后通过[]指定集合中的具体某一项。当[]中数字为 0 时表示集合的第一个元素，当[]中数字为 1 时表示集合中的第二个元素。因此，在示例中，通过 li[1]可以获取中间的元素。

可以通过集合对象下面的 length 属性获得集合内元素的个数，用来表示集合的长度。接下来通过案例演示，具体如例 3-13 所示。

【例 3-13】 length 属性的使用。

```
1    <body>
2        <ul>
3            <li></li>
4          <li></li>
5          <li></li>
6        </ul>
7    </body>
8    <script>
9        var li = document.getElementsByTagName('li');
10       console.log(li.length);      // 3
11   </script>
```

在例 3-13 中，首先通过 document.getElementsByTagName('li')获取 li 的所有集合，然后通过集合 li.length 的属性，得到集合的个数。

获取集合的长度，再配合循环语句，就可以对一组 HTML 元素集合操作，接下来通过案例演示将集合元素背景色变红，具体如例 3-14 所示。

【例 3-14】 将元素背景色变红。

```
1   <!doctype html>
2   <html>
3   <head>
4       <meta charset="utf-8">
5       <title>Hello JS</title>
6   </head>
7   <body>
8       <ul>
9           <li></li>
10        <li></li>
11          <li></li>
12      </ul>
13  <script>
14      var li = document.getElementsByTagName('li');
15      for(var i=0;i<li.length;i++){
16          li[i].style.background = 'red';
17      }
18  </script>
19  </body>
20  </html>
```

运行结果如图 3.14 所示。

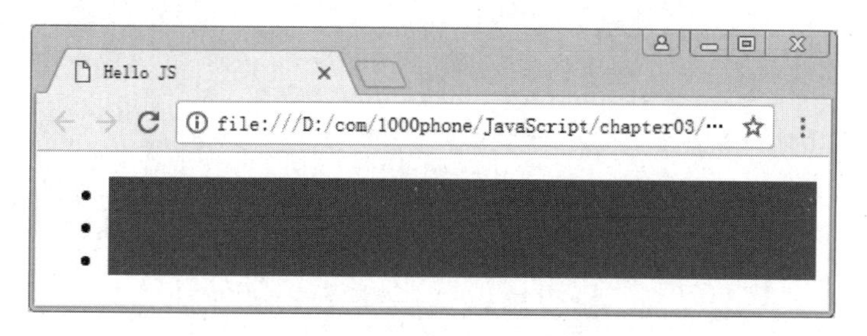

图 3.14 例 3-14 的运行结果

在例 3-14 中，对集合的每个元素进行操作，首先需要通过 document.getElementsByTagName('li')获取 li 的集合。然后配合 for 循环，循环执行三次，得到 i 值分别为 0、1、2。并将 i 值对应到 li 的集合中，就可以分别找到集合中的每一项，进行样式的设置。

3.3.2 getElementsByClassName()方法

除了可以通过标签的方式获取集合，还可以通过 class 属性的方式获取集合。

getElementsByClassName()方法与 getElementsByTagName()方法使用方式类似，只是小括号内为 class 样式名。其语法格式如下：

```
document/祖先元素.getElementsByClassName('样式名');
```

接下来通过案例演示使用 getElementsByClassName()方法获取集合，具体如例 3-15 所示。

【例 3-15】 使用 getElementsByClassName()方法获取集合。

```
1   <!doctype html>
2   <html>
3   <head>
4       <meta charset="utf-8">
5       <title>Hello JS</title>
6   </head>
7   <body>
8       <div class="box">div</div>
9         <h1>h1</h1>
10        <p class="box">ppp</p>
11  <script>
12      var box = document.getElementsByClassName('box');
13        for(var i=0;i<box.length;i++){
14            box[i].style.background = 'red';
15        }
16  </script>
17  </body>
18  </html>
```

运行结果如图 3.15 所示。

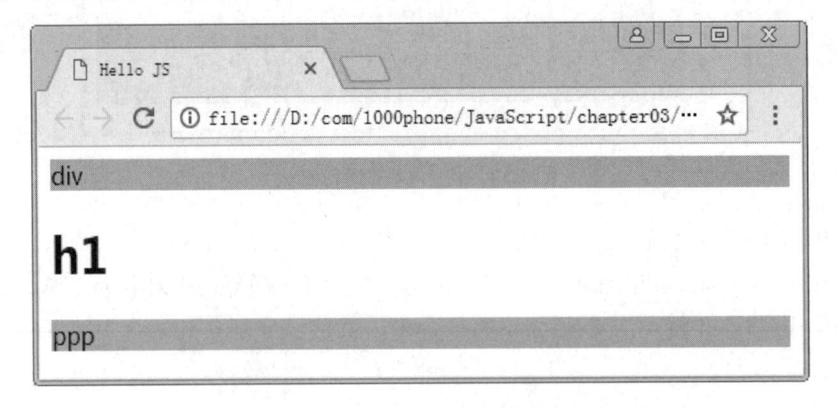

图 3.15 例 3-15 的运行结果

在例 3-15 中，通过 document.getElementsByClassName()方法获取指定 class 元素集合，然后通过循环遍历集合，设置集合每一项的颜色为红色。

3.3.3 类似 CSS 方式获取元素

在 JavaScript 中提供了类似于 CSS 方式获取元素的方法，即 querySelector()和 querySelectorAll()两个方法。

querySelector()方法用于获取单一元素，而 querySelectorAll()方法用于获取一组元素。该方法与 CSS 中的选择器方式类似，如 CSS 中的 id 选择器方式、class 选择器方式、群组选择器方式、包含选择器方式等，具体示例代码如下：

```
1   <script>
2       document.querySelector('#div1');
3       document.querySelectorAll('.box');
4       document.querySelectorAll('ul li');
5       document.querySelectorAll('h1,h2,h3');
6   </script>
```

JavaScript 中 query 方法获取元素的方式与 CSS 中获取的方式类似。

3.3.4 innerHTML

innerHTML 方法是用来获取和设置指定标签内的内容。其中内容包括文本，也包括标签等信息。接下来通过案例演示，具体如例 3-16 所示。

【例 3-16】 innerHTML 方法的使用。

```
1   <!doctype html>
2   <html>
3   <head>
4       <meta charset="utf-8">
5       <title>Hello JS</title>
6   </head>
7   <body>
8     <div id="div1"><span>span</span></div>
9   <script>
10      var div = document.getElementById('div1');
11      console.log( div.innerHTML );       // '<span>span</span>'
12      div.innerHTML = '<h1>h1</h1>';
13  </script>
14  </body>
15  </html>
```

运行结果如图 3.16 所示。

图 3.16　例 3-16 的运行结果

利用循环+innerHTML 的方式可以实现添加一组<li>标签到网页中，具体如例 3-17 所示。

【例 3-17】 利用循环+innerHTML 的方式实现添加一组<li>标签到网页中。

```
1   <!doctype html>
2   <html>
3   <head>
4        <meta charset="utf-8">
5        <title>Hello JS</title>
6   </head>
7   <body>
8       <ul id="ul1"></ul>
9   <script>
10       var ul = document.getElementById('ul1');
11       for(var i=0;i<3;i++){
12           ul.innerHTML += '<li>'+i+'</li>';
13       }
14  </script>
15  </body>
16  </html>
```

运行结果如图 3.17 所示。

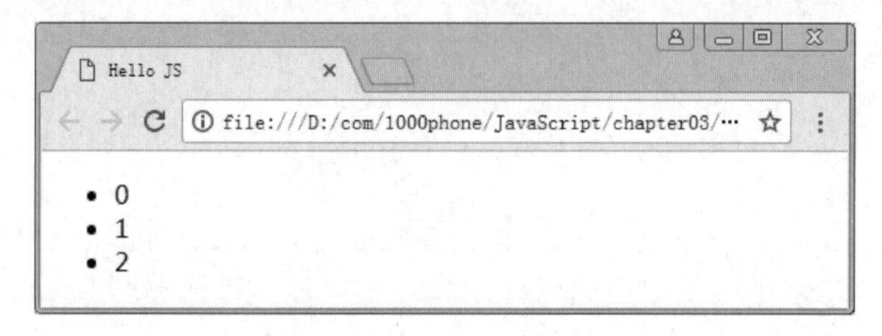

图 3.17　例 3-17 运行结果

注意，在 for 循环时，每次都调用 innerHTML 对页面进行重新渲染，这对于网页来说会消耗一定性能，因此建议大家一次性操作 innerHTML 方法，改写如下：

```
1   <body>
```

```
2           <ul id="ul1">
3           </ul>
4       </body>
5       <script>
6           var ul = document.getElementById('ul1');
7           var tmp = '';
8           for(var i=0;i<3;i++){
9               tmp += '<li>'+i+'</li>';
10          }
11          ul.innerHTML = tmp;
12      </script>
```

运行效果与图 3.17 类似，因为对程序进行优化是编程中一项重要环节，所以尽量写出性能最优的代码。

3.3.5 获取元素

获取元素的方法，分为动态获取和非动态获取两大类。下面将分别进行讲解。

1．动态获取

属于动态获取的方法包括 getElementsByTagName()和 getElementsByClassName()。动态获取方法可以不在定义变量时获取元素，而是在调用变量时获取元素。接下来通过案例演示，具体如例 3-18 所示。

【例 3-18】 动态获取元素。

```
1   <!doctype html>
2   <html>
3   <head>
4       <meta charset="utf-8">
5       <title>Hello JS</title>
6   </head>
7   <body>
8       <div id="div1"></div>
9   <script>
10      var div = document.getElementById('div1');
11      var span = div.getElementsByTagName('span');
12      div.innerHTML = '<span id="span1">span</span>';
13      span[0].style.background = 'red';
14  </script>
15  </body>
16  </html>
```

运行结果如图 3.18 所示。

图 3.18　例 3-18 的运行结果

例 3-18 中，第 6 行，span 集合在页面中还不存在。第 7 行才被添加到页面中，但在第 8 行中可以找到指定的 span 元素，这就是动态获取元素的特点。

2．非动态获取

属于非动态获取的方法包括 getElementById()、querySelector()、querySelectorAll()。这些方法是在定义变量时就已经获取完毕，后添加的元素是获取不到的，除非添加完后再获取。接下来通过案例演示，具体如例 3-19 所示。

【例 3-19】 非动态获取元素。

```
1   <!doctype html>
2   <html>
3   <head>
4        <meta charset="utf-8">
5        <title>Hello JS</title>
6   </head>
7   <body>
8        <div id="div1"></div>
9   <script>
10       var div = document.getElementById('div1');
11       var span = document.getElementById('span1');
12       div.innerHTML = '<span id="span1">span</span>';
13       span.style.background = 'red';          // 报错
14  </script>
15  </body>
16  </html>
```

调试结果如图 3.19 所示。

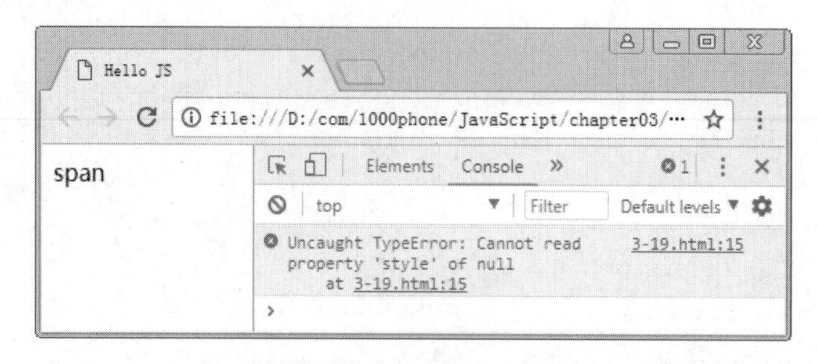

图 3.19　例 3-19 的调试结果

接下来通过案例演示添加元素后再获取，具体如例 3-20 所示。

【例 3-20】 添加元素后再获取元素。

```
1    <body>
2        <div id="div1"></div>
3    </body>
4    <script>
5        var div = document.getElementById('div1');
6        div.innerHTML = '<span id="span1">span</span>';
7        var span = document.getElementById('span1');
8        span.style.background = 'red';
9    </script>
```

运行结果如图 3.20 所示。

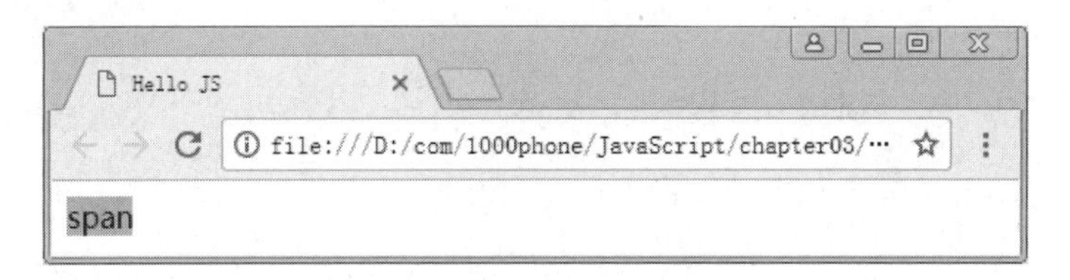

图 3.20 例 3-20 的运行结果

使用 getElementById()方法获取元素时，应注意所需获取的元素必须是已经存在的元素。

3.4 实际运用

视频讲解

在前面的小节中，学习了如何获取元素，讲解了 JavaScript 与 HTML、CSS 进行交互的方法。接下来将结合 JavaScript 语法实现几个小实例，让读者了解在实际中如何去运用这些方法。

3.4.1 隔行换色

在 CSS3 中，可以通过结构伪类选择器实现一组元素的隔行换色效果。在 JavaScript 中也可以实现这一效果。接下来通过案例演示，具体如例 3-21 所示。

【例 3-21】 隔行换色。

```
1    <!doctype html>
2    <html>
3    <head>
4         <meta charset="utf-8">
5         <title>Hello JS</title>
```

```
6    </head>
7    <body>
8         <ul>
9             <li></li>
10          <li></li>
11            <li></li>
12            <li></li>
13        </ul>
14   <script>
15        var li = document.getElementsByTagName('li');
16        for( var i=0; i<li.length; i++ ){
17            if(i%2 == 0){                        // 隔行换色
18              li[i].style.background = 'red';
19            }
20            else{
21                li[i].style.background = 'blue';
22            }
23        }
24   </script>
25   </body>
26   </html>
```

运行结果如图 3.21 所示。

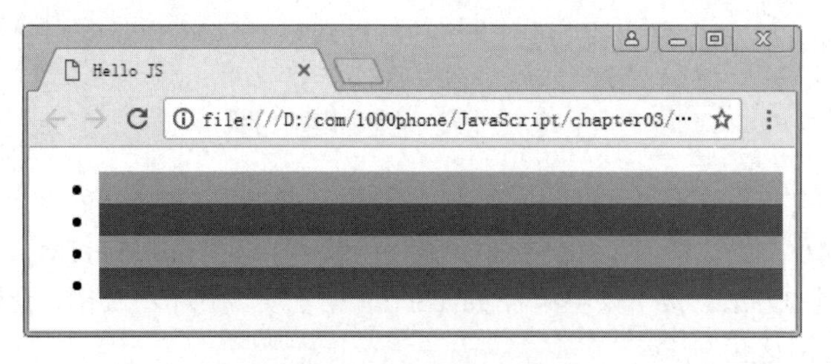

图 3.21 例 3-21 的运行结果

上例实现比较简单，利用取模运算符的特点，在循环中 0、1、0、1 地重复操作，大家也可以思考如何实现隔多行进行换色的操作，其原理与之类似，这里不再赘述。

3.4.2 拼接背景图

一张背景图片，如何利用一组元素集合进行拼接呢？可以利用嵌套循环的方式，把集合分成横竖排列组合。例如，把背景图分成 5 行、10 列，具体如例 3-22 所示。

【例 3-22】 拼接背景图。

```
1    <!doctype html>
```

```
2   <html>
3   <head>
4       <meta charset="utf-8">
5       <title>Hello JS</title>
6     <style>
7         *{ margin:0; padding:0; }
8         li{ width:50px; height:50px; position:absolute;
9          left:0; top:0; list-style:none;
10         background:url(1.png) no-repeat; }
11    </style>
12  </head>
13  <body>
14      <ul id="ul1"></ul>
15  <script>
16      var ul = document.getElementById('ul1');
17      var tmp = '';
18      for( var i=0; i<5; i++ ){
19          for( var j=0; j<10; j++ ){
20    tmp += '<li style="left:' + (j*51) + 'px; top:' + (i*51) + 'px;' +
21   'background-position:' + (-j*50) + 'px ' + (-i*50) + 'px"></li>';
22          }
23      }
24      ul.innerHTML = tmp;
25  </script>
26  </body>
27  </html>
```

运行结果如图 3.22 所示。

图 3.22 例 3-22 的运行结果

在例 3-22 中，首先获取列表的父容器 ul1，存储为变量 ul。然后再通过双循环获取行和列的下标，分别为 i 和 j，用 i 表示行的操作，用 j 表示列的操作。最后分别设置每个<li>标签的 left、top、background-position 的值，每个<li>标签都拥有自己的位置和背景图，从而拼接成一个完整的图。

3.4.3 九九乘法表

九九乘法表是嵌套循环的一种变化操作，主要利用嵌套循环的顺序和值的变化来实现。接下来通过案例演示，具体如例 3-23 所示。

【例 3-23】 九九乘法表。

```
1   <!doctype html>
2   <html>
3   <head>
4        <meta charset="utf-8">
5        <title>Hello JS</title>
6   </head>
7   <body>
8        <div id="div1"></div>
9   </body>
10  <script>
11       var div = document.getElementById('div1');
12       for( var i=1; i<=9; i++ ){
13          for( var j=1; j<=i; j++ ){
14              div.innerHTML += i+'*'+j+'='+(i*j) + ' ';
15          }
16          div.innerHTML += '<br>';
17       }
18  </script>
```

运行结果如图 3.23 所示。

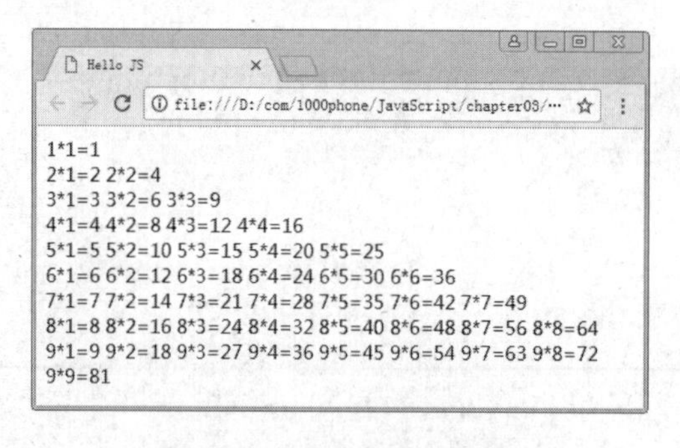

图 3.23 例 3-23 的运行结果

在例 3-23 中，首先获取要生成乘法表的父容器 div1，并赋值到变量 div 上。然后通过双循环得到九九乘法表的行和列，注意，为了不生成重复的选项，需要设置条件为 j<=i。最后通过 innerHTML 的方式把内容输出到页面中。

3.5 本章小结

本章首先讲解了 JavaScript 与 HTML、CSS 之间进行交互操作的方法，然后结合 JavaScript 语法实现了几个小实例。DOM 是 JavaScript 中的重要组成部分，在后面章节中还会讲解 DOM 相关的知识。

3.6 习题

1. 填空题

（1）在标准规范中通过________获取最终样式。
（2）DOM 的全称为________。
（3）document 的________属性是用来获取 html 标签的。
（4）获取一组 class 元素，用 document 的________方法获取。
（5）JavaScript 中的 innerHTML 的作用是________。

2. 选择题

（1）getElementById()方法是通过（　　）方式获取元素。
A．title　　B．id　　C．class　　D．tag
（2）下面方法属于动态获取元素的是（　　）。
A．getElementById　　B．getElementByTagName
C．querySelector　　D．querySelectorAll
（3）可以通过（　　）设置 CSS 代码块中的样式。
A．style　　B．cssText
C．styleSheets[0].rules[0]　　D．getComputedStyle
（4）（多选）cssText 语法的作用是（　　）。
A．设置多组 CSS 样式　　B．设置行间样式
C．设置单独 CSS 样式　　D．设置非行间样式
（5）下列语法用于获取文档头信息的是（　　）。
A．document.title　　B．document.documentElement
C．document.body　　D．document.docType

3. 思考题

（1）请简述 querySelector 方法和 querySelectorAll 方法的区别。
（2）请简述什么是动态获取元素。

第4章 chapter 4

JavaScript 函数

本章学习目标

- 掌握函数的定义方式和调用方式；
- 熟悉函数的基本操作行为，如传参、返回值、作用域等；
- 了解 JavaScript 中提供的内置函数方法。

函数是指一组针对处理某一逻辑的代码集合，当被调用时它可重复地执行，是计算机编程中非常重要的语法结构。本章将通过定义函数、操作函数和内置函数来介绍 JavaScript 中的函数。

4.1 定义函数

视频讲解

4.1.1 函数简介

程序中的函数与数学中的函数十分相似，如数学中的函数指给定一个数集 A，对 A 应用对应法则 f，记作 $f(A)$，得到另一数集 B，即得到关系式 $B=f(A)$，这个关系式称为函数关系式，简称函数。在程序中的函数也可以定义这样的方式，通过传入 A 值，得到对应的 B 值，例如，前面章节介绍的 Number()方法，当传入 Number(null)时，会返回 0 值。

JavaScript 中共有三种定义函数的方式，分别是函数声明定义法、函数表达式定义法和创建对象定义法。其中，前两种最为常用。创建对象定义法即 new Function()形式，由于在实际开发中很少涉及，因此本章不深入讲解，稍作了解即可。

4.1.2 函数声明

利用函数声明方式定义函数，其语法格式如下：

```
function 函数名(){
    代码集合;
}
```

其中，function 为固定语法格式，其后的函数名为自定义字符，中间用空格隔开。小括号与大括号也为固定写法，在大括号中放置的是一组可以随时随地运行的代码集合。具体示例代码如下：

```
1   <script>
2       function foo(){
3           var sum = 0;
4           for( var i=1; i<=100; i++ ){
5             sum += i;
6           }
7             console.log( '从 1 加到 100 的和：'+sum );
8       }
9   </script>
```

上述示例中，函数实现输出 1 累加到 100 的和，但当在浏览器中执行代码时，并没有打印出预想的结果。其原因是上面的代码只是通过函数声明的方式定义了函数，函数被定义后，调用函数才可以执行代码集合。接下来通过案例演示函数调用效果，具体如例 4-1 所示。

【例 4-1】 函数调用效果。

```
1   <!doctype html>
2   <html>
3   <head>
4       <meta charset="utf-8">
5       <title>定义函数</title>
6   </head>
7   <body>
8   <script>
9       function foo(){
10          var sum = 0;
11          for( var i=1; i<=100; i++ ){
12            sum += i;
13          }
14          console.log( '从 1 加到 100 的和：'+sum );
15      }
16          foo();
17  </script>
18  </body>
19  </html>
```

调试结果如图 4.1 所示。

可以发现，调用函数只需使用函数名加小括号即可。下面是函数调用流程图，如图 4.2 所示。

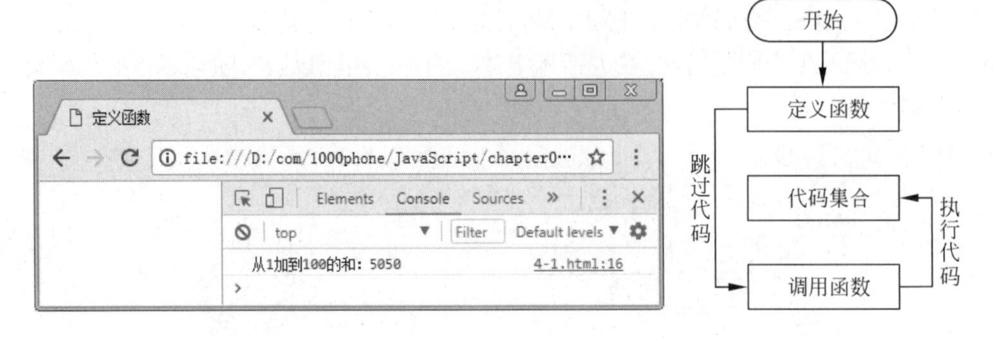

图 4.1　例 4-1 的调试结果　　　　图 4.2　函数调用流程图

函数的调用是可以重复操作的，即前面介绍过的函数调用时可重复地执行这些代码集合。接下来通过案例演示，具体如例 4-2 所示。

【例 4-2】 重复操作函数的调用。

```
1    <!doctype html>
2    <html>
3    <head>
4        <meta charset="utf-8">
5        <title>定义函数</title>
6    </head>
7    <body>
8    <script>
9        function foo(){
10           var sum = 0;
11           for( var i=1; i<=100; i++ ){
12               sum += i;
13           }
14           console.log( '从 1 加到 100 的和: '+sum );
15       }
16       foo();
17       foo();
18       foo();
19   </script>
20   </body>
21   </html>
```

调试结果如图 4.3 所示。

由例 4-2 可以看出，当一段代码需要多次调用时，使用函数可以减少重复的工作和代码编写量。

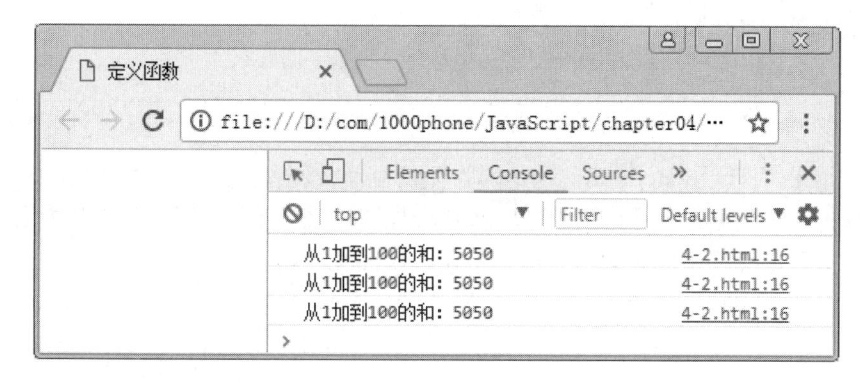

图 4.3 例 4-2 的调试结果

4.1.3 函数表达式

利用函数表达式定义函数，其语法格式如下：

```
var 函数名 = function (){
    代码集合;
};
```

用函数表达式的方式定义函数，是把一个函数赋值成一个变量，变量名即函数名。函数表达式的调用方式与函数声明的调用方式相同，也通过函数名加小括号的方式实现。具体示例代码如下：

```
1   <script>
2       var foo = function(){
3           console.log( 'Hello JS' );      // 执行
4       }
5       foo();
6   </script>
```

4.1.4 函数声明方式与函数表达式方式的区别

函数声明方式定义函数与函数表达式方式定义函数的区别主要有两点，具体如下。

1. 函数声明可以预解析

定义函数和调用函数应遵循先定义后调用的原则。而函数声明的方式具备函数预解析的功能。因此，写法上可以先写调用，再写定义。具体示例代码如下：

```
1   <script>
2       foo();
3       function foo(){
```

```
4           console.log( 'Hello JS' );  // 执行
5       }
6   </script>
```

运行结果，打印出 Hello JS。这是因为无论在什么位置以函数声明的方式定义函数，都会被预先解析到<script>代码块的最开始位置，即函数预解析的特点，当调用函数时，函数已经提前定义。函数预解析过程示意图，如图 4.4 所示。

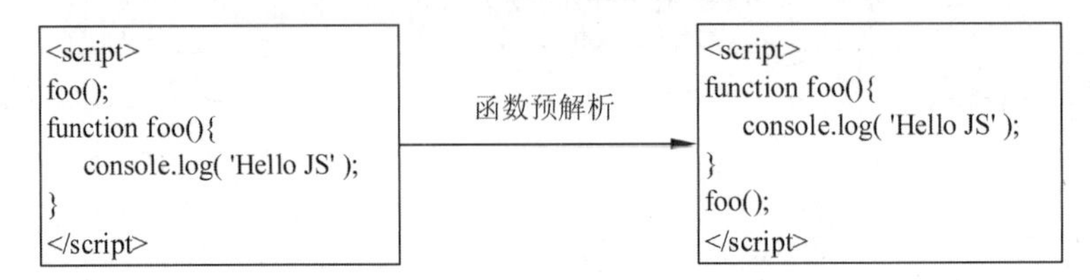

图 4.4　函数预解析过程示意图

但这种预解析的方式并不适用于函数表达式，如果在定义函数前调用函数，则会提示报错，这是两种方式的第一个重要区别。此外，还需要了解另外一个重要概念——变量预解析，除函数有预解析过程外，变量同样具备预解析的特点，只是不容易被发现，具体示例代码如下：

```
1   <script>
2       console.log( foo );                 // undefined
3       var foo = 'Hello JS';
4   </script>
```

foo 变量会返回 undefined 未定义类型，但并不会报错。说明变量在程序中做了一些内部的处理，即变量预解析的作用，变量预解析过程示意图，如图 4.5 所示。

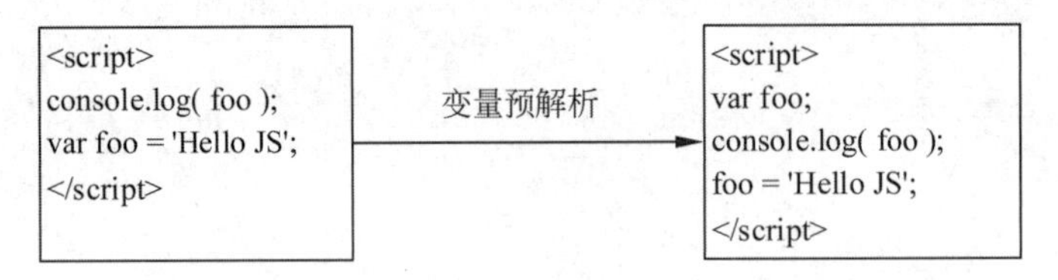

图 4.5　变量预解析过程示意图

函数表达式既属于定义函数，也属于定义变量，其变量值为函数。因此函数名返回 undefined 未定义，调用时会因找不到变量而报错。

2．函数表达式可直接调用执行

用函数表达式方式定义的函数，直接在定义函数后加一对小括号就可以立即执行。这种方式省略了函数名调用的方式，在很多场合中都会用到。本节只了解如何使用即可，后面章节中会具体分析其使用方式。具体示例代码如下：

```
1   <script>
```

```
2        var foo = function(){
3            console.log('Hello JS');        // 执行
4        }();
5    </script>
```

函数声明的方式使用例中方式调用程序会报错，这是函数声明定义函数和函数表达式定义函数第二个比较大的区别。

4.2 操作函数

视频讲解

简单的定义和调用还不能够体现出函数的强大。在本小节中，将为大家介绍函数的一些常用操作，通过常用操作可以更好地理解和使用函数，学会操作函数将对 JavaScript 编程起到至关重要的作用。

4.2.1 函数传参

定义函数和调用函数时，函数名后面的小括号内都可以添加内容，添加的内容称为函数的参数。在定义函数中添加的参数称为形式参数，简称为形参；而在调用函数中添加的参数称为实际参数，简称为实参。其语法格式如下：

```
function foo(形参 1,形参 2){
  代码集合;
}
foo(实参 1,实参 2);
```

在函数中可以不添加参数，也可以添加多个参数。参数可以把一个变量拆分成变量名和变量值两部分，变量名作用在形参中，变量值作用在实参中。函数传递参数流程图如图 4.6 所示。

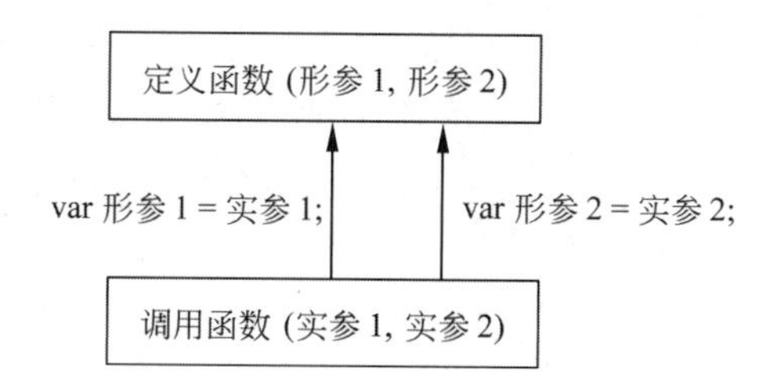

图 4.6　函数传递参数流程图

接下来通过案例演示，具体如例 4-3 所示。

【例 4-3】 函数传参。

```
1    <script>
2        function foo(a, b){
```

```
3           console.log(a);             // 1
4           console.log(b);             // 2
5       }
6       foo('1', '2');
7   </script>
```

当函数调用时，即是实参赋值给形参的过程。如上面的示例代码，将 1 赋值给 a，将 2 赋值给 b。这样，形参就可以在函数体内进行调用，运行后会打印出 1 和 2 两个值。

前面计算过 1 累加到 100，如果要运算 1 累加到 200，或是 100 累加到 150，当不进行传参处理时，可能要写多行代码，如果使用函数传参的操作方式，就可以使程序相对简单许多。接下来通过案例演示，具体如例 4-4 所示。

【例 4-4】 函数参数传递。

```
1   <!doctype html>
2   <html>
3   <head>
4       <meta charset="utf-8">
5         <title>操作函数</title>
6   </head>
7   <body>
8   <script>
9         function foo(num1,num2){
10            var sum = 0;
11            for( var i=num1; i<=num2; i++ ){
12                sum += i;
13            }
14            console.log( '从'+num1+'加到'+num2+'的和：'+sum );
15        }
16        foo(1,100);
17        foo(1,200);
18        foo(100,150);
19  </script>
20  </body>
21  </html>
```

调试结果如图 4.7 所示。

在例 4-4 中，首先定义一个封装函数 foo，并且设置两个形参，分别为 num1 和 num2，表示需要累加的起始数字和结束数字。在函数体内部为循环累加的操作，并把累加后的结果打印出来。最后分别调用三次 foo 函数，即可打印出不同值的累加结果。

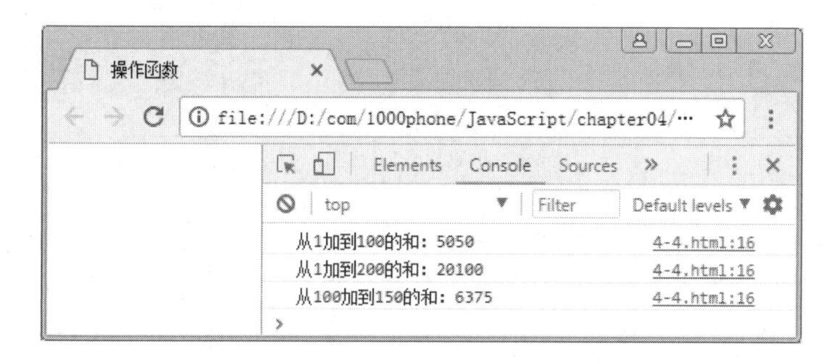

图 4.7 例 4-4 的调试结果

4.2.2 arguments

当参数过多时，参数操作起来可能会不方便。例如，实参数量由三个变到五个，形参数量也需从三个变到五个，而函数会变得极其复杂，并且不能复用函数。为此，函数中提供了 arguments 对象，用来表示实参的集合，具备 length 属性，arguments.length 值表示实参的个数。接下来通过案例演示将所有的实参累加打印出结果，且能够复用函数，具体如例 4-5 所示。

【例 4-5】 将所有实参累加打印出结果，且能够复用函数。

```
1   <!doctype html>
2   <html>
3   <head>
4       <meta charset="utf-8">
5       <title>操作函数</title>
6   </head>
7   <body>
8   <script>
9       function foo(){
10          var result = 0;
11          for( var i=0; i<arguments.length; i++ ){
12              result += arguments[i];
13          }
14          console.log('所有实参累加后的结果：' + result );
15      }
16      foo(1,2,3);
17      foo(1,2,3,4,5);
18      foo(2,4,6,8,10);
19  </script>
20  </body>
21  </html>
```

运行结果如图 4.8 所示。

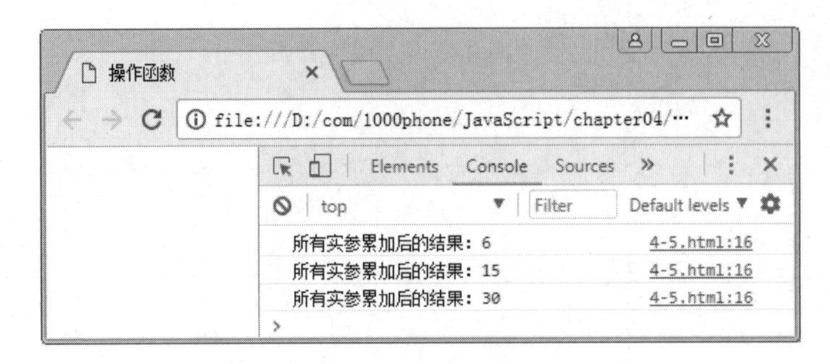

图 4.8　例 4-5 的运行结果

在例 4-5 中，当实参个数不确定时，需要把实参累加到一起，同时输出结果。首先定义一个函数 foo，在函数内部利用 arguments 对象的特点，对其进行循环操作，每次循环可获得 arguments 对象中对应的每一项实参，并进行累加，最终输出图 4.8 所示结果。

4.2.3　函数返回值

在调用函数时，并不是在函数体内得到函数的执行结果，这就需要通过 return 语句实现，具体示例代码如下：

```
1   <script>
2       function foo(){
3           var result = 0;
4           for( var i=0; i<arguments.length; i++ ){
5               result += arguments[i];
6           }
7           return result;
8       }
9       var sum = foo(1,2,3);
10      console.log( '所有实参累加后的结果：' + sum );    // 6
11  </script>
```

上述示例中，foo(1,2,3)调用后返回值为 return 的返回值 6，然后将 6 赋值给 sum 变量，最后打印出 sum 值为 6。需要注意 return 语句的特点，即其后面的语句不执行，具体示例代码如下：

```
1   <script>
2       function foo(a,b,c){
3           console.log(a);                 // 1
4           return;
5           console.log(b);                 // 不执行
6           console.log(c);                 // 不执行
7       }
8       var bar = foo(1,2,3);
```

```
9        console.log(bar);                    // undefined
10   </script>
```

可以发现，只打印出 a 和 bar 值，而 b 和 c 值并未打印，因为前面有 return 语句。另外，当 return 不返回任何值时，会得到 undefined；默认不写 return 语句时，函数执行完也会得到 undefined。利用 return 语句后的代码不执行的特点，可以对函数内部做一些判断操作，一旦满足某些条件，就不执行后面的代码。接下来通过案例演示，具体如例 4-6 所示。

【例 4-6】 利用 return 语句后代码不执行的特点，对函数内部做一些判断操作。

```
1   <!doctype html>
2   <html>
3   <head>
4        <meta charset="utf-8">
5        <title>操作函数</title>
6   </head>
7   <body>
8   <script>
9        function sum(a, b){
10           if(typeof a!='number' || typeof b!='number'){
11               return '请输入数字';
12           }
13           return '相加结果为: ' + (a + b);
14       }
15       console.log(sum('hi',2));
16       console.log(sum(1,true));
17       console.log(sum(1,2));
18   </script>
19  </body>
20  </html>
```

运行结果如图 4.9 所示。

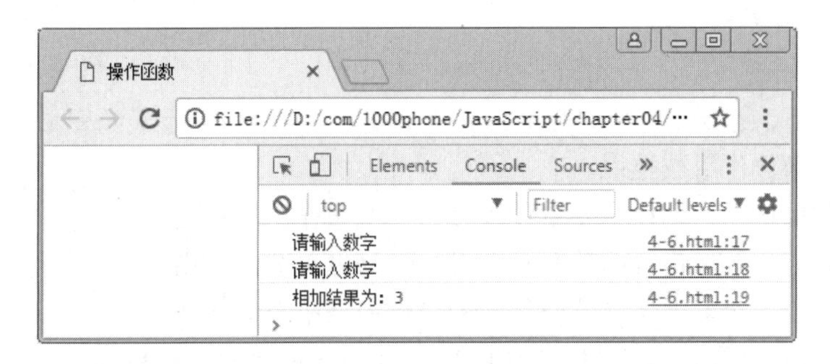

图 4.9　例 4-6 的运行结果

在例 4-6 中，首先定义函数 sum，并设置两个参数 a 和 b。当 a 值或 b 值有一个类型不为 number 时，执行第 13 行语句， return 的特点是跳出后续代码的执行，因此第 15 行不执行。如果 if 条件不满足，则不会执行第 13 行语句，而执行第 15 行语句，可以通过 return 输出不同的结果。

4.2.4 函数作用域

作用域指作用范围，函数是具备作用域的。假设在 foo 函数中定义了 bar 函数，即 bar 函数只能在 foo 函数内调用，而不能在 foo 函数外调用，这就是函数作用域的特点。具体示例代码如下：

```
1    <script>
2         function foo(){
3             function bar(){
4                 console.log('函数作用域');
5             }
6             bar();           // √
7         }
8         foo();
9         bar();               // ×
10   </script>
```

函数内能够调用函数外定义的函数称为作用域，而函数外不能够调用函数内定义的函数。同样，变量也具备作用域，与函数作用域类似，具体示例代码如下：

```
1    <script>
2         var bar = 10;              // 全局变量
3         function foo(){
4             var baz = 20;          // 局部变量
5             bar;                   // √
6         }
7         foo();
8         baz;                       // ×
9    </script>
```

通常情况下，函数外定义的变量称为全局变量，而函数内定义的变量称为局部变量，变量作用域与函数作用域类似。

除变量作用域外，还存在变量作用域链。变量作用域链是指变量的查找过程，即每一段 JavaScript 代码（包含函数）都会有一个与之关联的作用域链。作用域链是一个对象列表或者链表，对象中定义这段代码为“作用域中”的变量。

当 JavaScript 需要查找变量 x 的值时（这个过程称为变量解析），它会从链的第一个对象开始查找。如果这个对象有一个名为 x 的属性，则会直接使用这个属性的值；如果第一个对象中没有名为 x 的属性，则 JavaScript 会继续查找链上的下一个对象；如果第二个对象依然没有名为 x 的属性，则会继续查找下一个，以此类推。如果作用域链上没有任何一个对象含有属性 x，则认为这段代码的作用域链上不存在 x，最终抛出一个引用错误异常。

作用域链的开始位置为调用变量的位置，然后再一层层向外链接，下面通过示例代码理解作用域链，具体示例代码如下：

```
1   <script>
2       var bar = 123;
3       function foo(){
4           var bar = 456;
5           console.log( bar );          // 456
6       }
7       foo();
8   </script>
```

可以看到程序中有两个 bar 变量，当 bar 被调用时，将通过作用域链开始位置进行查找，先找到最近定义的变量位置，即第 4 行代码，作用域链停止查找，直接返回结果，即 456。如果没有第 4 行代码，作用域链在开始位置找不到结果，就会向作用域的外层继续查找，直到找到想要的变量，第 2 行代码，返回 123。bar 的作用域链如图 4.10 所示。

图 4.10　bar 的作用域链

4.2.5　函数与事件

事件是在网页中触发某种行为，如单击、鼠标滑过、用户输入等，这些操作行为称为事件操作。JavaScript 通过事件操作响应后续的处理方式，如单击后弹出提示框、鼠标滑过变换背景图、用户输入后显示输入是否正确等处理行为。

常见的事件有 onclick 单击事件（通过鼠标左键和键盘回车触发）、onmousedown 鼠标按下事件、onmouseup 鼠标抬起事件、onmouseover 鼠标移入事件、onmouseout 鼠标移出事件等。在后面章节会讲解事件如何操作，这里只作简单了解即可。

事件一般需要配合函数才能完成后续的操作。其语法格式如下：

```
元素.事件  =  function(){
    代码集合;
};
```

其中，元素即 HTML 元素，如按钮或链接。事件即上面介绍的事件，如单击事件或鼠标移入事件。当事件被触发时，函数内的代码语句就会被执行。接下来通过案例演示，具体如例 4-7 所示。

【例 4-7】 函数与事件。

```
1   <!doctype html>
2   <html>
3   <head>
4       <meta charset="utf-8">
5       <title>操作函数</title>
6   </head>
7   <body>
8       <input id="btn" type="button" value="显示列表">
9       <ul id="list" style="display:none;">
10          <li>111</li>
11          <li>111</li>
12          <li>111</li>
13      </ul>
14  <script>
15      var btn = document.getElementById('btn');
16      var list = document.getElementById('list');
17      var onoff = true;
18      btn.onclick = function(){
19          if(onoff){
20              list.style.display = 'block';
21              btn.value = '隐藏列表';
22          }
23          else{
24              list.style.display = 'none';
25              btn.value = '显示列表';
26          }
27          onoff = !onoff;
28      };
29  </script>
30  </body>
31  </html>
```

运行结果如图 4.11 所示。

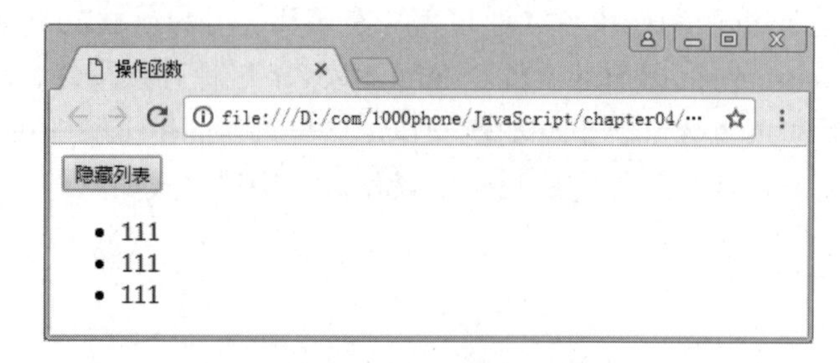

图 4.11 例 4-7 的运行结果

当单击按钮时，列表显示，再次单击时，列表隐藏。可以发现事件的写法类似于函数表达式的写法，都是把等号右侧的函数赋值给等号左侧的表达式。函数表达式可以直接调用，那么事件函数能不能也直接调用呢？接下来通过案例演示，具体如例 4-8 所示。

【例 4-8】 事件函数是否能直接调用。

```
1   <body>
2       <input id="btn" type="button" value="显示列表">
3       <ul id="list" style="display:none;">
4           <li>111</li>
5           <li>111</li>
6           <li>111</li>
7       </ul>
8   </body>
9   <script>
10      var btn = document.getElementById('btn');
11      var list = document.getElementById('list');
12      var onoff = true;
13      btn.onclick = function(){
14          if(onoff){
15              list.style.display = 'block';
16              btn.value = '隐藏列表';
17          }
18          else{
19              list.style.display = 'none';
20              btn.value = '显示列表';
21        }
22              onoff = !onoff;
23      };
24      btn.onclick();                    // 直接调用实行事件函数
25  </script>
```

运行结果与图 4.11 相似，当程序在浏览器中运行时，会执行 btn.onclick()，函数内的代码语句会执行，这样用户不去单击按钮时，列表会自动显示出来，这属于事件的主动触发形式的特点。

4.2.6 实际运用

已经掌握了函数的基本操作，下面介绍在实际开发中如何灵活地运用函数。利用函数的特点，一般可以解决复用代码、简化操作和兼容处理三类问题。

1. 复用代码

前面利用函数实现 100 到 150 累加，其实就是复用代码。下面实现一个复用代码的例子，即数值的阶乘计算（所有小于或等于该数的正整数的积），具体如例 4-9 所示。

【例 4-9】 复用代码实现数值的阶乘计算。

```
1   <!doctype html>
2   <html>
3   <head>
4       <meta charset="utf-8">
5       <title>操作函数</title>
6   </head>
7   <body>
8   <script>
9       function factorial(n){
10          var result = 1;
11          for( var i=2; i<=n; i++ ){
12              result *= i;
13          }
14            return result;
15      }
16      console.log(factorial(4));          // 4 的阶乘
17      console.log(factorial(5));          // 5 的阶乘
18      console.log(factorial(6));          // 6 的阶乘
19  </script>
20  </body>
21  </html>
```

运行结果如图 4.12 所示。

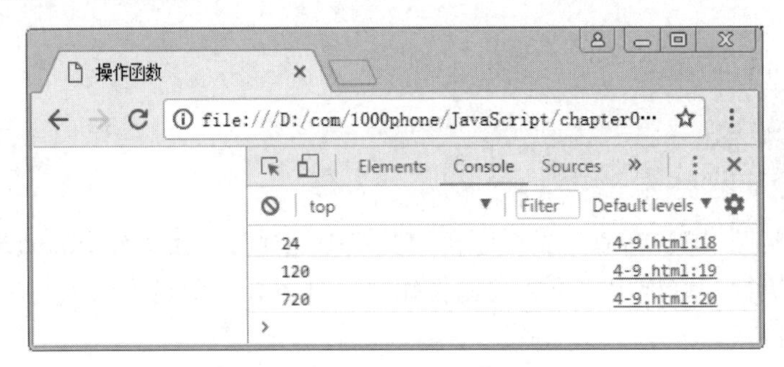

图 4.12　例 4-9 的运行结果

在例 4-9 中，首先定义函数 factorial，参数为进行阶乘需要处理的数值，在函数体内，通过 for 循环的方式，把每次自增的 i 乘到 result 结果变量中。最后 return 返回 result 结果，从而打印出阶乘的结果。

2．简化操作

可以利用函数对 JavaScript 语句进行简化操作，例如，用简化 getElementById()方法获取元素。具体示例代码如下：

```
1   <script>
2        function $(id){
3          return document.getElementById(id);
4        }
5        $('btn').onclick = function(){
6             $('list').style.display = 'block';
7        };
8   </script>
```

3. 兼容处理

前面介绍过获取最终样式的两种方法，即 getComputedStyle()（标准方法）和currentStyle()（非标准方法），为了兼容旧版本的浏览器，必须对这两个方法都进行操作。利用函数实现兼容处理会非常方便。具体示例代码如下：

```
1   <script>
2        function css(obj , attr){
3            if(obj.currentStyle){
4                return obj.currentStyle[attr];
5            }
6            else{
7                return getComputedStyle(obj)[attr];
8            }
9        }
10       css(elem1,'width');
11       css(elem2,'color');
12  </script>
```

示例中，获取元素样式值时，并没有采用点（.）的方式，而是使用中括号（[]）的方式。（[]）属于获取属性的第二种方式，与（.）方式起的作用一样。

4.3 内置函数

视频讲解

4.3.1 弹窗模式

在 JavaScript 中一共有 alert()警告框、confirm()确认框、prompt()对话框三种弹窗模式，下面进行详细讲解。

1. alert()警告框

调用 alert()方法时，会弹出一个警告框，alert()函数的参数为警告框的提示文字，当单击“关闭”按钮时，会关闭警告框。接下来通过案例演示 alert()警告框，具体如例 4-10 所示。

【例 4-10】 alert()警告框。

```
1   <!doctype html>
2   <html>
3   <head>
4        <meta charset="utf-8">
5        <title>内置函数</title>
6   </head>
7   <body>
8        <input type="button" value="警告框">
9        <input type="button" value="确认框">
10       <input type="button" value="对话框">
11  <script>
12       var buttons = document.getElementsByTagName('input');
13       buttons[0].onclick = function(){
14           alert(' 我是警告框! ');
15       };
16  </script>
17  </body>
18  </html>
```

运行结果如图 4.13 所示。

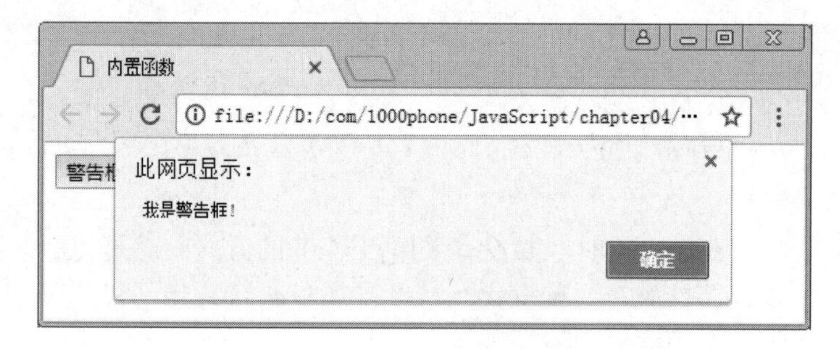

图 4.13 例 4-10 的运行结果

在例 4-10 中，首先获取三个单击按钮，当单击第一个警告框按钮时，执行 alert() 语句，在浏览器中弹出一个警告框。

2. confirm()确认框

调用 confirm()方法时，会弹出一个确认框，confirm()函数的参数为确认框的提示文字。确认框中会存在“确定”按钮和“取消”按钮。当单击“确定”按钮时，函数会返回 true；当单击“取消”按钮时，函数会返回 false；当单击“关闭”按钮时，会关闭确认框。接下来通过案例演示，具体如例 4-11 所示。

【例 4-11】 confirm()确认框的使用。

```
1   <!doctype html>
2   <html>
3   <head>
4       <meta charset="utf-8">
5       <title>内置函数</title>
6   </head>
7   <body>
8       <input type="button" value="警告框">
9       <input type="button" value="确认框">
10      <input type="button" value="对话框">
11  <script>
12      var buttons = document.getElementsByTagName('input');
13      buttons[1].onclick = function(){
14          var foo = confirm(' 我是确认框！ ');
15          if(foo){
16              alert(' 单击“确定”按钮！ ');
17          }
18          else{
19              alert(' 单击“取消”按钮！ ');
20          }
21      };
22  </script>
23  </body>
24  </html>
```

运行结果如图 4.14 所示。

图 4.14　例 4-11 的运行结果

在例 4-11 中，当单击第二个按钮时，会调用 confirm()确认框，并赋值给变量 foo。在确认框中单击“确定”按钮时，foo 变量为 true；在确认框中单击“取消”按钮时，foo 变量为 false。在 if 判断中，会根据 foo 变量的值输出显示不同的内容。

3．prompt()对话框

调用 prompt ()方法时，会弹出一个对话框，prompt ()函数接收两个参数，第一个参数为提示输入的文本内容，第二个参数为输入框的默认输入内容。对话框中包含“确定”按钮和“取消”按钮。当单击“确定”按钮时，函数会返回输入的内容，如果没有输入内容则返回空字符串；当单击“取消”按钮时，函数会返回 null；当单击“关闭”按钮时，关闭对话框。接下来通过案例演示，具体如例 4-12 所示。

【例 4-12】 prompt()对话框的使用。

```
1   <!doctype html>
2   <html>
3   <head>
4        <meta charset="utf-8">
5        <title>内置函数</title>
6   </head>
7   <body>
8        <input type="button" value="警告框">
9        <input type="button" value="确认框">
10       <input type="button" value="对话框">
11  <script>
12       var buttons = document.getElementsByTagName('input');
13       buttons[2].onclick = function(){
14           var foo = prompt(' 我是对话框! ' , '我是默认文字');
15           if(foo){
16               alert(foo);
17           }
18           else{
19               alert(foo);          // null
20          }
21       };
22  </script>
23  </body>
24  <html>
```

运行结果如图 4.15 所示。

在例 4-12 中，当单击第三个按钮时，会触发 prompt()对话框，并赋值给变量 foo。当用户输入内容后，并单击“确认”按钮，foo 等于输入的值；如果用户单击“取消”按钮，foo 等于 null。if 判断中根据 foo 值的不同输出不同的显示内容。

图 4.15 例 4-12 的运行结果

4.3.2 数字字符串转为数字

在 JavaScript 中提供了两个将数字字符串转化为真正数字的内置函数，即 parseInt() 和 parseFloat()。下面进行详细介绍。

1. parseInt()

parseInt()函数可解析字符串，并返回整数。parseInt()函数接收两个参数：第一个参数是要转换的字符串；第二个参数为可选值，表示以不同的进制进行解析。接下来通过案例演示，具体如例 4-13 所示。

【例 4-13】 parseInt()函数的使用。

```
1   <!doctype html>
2   <html>
3   <head>
4       <meta charset="utf-8">
5       <title>内置函数</title>
6   </head>
7   <body>
8   <script>
9       var foo = '123.45';
10      var bar = '100';
11      console.log( parseInt(foo) );
12      console.log( typeof parseInt(foo) );
13      console.log( parseInt(bar,2) );                // 通过二进制转换
14  </script>
```

```
15  </body>
16  </html>
```

调试结果如图 4.16 所示。

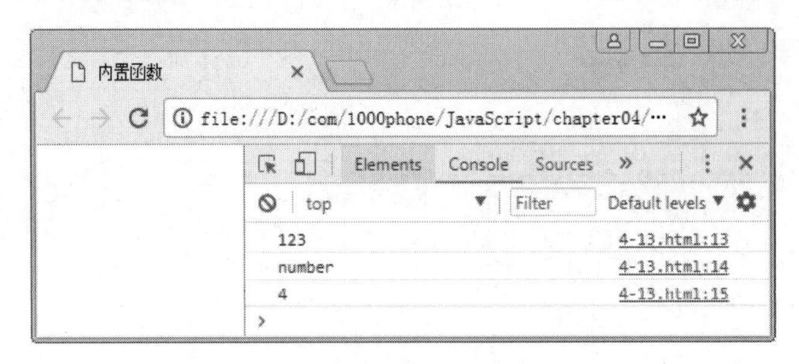

图 4.16 例 4-13 的调试结果

在例 4-13 中，首先定义两个变量 foo 和 bar，值分别为'123.45'和'100'。第 11 行，是对 foo 进行 parseInt()操作，会对 foo 进行类型转换并返回整数，即 123。第 12 行，是对 foo 类型的检测，返回数字类型，即 number。第 13 行，是对 bar 进行二进制的转换，100 对应的二进制表示为 4。

2．parseFloat()

parseFloat()函数可解析字符串，并返回浮点数（带有小数）。parseFloat()函数只接收一个参数，不存在进制问题。具体示例代码如下：

```
1  <script>
2       var foo = '123.45';
3       console.log( parseFloat(foo) );         // 123.45
4       console.log( typeof parseFloat(foo) ); // number
5  </script>
```

parseInt()函数和 parseFloat()函数，都需要注意，字符串中的首个字符是否为数字。如果是数字，则对字符串进行解析，直至到达数字的末端为止，然后以数字返回该数字，而不是作为字符串。具体示例代码如下：

```
1  <script>
2       var foo = '100px';
3       var bar = '$123';
4       console.log( parseInt(foo) );          // 100
5       console.log( parseInt(bar) );          // NaN
6  </script>
```

4.3.3 eval

在 JavaScript 中，eval()函数可以把字符串当作 JavaScript 表达式一样去执行。其语法格式如下：

```
eval(字符串)
```

eval()函数接收一个字符串参数。当字符串是 JavaScript 语句时，eval()函数会对其进行解析，得到对应的 JavaScript 语法。具体示例代码如下：

```
1   <script>
2       eval('function foo(){ console.log(123); }');
3       foo();          // 123
4   </script>
```

一般情况下，一定要慎用 eval()函数，因为 eval()函数能解析任何形式的字符串，可能会解析出存在安全问题的代码，导致页面受到不必要的攻击。

4.3.4 isNaN

innerHTML 方法是用来获取和设置指定标签内的内容，其内容包括文本、标签等信息。前面已经介绍过 NaN 和 isNaN()方法，isNaN()方法是用来判断一个值是否为 NaN 值。

可以利用此内置函数完成一个小实例，即页面中有两个输入框，当输入框输入的不是数字时，提示请输入数字类型；当输入的两个值都为数值时，则弹出累加后的结果。注意，输入框中输入的内容为字符串类型。接下来通过案例演示，具体如例 4-14 所示。

【例 4-14】 利用 isNaN()内置函数实现小实例。

```
1   <!doctype html>
2   <html>
3   <head>
4       <meta charset="utf-8">
5       <title>内置函数</title>
6   </head>
7   <body>
8       <input type="text"> + <input type="text"> =
9       <input type="button" value="计算结果">
10  <script>
11     var inputs = document.getElementsByTagName('input');
12     inputs[2].onclick = function(){
13         if( isNaN(inputs[0].value) || isNaN(inputs[1].value) ){
14             alert( '请输入数字类型！' );
15         }
16         else{
17           alert( parseFloat(inputs[0].value) +
18           parseFloat(inputs[1].value) );
19          }
20     }
21  </script>
22  </body>
23  </html>
```

运行结果如图 4.17 所示。

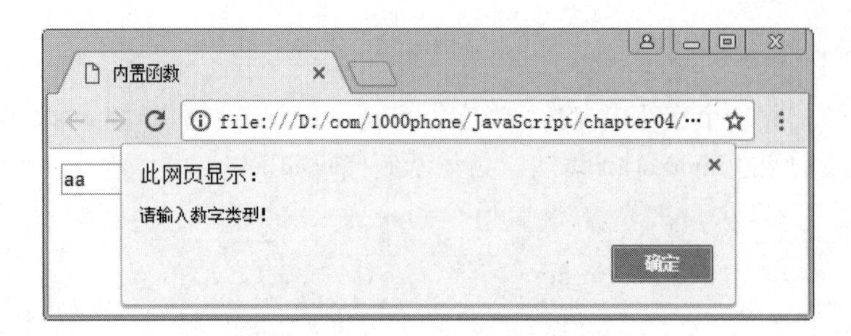

图 4.17　例 4-14 的运行结果

在例 4-14 中，先定义 HTML 结构为两个输入框和一个按钮。在脚本中，首先获取 HTML 元素，并给按钮添加单击事件。在事件函数中，通过 siNaN()方法判断当前的数据类型是否为数字。当验证通过后，执行 else 中的代码把获取的数字格式字符串转换成数字并进行相加操作。

4.3.5　有限数值

在 JavaScript 中，isFinite()函数用于确定某个数是否为有限数值。isFinite()函数接收一个参数，可以是整数、浮点数。如果该参数为非数字、正无穷数和负无穷数，则返回 false；否则，返回 true。如果是字符串类型的数字，就会自动转化为数字型。在 JavaScript 中，Infinity 表示“无穷”，-Infinity 表示“负无穷”。具体示例代码如下：

```
1   <script>
2       console.log( isFinite(123) );                   // true
3       console.log( isFinite('456') );                 // true
4       console.log( isFinite(Infinity) );              // false
5       console.log( isFinite(-Infinity) );             // false
6   </script>
```

4.4　本 章 小 结

通过本章的学习，大家能够掌握如何定义函数、调用函数及多函数相关的操作，如传参、arguments、作用域、return 返回值等函数常见操作。重点理解 JavaScript 提供的一些可以直接使用的内置函数。

4.5　习　　题

1．填空题

（1）函数中的 arguments 属性表示________集合。

（2）JavaScript 中三种弹窗模式分别为________、________、________。
（3）函数一般可以解决的三大类问题是________、________、________。
（4）isFinite 函数用于表示________。
（5）isNaN 函数是用来判断值是不是________。

2．选择题

（1）parseInt("123abc"); 结果为（　　）。
　　A．123　　B．123abc　　C．"123"　　D．"123abc"
（2）下面表示弹窗中的对话框的是（　　）。
　　A．alert　　B．confirm　　C．prompt　　D．console.log
（3）（多选）可以把字符串转成数字的方法有（　　）。
　　A．Boolean()　　B．parseInt()　　C．praseFloat()　　D．eval()
（4）下面表示函数的返回值的是（　　）。
　　A．return　　B．arguments　　C．var　　D．function
（5）（多选）在 JavaScript 中与 null 不相等的是（　　）。
　　A．false　　B．0　　C．空字符串　　D．undefined

3．思考题

（1）请简述 eval 函数的作用。
（2）请简述函数声明与函数表达式的区别。

第 5 章 chapter 5

JavaScript 进阶语法

本章学习目标

- 熟悉 JavaScript 中定时器的操作；
- 掌握 this 关键字和改变 this 指向相关的方法；
- 了解 JavaScript 中一些进阶语法的使用。

在前面章节中，大家已经掌握 JavaScript 的基础知识，本章将通过讲解定时器、this 关键字、属性操作和其他操作，带领大家进入 JavaScript 进阶的学习阶段。

5.1 定 时 器

视频讲解

JavaScript 提供定时执行代码的功能，即定时器（timer），主要由 setTimeout()和 setInterval()两个函数实现，它们负责向任务队列添加定时任务。

5.1.1 连续定时器

setInterval 函数表示连续的定时器，是通过设定一个时间间隔，每隔一段时间去执行 JavaScript 的操作。其基本语法格式如下：

```
setInterval(语句,时间);
```

setInterval 函数接收两个参数：第一个参数为重复调用的语句，可以有两种写法，即函数的方式和字符串的方式；第二个参数为设定定时器执行的间隔时间，单位为毫秒（ms）。

接下来通过案例演示函数调用的方式，具体如例 5-1 所示。

【例 5-1】 函数调用的方式。

```
1    <!doctype html>
2    <html>
3    <head>
4    <meta charset="utf-8">
5    <title>定时器</title>
```

```
6    <script>
7        function foo(){
8            console.log('Hello JS');
9        }
10       setInterval(foo,1000);          // 每次间隔 1s 去执行 foo 函数
11   </script>
12   </head>
13   <body>
14   </body>
15   </html>
```

运行结果如图 5.1 所示。

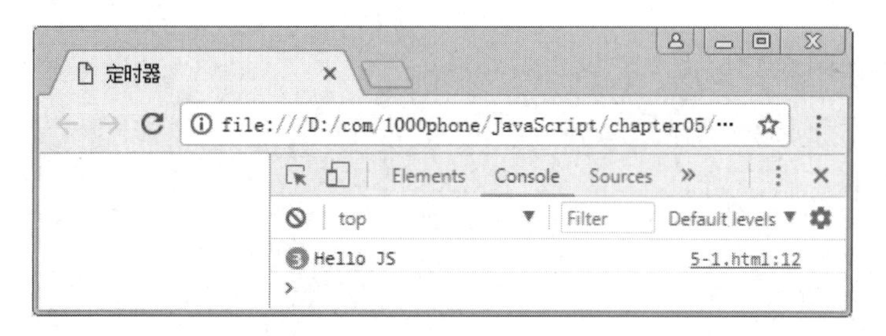

图 5.1 例 5-1 的运行结果

Hello JS 字符串会每隔 1000ms（即 1s）执行一次。下面是字符串的写法，具体示例代码如下：

```
1    <script>
2        setInterval("console.log('Hello JS')",1000);
3    </script>
```

注意，执行的语句是字符串类型，定时器中内容会自动调用 eval 方法进行解析，从而执行相关代码。在前面章节中介绍过，eval 函数本身有一些安全问题，且解析需要消耗性能。因此，不推荐字符串形式的操作，即推荐使用函数方式的操作。

有时需要停止定时器的不断操作，JavaScript 中通过 clearInterval 函数来处理，即把要清除的定时器赋值给一个变量，调用 clearInterval 函数执行清除对应定时器的操作。接下来通过案例演示，具体如例 5-2 所示。

【例 5-2】 调用 clearInterval 函数执行清除对应定时器的操作。

```
1    <!doctype html>
2    <html>
3    <head>
4    <meta charset="utf-8">
5    <title>定时器</title>
6    <script>
7        var i = 0;
8        var timer = setInterval(foo,1000);
```

```
9       function foo(){
10          i++;
11          console.log(i);
12          if(i == 5){                    // 当 i 为 5 时，清除定时器
13              clearInterval(timer);
14          }
15      }
16  </script>
17  </head>
18  <body>
19  </body>
20  </html>
```

运行结果如图 5.2 所示。

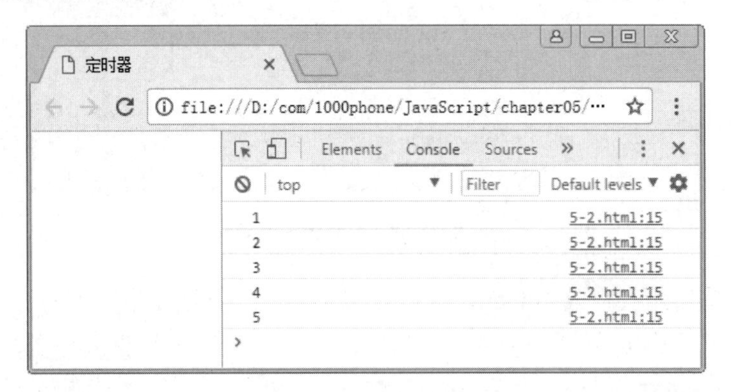

图 5.2　例 5-2 的运行结果

例 5-2 中，当 i 值累加到 5 时，调用清除定时器操作，从而使定时器执行停下来。

5.1.2　延迟定时器

以 setTimeout 函数表示延迟的定时器，是用来指定某个函数或某段代码在多少毫秒后执行。setTimeout 与 setInterval 函数类似，只是 setTimeout 函数只会对将要执行的语句执行一次，即指定多长时间后去调用，因此被看作是延迟定时器。接下来通过案例演示，具体如例 5-3 所示。

【例 5-3】 延时定时器。

```
1   <!doctype html>
2   <html>
3   <head>
4   <meta charset="utf-8">
5   <title>定时器</title>
6   <script>
7       function foo(){
```

```
8            console.log('Hello JS');
9        }
10       setTimeout(foo,2000);
11   </script>
12   </head>
13   <body>
14   </body>
15   </html>
```

运行结果如图 5.3 所示。

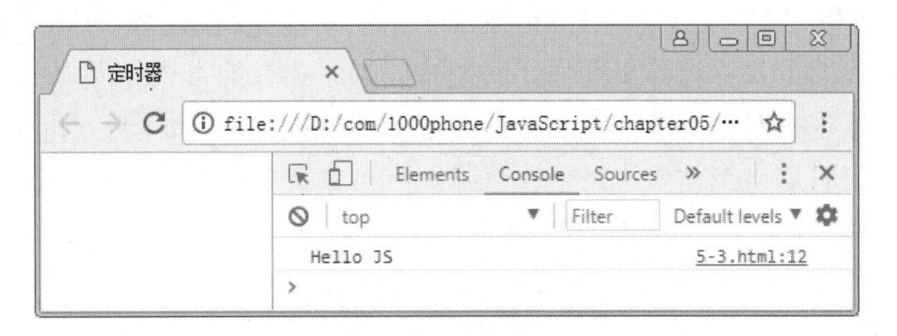

图 5.3 例 5-3 的运行结果

由图 5.3 可以看出，在程序运行 2s 后调用 JavaScript 语句，弹出“Hello JS”。注意，setInterval()函数和 setTimeout()函数都不会影响后续代码的执行，接下来通过案例演示，具体如例 5-4 所示。

【例 5-4】 setInterval()函数和 setTimeout()函数不影响后续代码执行。

```
1    <!doctype html>
2    <html>
3    <head>
4    <meta charset="utf-8">
5    <title>定时器</title>
6    <script>
7        function foo(){
8            console.log('Hello JS');
9        }
10       setTimeout(foo,2000);
11       console.log(123);
12   </script>
13   </head>
14   <body>
15   </body>
16   </html>
```

运行结果如图 5.4 所示。

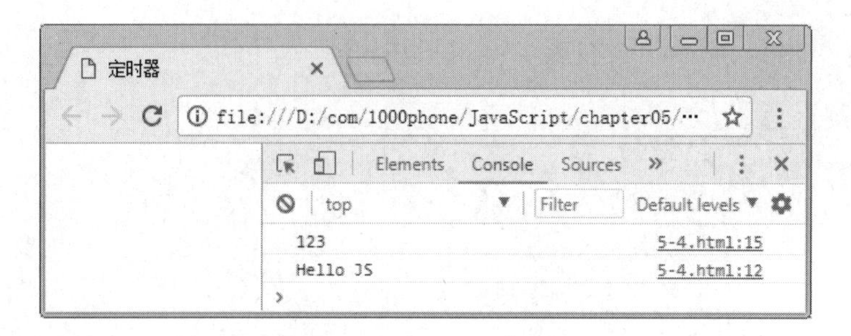

图 5.4 例 5-4 的运行结果

由图 5.4 可以发现，123 会在 Hello JS 前执行，可见定时器的执行顺序非常重要。程序中把同时执行的方式称为异步操作，而把按照顺序执行的方式称为同步操作。

延迟定时器也有对应的清除定时器的方法 clearTimeout 函数，与 clearInterval 函数用法类似。延迟定时器只执行一次，一般清除定时器会在延迟没有执行时去调用，从而不执行延迟定时器内的代码。具体示例代码如下：

```
1   <script>
2         document.onclick = function(){
3            clearTimeout(timer);
4         };
5         function foo(){
6            console.log('Hello JS');
7         }
8         setTimeout(foo,2000);
9   </script>
```

示例中，当 2s 内单击页面时，并不会触发 Hello JS。

5.1.3 实际运用

下面利用 setInterval 和 setTimeout 完成两个实例，首先实现手机注册输入验证效果，如图 5.5 所示。

图 5.5 手机注册输入验证码

大多数网站都可以通过手机进行注册，而手机注册需要填写验证码，验证码的发送一般为 120s，如果接收不到验证码，就可以重新发送验证码。接下来通过案例演示验证码倒计时效果，具体如例 5-5 所示。

【例 5-5】 验证码倒计时效果。

```
1   <!doctype html>
2   <html>
3   <head>
4   <meta charset="utf-8">
5   <title>定时器</title>
6   </head>
7   <body>
8        <input type="button" value="发送验证码" id="btn">
9   <script>
10       var btn = document.getElementById('btn');
11       btn.onclick = function(){
12           btn.disabled = 'disabled';
13           var now = 60;
14           var timer = setInterval(function(){
15               if(now==-1){
16                   clearInterval(timer);
17               btn.disabled = '';
18               btn.value = '发送验证码';
19             }
20               else{
21               btn.value = now + 's后重新获取';
22               now--;
23             }
24          },1000);
25       };
26  </script>
27  </body>
28  </html>
```

运行结果如图 5.6 所示。

图 5.6 例 5-5 的运行结果

利用 setInterval 连续触发的特点，可以不断地改变倒计时的时间。当时间为零时，清除定时器并可继续进行单击操作。

接着要实现网易弹出登录框的效果，如图 5.7 所示。

图 5.7 网易弹出登录框

很多网站都会有隐藏菜单，当鼠标移入时会显示隐藏的部分，而在鼠标移开后隐藏的部分又隐藏起来。虽然按钮与弹出层之间有空隙，但是鼠标可以快速地从按钮移入弹出层，这时的弹出层并不会被隐藏，只有鼠标移出按钮和菜单范围外，才会被隐藏。接下来通过案例演示延迟菜单展示效果，具体如例 5-6 所示。

【例 5-6】 延迟菜单展示效果。

```
1   <!doctype html>
2   <html>
3   <head>
4   <meta charset="utf-8">
5   <title>定时器</title>
6   <style>
7       #div1{ width : 200px; height : 30px; background : red; }
8       #div2{ width : 200px; height : 150px; background : blue;
9           margin-top : 10px; display : none; }
10  </style>
11  </head>
12  <body>
13      <div id="div1"></div>
14      <div id="div2"></div>
15  <script>
16      var div1 = document.getElementById('div1');
17      var div2 = document.getElementById('div2');
18      var timer = null;
19      div1.onmouseover = function(){
20          clearTimeout(timer);
21          div2.style.display = 'block';
22      };
23      div1.onmouseout = function(){
24          timer = setTimeout(function(){
25              div2.style.display = 'none';
26          },200);
```

```
27        };
28        div2.onmouseover = function(){
29            clearTimeout(timer);
30        };
31        div2.onmouseout = function(){
32            timer = setTimeout(function(){
33                div2.style.display = 'none';
34            },200);
35        };
36    </script>
37    </body>
38    </html>
```

运行结果如图 5.8 所示。

图 5.8　例 5-6 的运行结果

在例 5-6 中，先获取页面上的两个元素，当鼠标移入红色方块时，触发鼠标移入事件，显示蓝色方块；当鼠标移开时，触发鼠标离开事件，隐藏蓝色方块。为了能让鼠标移入蓝色区域而不隐藏蓝色方法，需要用到延迟定时器 setTimeout 解决此问题。当延迟触发时，鼠标就可以快速移入蓝色区域；当触发了蓝色方块时，调用清除延迟定时器，从而解决问题。

5.2　this 关键字

视频讲解

this 关键字是 JavaScript 中重要的语法知识点之一。毫不夸张地说，不理解它的含义，大部分开发任务就无法完成。

5.2.1　指向操作

在函数中，this 会指向当前调用函数的元素，如果没有元素调用函数，this 会指向

window（window 是 JavaScript 最顶层对象，下面还包括 document、内置函数等）。具体示例代码如下：

```
1   <script>
2        function foo(){
3            console.log(this);           // window
4        }
5        foo();
6        function bar(){
7            console.log(this);           // document
8        }
9        document.bar = bar;
10       document.bar();
11  </script>
```

可以看到，foo()调用时，函数名前无任何元素，因此 foo()函数中的 this 会指向 window。而 bar()调用时，函数名前有 document 元素，因此，bar()函数中的 this 会指向 document。

this 的调用只会查看当前函数的调用位置，与外层函数没有任何关系。具体示例代码如下：

```
1   <script>
2        function foo(){
3            console.log(this);           // document
4            function bar(){
5                console.log(this);       // window
6            }
7            bar();
8        }
9        document.foo = foo;
10       document.foo();
11  </script>
```

下面观察 this 关键字在事件函数中的指向。具体示例代码如下：

```
1   <script>
2        var btn = document.getElementById('btn');
3        btn.onclick = function(){
4          console.log( this );           // btn
5        };
6   </script>
```

可以打印出 this 为当前事件操作元素，其原理是当用户单击按钮时，程序会自动调用 btn.onclick()方法。在前面章节中已经介绍过 div.onclick()方法，类似于函数调用，onclick 可以看作是函数名。因此，this 会指向 btn 元素，可以通过 this 操作 btn 元素，从而完成后续的操作，如单击后让当前元素背景色变红，具体如例 5-7 所示。

【例 5-7】 单击后当前元素背景色变红。

```
1   <!doctype html>
2   <html>
3   <head>
4   <meta charset="utf-8">
5   <title>this 关键字</title>
6   </head>
7   <body>
8       <input type="button" value="我是一个按钮" id="btn">
9   <script>
10      var btn = document.getElementById('btn');
11      btn.onclick = function(){
12        this.style.background = 'red';
13      };
14  </script>
15  </body>
16  </html>
```

运行结果如图 5.9 所示。

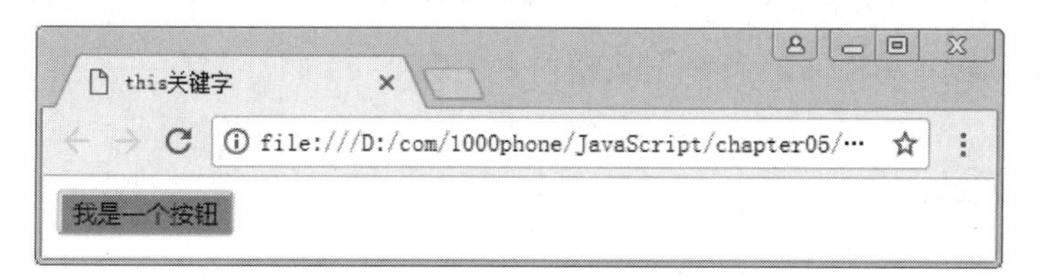

图 5.9 例 5-7 的运行结果

在例 5-7 中，当单击触发 click 事件后，在事件函数中会得到当前单击的 DOM 元素，可以通过 this 关键字来进行获取，再给 this 添加样式，即给单击的 DOM 元素添加样式。

如果添加延迟定时器，当单击时，暂停 2s 再去执行，具体示例代码如下：

```
1   <body>
2       <input type="button" value="我是一个按钮" id="btn">
3   </body>
4   <script>
5       var btn = document.getElementById('btn');
6       btn.onclick = function(){
7          setTimeout(function(){
8             this.style.background = 'red';          // 报错
9          },2000);
10      };
11  </script>
```

运行程序会报错，因为 this 关键字在事件函数中并未定义，而是在延迟定时器中的函数对其调用，函数会在定时器指定的间隔时间后触发。setTimeout 相当于函数名，但 setTimeout 前面没有任何元素，所以 this 会指向 window。

可以直接用当前元素代替 this 解决指向问题，但是这种方式并不适用于多元素操作，因为使用这种方式需要找到当前操作对象。可以利用事件函数中的 this 传递的方式解决问题。通过把事件函数中的 this 赋值给临时变量 This，This 变量可以在定时器函数中找到。具体示例代码如下：

```
1   <body>
2       <input type="button" value="我是一个按钮" id="btn">
3   <script>
4       var btn = document.getElementById('btn');
5       btn.onclick = function(){
6           var This = this;
7           setTimeout(function(){
8               This.style.background = 'red';
9           },2000);
10      };
11  </script>
12  </body>
```

执行效果和图 5.9 相同，当单击按钮时，会延迟 2s 后，背景色发生变化。

5.2.2 改变指向方法

除了通过事件函数中的 this 传递到定时器函数中以外，JavaScript 还提供了三种改变 this 指向的方法，下面将分别介绍这三种方法是如何改变 this 指向以及这三者之间的区别。

1. call()方法

call()方法可以改变 this 的指向，其语法格式如下：

```
函数.call(新的指向,参数 1,参数 2,…);
```

其中，第一个参数为函数中 this 的新指向，从第二个参数开始为传递给函数的参数。具体示例代码如下：

```
1   <script>
2       function foo(n1,n2){
3           console.log(this);          // document
4           console.log(n1+n2);         // 5
5       }
6       foo.call(document,2,3);
7   </script>
```

2. apply()方法

apply()也可以用来改变 this 的指向，其语法格式如下：

```
函数.apply(新的指向,参数集合);
```

apply()方法与 call()方法的使用和作用是相似的，但区别在于 apply()方法只接收两个参数，第一个参数是要改变的新的指向，而第二个参数必须是集合。具体示例代码如下：

```
1   <script>
2       function foo(n1,n2){
3           console.log(this);          // document
4           console.log(n1+n2);         // 5
5       }
6       foo.apply(document,[2,3]);
7   </script>
```

由上述代码可以发现，虽然在 apply()方法中参数改成了集合，但是函数中的参数不需要做任何改变，n1 的值为 2，n2 的值为 3，apply()方法适合进行不定参数的传递。

3. bind()方法

bind()方法是第三个可以改变 this 指向的方法，其语法格式如下：

```
函数.bind(新的指向)(参数 1,参数 2,…);
```

bind()方法与 call()方法、apply()方法的区别是 bind()方法只改变了 this 指向，并不会去调用此函数，如果想要调用此函数，需要在后面加小括号去执行此函数。具体示例代码如下：

```
1   <script>
2       function foo(n1,n2){
3           console.log(this);          // document
4           console.log(n1+n2);         // 5
5       }
6       foo.bind(document)(2,3);
7   </script>
```

下面示例演示三个不同方法改变定时器中 this 指向的操作，具体示例代码如下：

```
1   <body>
2       <input type="button" value="我是一个按钮" id="btn">
3   </body>
4   <script>
5       var btn = document.getElementById('btn');
6       btn.onclick = function(){
7           setTimeout(function(){
```

```
8              this.style.background = 'red';
9          }.bind(this),2000);
10     };
11  </script>
```

当单击按钮时，2s 后背景色发生变化。由此可以发现，此时的 this 指向 btn 按钮。如果将 bind()方法更改为 call()方法或 apply()方法，当单击时会立即调用，没有延迟效果。因此，读者需要理解这三个方法之间的区别，在使用时选择恰当的方法。

5.2.3 实际运用

接下来利用 this 关键字来完成两个实例，第一个实例是实现淘宝导航条的效果，如图 5.10 所示。

图 5.10 淘宝导航条

当鼠标移入时，添加圆角选中样式；当鼠标离开时，取消圆角选中样式。可以通过 CSS 的 hover 伪类方式实现，本案例使用 JavaScript 的方式实现，具体如例 5-8 所示。

【例 5-8】 使用 JavaScript 的方法实现圆角选中样式。

```
1   <!doctype html>
2   <html>
3   <head>
4   <meta charset="utf-8">
5   <title>this 关键字</title>
6   <style>
7       a{ text-decoration : none; }
8       a.active{ background : red; border-radius : 10px;
9           color : white; padding : 10px; }
10  </style>
11  </head>
12  <body>
13      <a href="#">天猫</a>
14      <a href="#">聚划算</a>
15      <a href="#">天猫超市</a>
16      <a href="#">淘抢购</a>
17      <a href="#">电器城</a>
18  <script>
19      var aA = document.getElementsByTagName('a');
20      for(var i=0;i<aA.length;i++){
21          aA[i].onmouseover = function(){
22              this.className = 'active';
```

```
23              };
24              aA[i].onmouseout = function(){
25                  this.className = '';
26              };
27          }
28  </script>
29  </body>
30  </html>
```

运行结果如图 5.11 所示。

在例 5-8 中，首先在 HTML 结构中添加一些<a>标签，然后通过脚本获取这些 a 元素，并给这些 a 元素添加鼠标移入和移出事件。当鼠标移入时，通过 this 关键字获取当前对应的 a 元素，并添加上带圆角的样式；当鼠标移开时，也是通过 this 关键字获取当前对应的 a 元素，并取消带圆角的样式。

第二个实例是要实现天猫多组延迟菜单效果，如图 5.12 所示。

图 5.11　例 5-8 的运行结果

图 5.12　天猫的多组延迟菜单

前面实现过一组延迟菜单的效果，接下来通过案例演示实现多组延迟菜单的效果，具体如例 5-9 所示。

【例 5-9】 实现多组延迟菜单的效果。

```
1   <!doctype html>
2   <html>
3   <head>
4   <meta charset="utf-8">
5   <title>this 关键字</title>
6   <style>
7       ul,li{ margin : 0; padding : 0; list-style : none; }
8       div{ width : 100px; height : auto; float : left; margin : 10px; }
9       span{ margin : 10px; width : 100px; height : 30px;
10           background : red; padding : 10px; }
11      ul{ display : none; margin-top : 20px;
12          border : 1px #000 solid; width : 90px; }
13  </style>
14  </head>
15  <body>
```

```
16      <div>
17          <span>菜单一</span>
18        <ul>
19            <li>11111</li>
20            <li>11111</li>
21             <li>11111</li>
22        </ul>
23      </div>
24      <div>
25          <span>菜单二</span>
26        <ul>
27            <li>22222</li>
28            <li>22222</li>
29             <li>22222</li>
30        </ul>
31      </div>
32      <div>
33          <span>菜单三</span>
34        <ul>
35        <li>33333</li>
36             <li>33333</li>
37             <li>33333</li>
38        </ul>
39      </div>
40  <script>
41     var aSpan = document.getElementsByTagName('span');
42     var aUl = document.getElementsByTagName('ul');
43     for(var i=0;i<aSpan.length;i++){
44          showHide( aSpan[i] , aUl[i] );
45     }
46     function showHide( span , ul ){
47          var timer = null;
48          span.onmouseover = function(){
49            clearTimeout( timer );
50            ul.style.display = 'block';
51          };
52          span.onmouseout = function(){
53           timer = setTimeout(function(){
54               ul.style.display = 'none';
55            },200);
56          };
57          ul.onmouseover = function(){
58             clearTimeout( timer );
59          };
```

```
60            ul.onmouseout = function(){
61              timer = setTimeout(function(){
62                  this.style.display = 'none';
63              }.bind(this),200);
64            };
65        }
66    </script>
67    </body>
68    </html>
```

运行结果如图 5.13 所示。

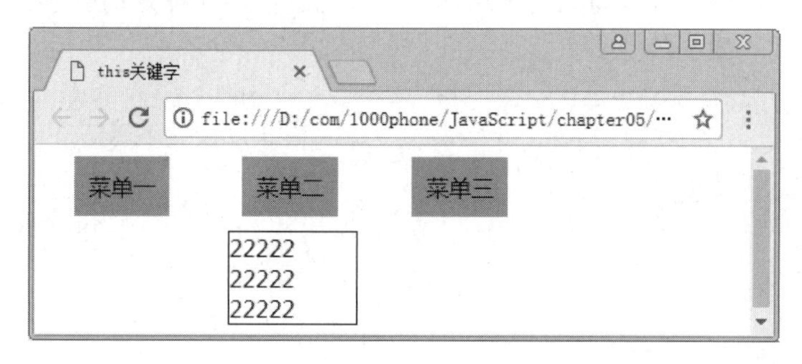

图 5.13 例 5-9 的运行结果

在例 5-9 中，在 HTML 结构中定义多组下拉菜单。为了复用延迟菜单效果，在脚本中封装一个 showHide 函数，并传入两个参数，分别表示按钮项和菜单项。当鼠标移动对应的按钮项时，会显示对应的菜单项。

5.3 属性操作

视频讲解

利用 DOM 去操作元素属性是 JavaScript 常见的操作方式，下面将详细讲解关于属性操作的内容。

5.3.1 自定义属性

HTML 标签中的元素除了可以拥有自身属性外，还可以添加自定义属性，具体示例代码如下：

```
1    <body>
2         <div id="div1" qianfeng="千锋教育"></div>
3    </body>
```

<div>标签中的 qianfeng 属性即为自定义属性，自定义属性通过点操作符获取不到，具体示例代码如下：

```
1    <body>
2        <div id="div1" qianfeng="千锋教育"></div>
3    </body>
4    <script>
5        var oDiv = document.getElementById('div1');
6        console.log( oDiv.qianfeng );           // undefined
7    </script>
```

结果会返回 undefined，在 5.3.2 节中会介绍多种操作属性的方式，可以利用其他方法获取 HTML 中的自定义属性。

在 JavaScript 中也可以为元素添加任意形式的属性，这种方式通过点操作符可以获取，具体示例代码如下：

```
1    <script>
2        var oDiv = document.getElementById('div1');
3        oDiv.qianfeng = '千锋教育';
4        console.log( oDiv.qianfeng );           // '千锋教育'
5    </script>
```

5.3.2 获取属性四种方法

在 JavaScript 中共有四种获取自定义属性的方法，即点（.）方法、([]）方法、getAttribute()方法和 data-*方法。

1. 点（.）方法

前面一直使用的是点（.）方法，不能获取 HTML 中的自定义属性，但是可以获取 JavaScript 中的属性。

2. []方法

[]方法与点（.）方法类似，只是写法略有不同，同样不能获取 HTML 的自定义属性，但是可以获取 JavaScript 中的属性。

下面演示将点（.）方法改写成（[]）方法的示例，具体示例代码如下：

```
1    <script>
2        var oDiv = document.getElementById('div1');// 点的方法获取属性
3        oDiv.style.background = 'red';              // []的方法获取属性
4        oDiv['style']['background'] = 'red';
5    </script>
```

示例中可以看到，[]方法内的属性必须通过引号引起来，使其成为字符串类型。通过写法就可以发现上述两种写法的区别。当获取属性参数时，需要采用第二种[]方法操作。具体示例代码如下：

```
1   <script>
2       var oDiv = document.getElementById('div1');
3       css(oDiv,'background','red');
4       function css(elem,attr,value){
5           elem.style[attr] = value;
6       }
7   </script>
```

3．getAttribute()方法

getAttribute()方法属于 DOM 操作，利用此方法可以获取 HTML 标签中的自定义属性，具体示例代码如下：

```
1   <body>
2       <div id="div1" qianfeng="千锋教育"></div>
3   </body>
4   <script>
5       var oDiv = document.getElementById('div1');
6       console.log( oDiv.getAttribute('qianfeng') );   // 千锋教育
7   </script>
```

除了可以获取自定义属性外，还可以利用 setAttribute()方法进行自定义属性的设置。接下来通过案例演示，具体如例 5-10 所示。

【例 5-10】 利用 setAttribute()方法进行自定义属性的设置。

```
1   <!doctype html>
2   <html>
3   <head>
4   <meta charset="utf-8">
5   <title>属性操作</title>
6   </head>
7   <body>
8        <div id="div1" qianfeng="千锋教育"></div>
9      <script>
10         var oDiv = document.getElementById('div1');
11           oDiv.setAttribute('qianfeng', '千锋互联');
12  </script>
13  </body>
14  </html>
```

运行结果如图 5.14 所示。

在例 5-10 中，首先获取 div1 元素，通过调用 div1 元素下的 setAttribute()方法，可以给元素进行自定义属性的设置，第一个参数为设置的属性名，第二个为设置的属性值，添加一个自定义属性。

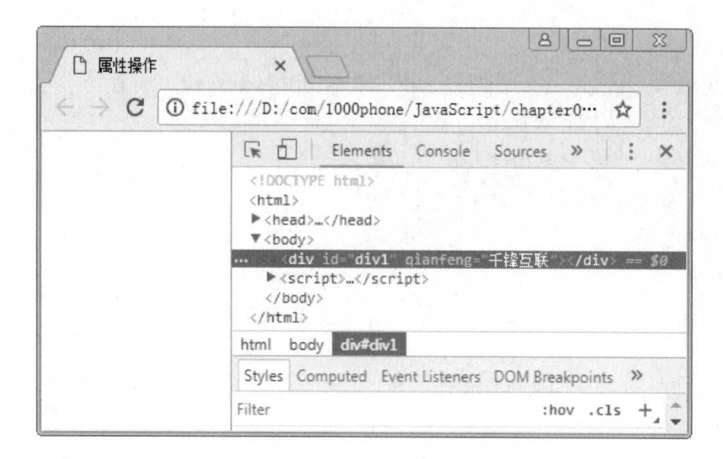

图 5.14 例 5-10 的运行结果

4. data-*方法

data-*的方法属于 HTML5 新增功能，是专门针对自定义属性而设置的方法，通过 data-*方法添加，通过 dataset 方法获取。具体示例代码如下：

```
1   <body>
2       <div id="div1" data-qianfeng="千锋教育"></div>
3   </body>
4   <script>
5       var oDiv = document.getElementById('div1');
6       console.log( oDiv.dataset.qianfeng );
7   </script>
```

总结：点（.）方法与[]方法类似，而 getAttribute()方法与 data-*方法比较类似。

5.3.3 实际运用

在 JavaScript 中，利用属性操作可以解决很多开发中遇到的难题。首先实现 QQ 分组菜单，如图 5.15 所示。

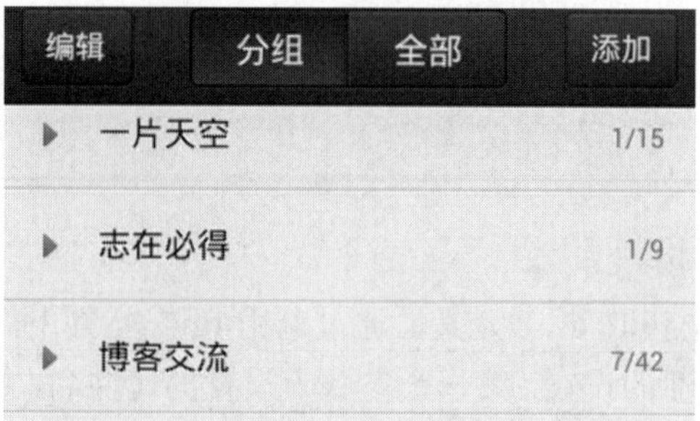

图 5.15 QQ 分组菜单

当单击列表时，可以展开菜单；当再次单击列表时，可以关闭菜单，而且每个列表之间互不影响。具体如例 5-11 所示。

【例 5-11】 单击列表展开菜单，再次单击关闭菜单，各列表之间不影响。

```
1  <!doctype html>
2  <html>
3  <head>
4       <meta charset="utf-8">
5       <title>属性操作</title>
6  <style>
7     *{ margin : 0; padding : 0; }
8       ul{ display : none; }
9  </style>
10 </head>
11 <body>
12      <h3>一片天空</h3>
13      <ul>
14      <li>1111</li>
15        <li>1111</li>
16        <li>1111</li>
17      </ul>
18      <h3>志在必得</h3>
19      <ul>
20          <li>2222</li>
21        <li>2222</li>
22        <li>2222</li>
23      </ul>
24      <h3>博客交流</h3>
25      <ul>
26          <li>3333</li>
27        <li>3333</li>
28        <li>3333</li>
29      </ul>
30 <script>
31    var h3 = document.getElementsByTagName('h3');
32    var ul = document.getElementsByTagName('ul');
33    for(var i=0;i<h3.length;i++){
34          h3[i].index = i;
35          h3[i].onoff = true;
36          h3[i].onclick = function(){
37             if(this.onoff){
38                ul[this.index].style.display = 'block';
39             }
```

```
40              else{
41                  ul[this.index].style.display = 'none';
42              }
43            this.onoff = !this.onoff;
44          };
45      }
46  </script>
47  </body>
48  </html>
```

运行结果如图 5.16 所示。

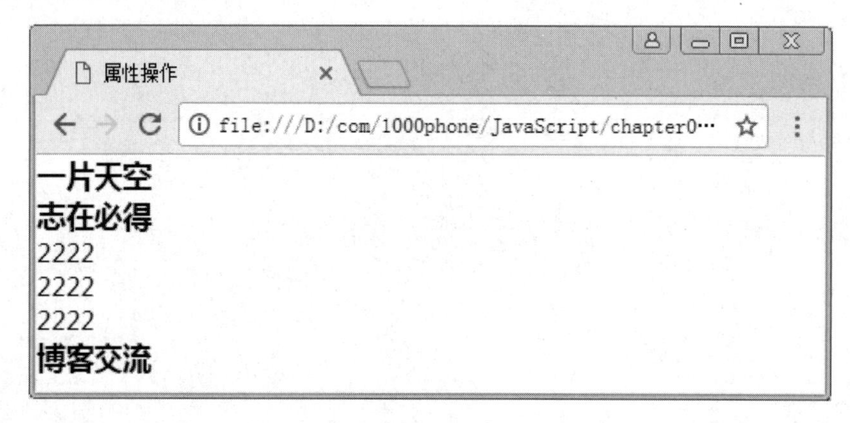

图 5.16　例 5-11 的运行结果

例中使用了 index 和 onoff 两个自定义属性：index 属性分配循环中的 i 值，通过 h3 元素找到对应的 ul 元素；onoff 属性分配一个布尔值，使得 h3 单击切换时互不影响。

接下来实现新浪的选项卡切换效果，如图 5.17 所示。

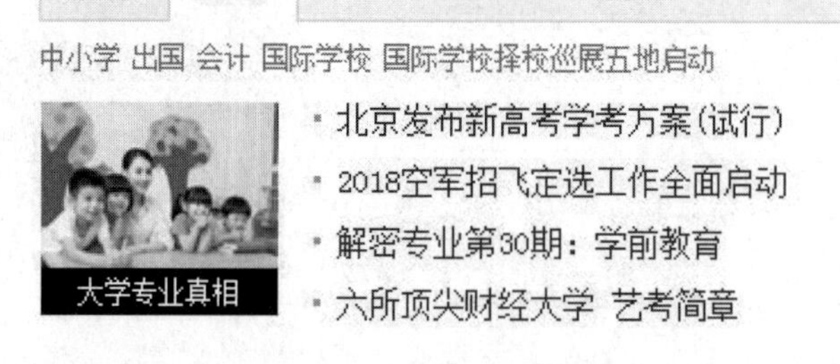

图 5.17　新浪的选项卡切换

选项卡切换也称标签页切换，它是网站中常见的效果之一。利用选项卡可以节省页面使用空间，使用同一空间而显示不同内容。接下来通过案例演示利用自定义属性实现切换的效果，具体如例 5-12 所示。

【例 5-12】 利用自定义属性实现切换的效果。

```
1   <!doctype html>
2   <html>
3   <head>
4   <meta charset="utf-8">
5   <title>属性操作</title>
6   <style>
7       #main div{ width : 200px; height : 50px; border : 1px #000 solid;
8            padding : 10px; display : none; }
9       #main div.show{ display : block; }
10      #main input.active{ background : red; }
11  </style>
12  </head>
13  <body>
14  <div id="main">
15       <input class="active" type="button" value="图片">
16      <input type="button" value="专栏">
17      <input type="button" value="热点">
18      <div class="show">1111</div>
19      <div>2222</div>
20      <div>3333</div>
21  </div>
22  <script>
23      var main = document.getElementById('main');
24      var aInput = main.getElementsByTagName('input');
25      var aDiv = main.getElementsByTagName('div');
26      for(var i=0;i<aInput.length;i++){
27           aInput[i].index = i;
28           aInput[i].onclick = function(){
29             for(var i=0;i<aInput.length;i++){
30                 aInput[i].className = '';
31                 aDiv[i].className = '';
32             }
33             this.className = 'active';
34             aDiv[this.index].className = 'show';
35        };
36  }
37  </script>
38  </body>
39  </html>
```

运行结果如图 5.18 所示。

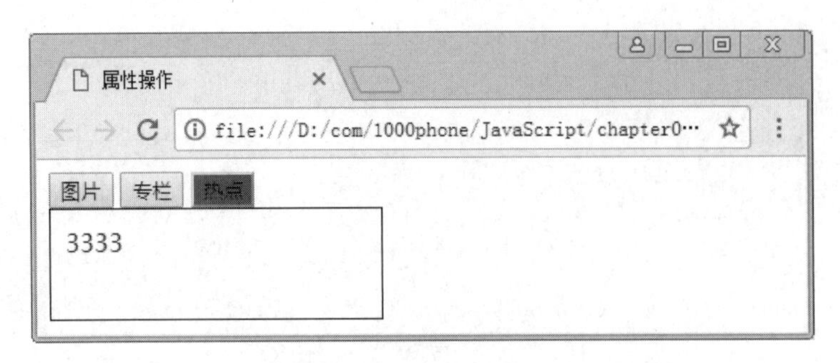

图 5.18 例 5-12 的运行结果

在例 5-12 中，也是利用自定义属性 index 设置成 i 值实现，一组元素对应另外一组元素，通常把这种操作方法称为添加索引值。

5.4 其 他

视频讲解

5.4.1 Math 数学对象

Math 是 JavaScript 中的内置对象，提供一系列数学常数和数学方法。常数或方法必须在 Math 对象下进行调用。一些常见的数学常数如表 5.1 所示。

表 5.1 常见数学常数

常 数	描 述	示 例
Math.E	常数 e	Math.E // 2.718281828459045
Math.LN2	2 的自然对数	Math.LN2 // 0.6931471805599453
Math.LN10	10 的自然对数	Math.LN10 // 2.302585092994046
Math.LOG2E	以 2 为底的 e 的对数	Math.LOG2E // 1.4426950408889634
Math.LOG10E	以 10 为底的 e 的对数	Math.LOG10E // 0.4342944819032518
Math.PI	常数π	Math.PI // 3.141592653589793
Math.SQRT1_2	0.5 的平方根	Math.SQRT1_2 // 0.7071067811865476
Math.SQRT2	2 的平方根	Math.SQRT2 // 1.4142135623730951

下面列出一些常见的数学方法，如表 5.2 所示。

表 5.2 常见数学方法

方 法	描 述	示 例
Math.abs()	绝对值	Math.abs(1) // 1
Math.ceil()	向上取整	Math.ceil(3.2) // 4
Math.floor()	向下取整	Math.ceil(3.2) // 3
Math.max()	最大值	Math.max(2, −1, 5) // 5
Math.min()	最小值	Math.min(2, −1, 5) // −1
Math.pow()	指数运算	Math.pow(2, 3) // 8
Math.sqrt()	平方根	Math.sqrt(4) // 2

续表

方　法	描　述	示　例
Math.round()	四舍五入	Math.round(3.4) // 3
Math.random()	随机数	Math.random()　// 0.3431149358474641

利用 Math.random()随机数方法，可以实现指定随机数的范围，具体示例代码如下：

```
1   <script>
2   // 随机 0 到 10 的数
3   console.log( Math.random()*10 );
4   // 随机 5 到 10 的数
5   console.log( Math.random()*5 + 5 );
6   // 随机-5 到 5 的数
7   console.log( Math.random()*10 - 5 );
8   </script>
```

利用此随机数实现的方法，可以封装一个通用的函数。具体示例代码如下：

```
1   <script>
2   function randomRange(n1,n2){
3       return Math.random()*(n2-n1) + n1;
4   }
5   console.log( randomRange(3,7) );        // 5.842152844698925
6   </script>
```

利用 Math.random()随机数方法还可以实现概率的计算，如抽奖概率，假设一等奖概率为 5%，二等奖概率为 10%，纪念奖概率为 85%。具体如例 5-13 所示。

【例 5-13】 利用 Math.random()随机数方法实现概率的计算。

```
1   <!doctype html>
2   <html>
3   <head>
4   <meta charset="utf-8">
5   <title>其他</title>
6   <script>
7       var num1 = 0;
8       var num2 = 0;
9       var num3 = 0;
10      for(var i=0;i<1000;i++){
11          var value = winning();
12          if(value == '一等奖'){
13          num1++;
14          }
15          else if(value == '二等奖'){
16            num2++;
17          }
```

```
18            else{
19              num3++;
20            }
21        }
22        console.log('一等奖：' + num1 +'次 ','二等奖：' + num2 +'次 ','纪
          念奖：' + num3 +'次 ');
23        function winning(){
24            var n = Math.random();
25            if(n < 0.05){
26              return '一等奖';
27            }
28            else if(n>0.05 && n<0.15){
29              return '二等奖';
30            }
31            else{
32              return '纪念奖';
33            }
34        }
35    </script>
36    </head>
37    <body>
38    </body>
39    </html>
```

运行结果如图 5.19 所示。

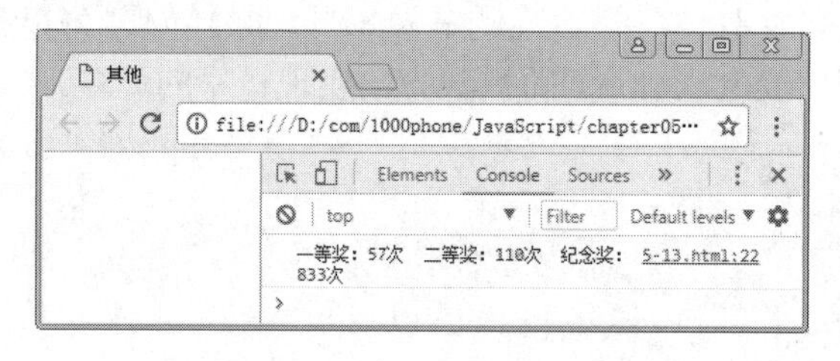

图 5.19 例 5-13 的运行结果

在例 5-13 中，首先定义三个变量 num1、num2 和 num3，三个变量分别用于存储一、二等及纪念奖的中奖次数。然后定义循环，实现多次抽奖的模式，每次循环都调用 wining 函数。wining 函数为中奖概率的计算函数，在 wining 函数中，利用 Math.random()的随机数结果把中奖概率分为 100 份。分别划分出中奖概率取值的范围，通过 if 判断返回对应的奖项，最终打印到控制台上。

5.4.2 真假值

前面介绍过利用比较运算符可以比较两个值是否相等，除两个数做比较外，在

JavaScript 中还可以利用一个值的真假进行判断。一个值的判断只能选择真值或假值，除假值以外的值，都为真值。在 JavaScript 中为假值的有空字符串、数字 0、false、null、undefined，除这些值做判断时都会返回真值。接下来通过案例演示，具体如例 5-14 所示。

【例 5-14】 判断真假值。

```
1   <!doctype html>
2   <html>
3   <head>
4   <meta charset="utf-8">
5   <title>其他</title>
6   <script>
7       if(''){
8           console.log(1);
9       }
10      else{
11          console.log(2);    // 执行
12      }
13      if(0){
14          console.log(1);
15      }
16      else{
17          console.log(2);    // 执行
18      }
19      if(null){
20          console.log(1);
21      }
22      else{
23          console.log(2);    // 执行
24      }
25      if('hello'){
26          console.log(1);    // 执行
27      }
28      else{
29          console.log(2);
30      }
31      if(123){
32          console.log(1);    // 执行
33      }
34      else{
35          console.log(2);
36      }
37      if(document){
38          console.log(1);    // 执行
39      }
```

```
40      else{
41              console.log(2);
42      }
43  </script>
44  </head>
45  <body>
46  </body>
47  </html>
```

运行结果如图 5.20 所示。

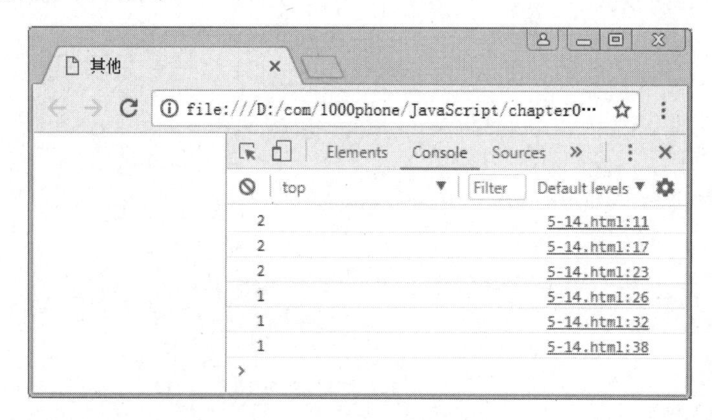

图 5.20　例 5-14 的运行结果

在例 5-14 中，对空字符串、0、null 三个变量进行判断时，会返回 false，并且都会执行 else 中的语句，因此，返回值为 2。对字符串'hello'、123、document 三个变量进行判断时，会返回 true，都会执行 if 中的语句，因此，返回值为 1。

5.4.3　逻辑运算赋值操作

1. ||运算符

如果||运算符前的计算结果为假，则返回后面的值；如果||运算符前面的计算结果为真，就返回前面的值。具体示例代码如下：

```
1   <script>
2       var a = 3 > 1 || 3 > 6;
3       console.log(a);         // true
4       var b = 0 || 6;
5       console.log(b);         // 6
6   </script>
```

第 2 行 3>1 计算结果为真，返回||运算符前面的值 3>1，即 true；第 4 行 0 计算结果为假，返回||运算符后面的值 6。即||运算符做判断时有一个计算为真值，整体返回真的

判断原理。

2．&&运算符

如果&&运算符前的计算结果为假，就返回前面的值，如果&&运算符前面的计算结果为真，就返回后面的值，具体示例代码如下：

```
1   <script>
2       var a = 3 > 1 && 3 > 6;
3       console.log(a);     // false
4       var b = 0 && 6;
5       console.log(b);     // 0
6   </script>
```

第2行，&&运算符前面表达式3 > 1计算结果为真，则返回&&运算符后面表达式3>6的值，即false；第4行，&&运算符前面的值0计算结果为假，则返回&&运算符前面的值0。即&&运算符做判断时有一个计算为假值，整体返回假的判断原理。利用此原理，可以简化判断的操作行为。

5.5 本章小结

通过本章的学习，大家能够掌握JavaScript中定时器的作用及实际应用；理解this关键字的指向问题，避免程序指向错误及三种改变this指向的方法；了解属性操作、Math对象等实际开发中常用语法及技巧处理，为开发大型JavaScript应用打下良好的基础。

5.6 习题

1．填空题

（1）定时器包括________、________。
（2）改变this指向的三个方法分别为________、________、________。
（3）获取属性的四种方法分别为________、________、________、________。
（4）Math.random()方法用于表示________。
（5）找到一组元素中当前操作的元素通过________关键词来实现。

2．选择题

（1）data-my-title自定义属性对应的获取方法为（　　）。
A．data.mytitle　　B．data.myTitle
C．dataset.mytitle　　D．dataset.myTitle

（2）1 || 0 && 2 结果等于（　　）。

A．0　　B．1　　C．2　　D．true

（3）表示四舍五入的运算方法为（　　）。

A．ceil()　　B．floor()　　C．pow()　　D．round()

（4）下面不会返回假值的是（　　）。

A．”　　B．0　　C．[]　　D．null

（5）定时器的时间单位是（　　）。

A．毫秒　　B．秒　　C．分　　D．时

3．思考题

（1）请简述 JavaScript 语法中哪些会返回真值，哪些会返回假值。

（2）请简述 call()、apply()、bind()三个方法的区别。

第6章 chapter 6

字符串与数组

本章学习目标

- 掌握 JavaScript 中字符串方法的操作；
- 掌握 JavaScript 中数组方法的操作；
- 实际运用字符串方法与数组方法进行项目开发。

字符串和数组是 JavaScript 语言中最常见的两种数据类型，同样也是拥有内置方法最多的两种类型，本章将对其进行详细讲解，并配合实际案例对其语法进行强化与巩固。

6.1 字 符 串

视频讲解

字符串是 JavaScript 中的常见数据类型，JavaScript 为操作字符串提供了许多内置方法，调用内置方法可以更加方便地对字符串进行一些操作处理，如截取字符串、查找字符串、转换字符串等一系列操作。

6.1.1 截取字符串方法

字符串也拥有长度和下标，可以进行循环操作，接下来通过案例演示，具体如例 6-1 所示。

【例 6-1】 字符串的长度和下标。

```
1   <!doctype html>
2   <html>
3   <head>
4   <meta charset="utf-8">
5   <title>字符串</title>
6   <script>
7       var str = 'Hello JS';
8       for(var i=0;i<str.length;i++){
9          console.log(str[i]);
10      }
11  </script>
```

```
12  </head>
13  <body>
14  </body>
15  </html>
```

运行结果如图 6.1 所示。

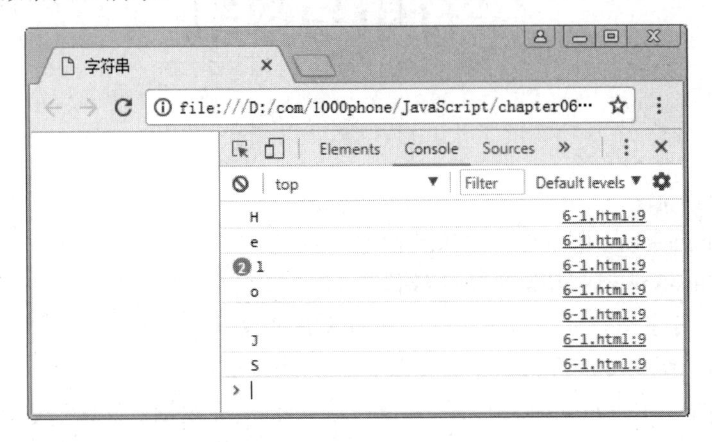

图 6.1　例 6-1 的运行结果

在例 6-1 中，首先定义变量 str，并赋值'Hello JS'。然后通过循环语句，输出每一个字符到控制台中。

截取字符串，就是取到当前字符串的某一部分字符，在 JavaScript 中提供了三种截取字符串的方法，分别为 substring()方法、slice()方法和 substr()方法。

1．substring()方法

substring()方法接收两个参数，第一个参数为截取字符串的起始位置，第二个参数为截取字符串的结束位置，且截取的字符串中不包括结束位置的字符。具体示例代码如下：

```
1   <script>
2       var str = 'Hello JS';
3       str.substring(2,5);         // 'llo'
4   </script>
```

如果只有一个参数，字符串会从起始位置一直截取到最后。具体示例代码如下：

```
1   <script>
2       var str = 'Hello JS';
3       str.substring(2);           // 'llo JS'
4   </script>
```

2．slice()方法

slice()方法与 substring()方法类似，也同样接收两个参数，第一个参数为截取字符串

的起始位置，第二个参数为截取字符串的结束位置，并且不包括结束位置。具体示例代码如下：

```
1   <script>
2       var str = 'Hello JS';
3       str.slice(2,5);              // 'llo'
4   </script>
```

slice()方法与 substring()方法主要有两点区别，第一点是 substring()方法的起始位置和结束位置可以不分先后顺序，程序会自动进行调整，而 slice()方法则不会自动调整。具体示例代码如下：

```
1   <script>
2       var str = 'Hello JS';
3       str.slice(5,2);              // ''
4       str.substring(5,2);          // 'llo'
5   </script>
```

第二点是 slice()方法可以接收负数，从后面位置进行截取操作，而 substring()方法则不能添加负数。具体示例代码如下：

```
1   <script>
2       var str = 'Hello JS';
3       str.slice(-5,-2);                // 'lo '
4       str.substring(-5,-2);            // ''
5   </script>
```

3．substr()方法

substr()方法同样也是截取字符串操作，但是接收的参数与前面提到的两种方法不一样。第一个参数为截取字符串的起始位置，而第二个参数则为截取字符串的长度。具体示例代码如下：

```
1   <script>
2       var str = 'Hello JS';
3       str.substr(2,5);                 // 'llo J'
4   </script>
```

了解三者之间的区别，就可以在不同的场景下选择恰当的方法。

6.1.2　查找字符串方法

查找字符串也是开发中经常需要使用的字符串方法，在 JavaScript 中提供了四种查找字符串的方法，包括 indexOf()方法、lastIndexOf()方法、charAt()方法和 charCodeAt()方法。

1. indexOf()方法

indexOf()方法用于确定一个字符串在另外一个字符串中的位置，会返回一个数字，如果匹配成功则返回匹配到的字符位置，如果匹配不成功则返回-1。具体示例代码如下：

```
1   <script>
2       var str = 'Hello JS';
3       str.indexOf('e');               // 1
4       str.indexOf('w');               // -1
5   </script>
```

当出现多个匹配到的字符串时，只会返回第一个满足条件的字符位置。可通过indexOf()方法的第二个参数去设置起始查找的位置，从而匹配到后面的字符位置。具体示例代码如下：

```
1   <script>
2       var str = 'Hello JS';
3       str.indexOf('l');               // 2
4       str.indexOf('l',3);             // 3
5   </script>
```

一般可以利用indexOf()方法判断查找的字符是否存在，也可以使用后面章节中讲到的正则表达式进行操作。具体示例代码如下：

```
1   <script>
2       if( str.indexOf('JS') > -1 ){
3           console.log('JS 标识存在');
4       }
5       else{
6           console.log('JS 标识不存在');
7       }
8   </script>
```

2. lastIndexOf()方法

lastIndexOf()方法与 indexOf()方法相似，但是它从字符串的结束位置开始向前进行匹配，具体示例代码如下：

```
1   <script>
2       var str = 'Hello JS';
3       str.lastIndexOf('l');           // 3
4   </script>
```

3. charAt()方法

charAt()方法返回指定位置的字符，参数是从0开始编号的位置。具体示例代码如下：

```
1   <script>
2       var str = 'Hello JS';
3       str.charAt(1);                    // 'e'
4   </script>
```

相比[]下标方法查找指定字符，charAt()方法性能更好，推荐使用 charAt()方法替代[]下标方法的查找操作。

4．charCodeAt()方法

charCodeAt()方法返回给定位置字符的 Unicode 码点（十进制表示），具体示例代码如下：

```
1   <script>
2       var str = 'Hello JS';
3       str.charCodeAt(1);                // 101
4   </script>
```

返回值为 e 字符对应的 Unicode 码点，即 101。

6.1.3 转换字符串方法

除了截取和查找字符串外，还有一些对字符串进行转换的方法，下面分三种进行讲解。

1．toUpperCase()方法、toLowerCase()方法

toUpperCase()方法用于将一个字符串全部转为大写，而 toLowerCase()方法则全部转成小写，具体示例代码如下：

```
1   <script>
2       var str = 'Hello JS';
3       str.toUpperCase();            // 'HELLO JS'
4       str.toLowerCase();            // 'hello js'
5   </script>
```

利用这两个方法实现一个样式转驼峰的封装函数，具体示例代码如下：

```
1   <script>
2       function cssHump(str){
3           var arr = str.split('-');
4           for(var i=1;i<arr.length;i++){
5               arr[i] = arr[i].substring(0,1).toUpperCase() +
                arr[i].substring(1);
6           }
7           return arr.join('');
```

```
8        }
9        cssHump('border-bottom-color');    // 'borderBottomColor'
10   </script>
```

2．trim()、trimLeft()、trimRight()方法

trim()方法用于去掉字符串的前后空格，trimLeft()方法和trimRight()方法则分别是去掉字符串的左空格和右空格。具体示例代码如下：

```
1   <script>
2       var str = '    Hello JS    ';
3       str.trim();           // 'Hello JS'
4       str.trimLeft();       // 'Hello JS    '
5       str.trimRight();      // '    Hello JS'
6   </script>
```

3．split()方法

split()方法会按照给定规则进行字符串分割处理，返回由分割出来的子字符串组成的数组集合。具体示例代码如下：

```
1   <script>
2        var str = '1+2+3+4';
3        str.split('+');      // ['1', '2', '3', '4']
4        str.split();         // ['1+2+3+4']
5        str.split('');       // ['1', '+', '2', '+', '3', '+', '4']
6   </script>
```

可以看到，split()方法如果省略参数，则返回数组的唯一成员即原字符串。如果split()方法内为空字符串，则原字符串的每个字符都会被分割处理。

字符串中还有一些方法，如match()、search()、replace()，都与正则表达式有关，本节了解即可。

6.2 数　　组

视频讲解

数组也是JavaScript中的常见数据形式，其typeof类型为object。下面先了解什么是数组、数组的定义及数组相关的方法。

6.2.1 定义与使用数组

数组是按次序排列的一组值。每个值的位置都有编号（从0开始），整个数组用中括号表示。具体示例代码如下：

```
var arr = ['a','b','c'];
```

上面代码中的 a、b、c 就构成一个数组，两端的中括号是数组的标志。a 是 0 号位置，b 是 1 号位置，c 是 2 号位置。

数组可以先定义再赋值，数组中的内容也没有类型限制。具体示例代码如下：

```
1   <script>
2        var arr = [];
3        arr[0] = 123;
4        arr[1] = 'hello';
5        console.log(arr);           // [123,'hello']
6   </script>
```

数组的长度用 length 表示，返回数组内元素的个数，因此，可以对数组进行循环操作。接下来通过案例演示，具体如例 6-2 所示。

【例 6-2】 利用数组的 length 属性，对数组进行循环操作。

```
1   <!doctype html>
2   <html>
3   <head>
4   <meta charset="utf-8">
5   <title>数组</title>
6   <script>
7        var arr = ['a','b','c'];
8        for(var i=0;i<arr.length;i++){
9            console.log(arr[i]);     // 输出数组的每一项
10       }
11  </script>
12  </head>
13  <body>
14  </body>
15  </html>
```

调试结果如图 6.2 所示。

图 6.2 例 6-2 的调试结果

在例 6-2 中，首先定义一个数组 arr，并赋值为['a','b','c']，在循环条件中通过 i<arr.length 循环找到数组每一项的下标，然后把数组的每一项输出到控制台中。

数组中还专门提供了一个操作循环的 forEach()方法，与 for 循环相似，但只针对数组进行操作。接下来通过案例演示 forEach()方法，具体如例 6-3 所示。

【例 6-3】 forEach()方法的使用。

```
1   <!doctype html>
2   <html>
3   <head>
4   <meta charset="utf-8">
5   <title>数组</title>
6   <script>
7       var arr = ['a','b','c'];
8       arr.forEach(function(val,i){
9           console.log(val+i);
10      });
11  </script>
12  </head>
13  <body>
14  </body>
15  </html>
```

运行结果如图 6.3 所示。

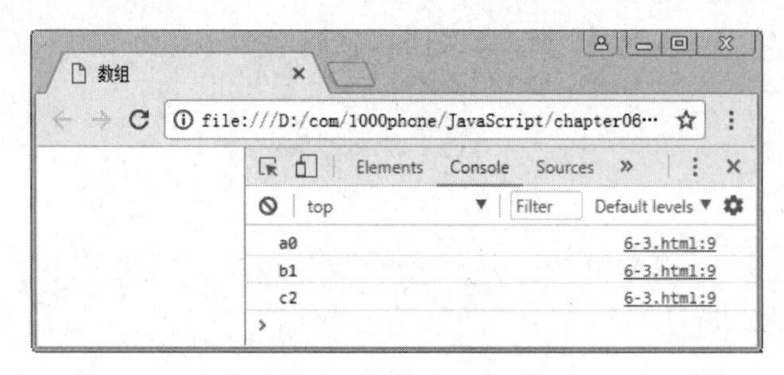

图 6.3 例 6-3 的运行结果

在例 6-3 中，首先定义一个数组 arr，通过 forEach()方法进行循环，forEach()方法接收一个回调函数，在回调函数中会注入两个参数，分别表示每一项的下标和每一项的值。

6.2.2 添加数组与删除数组方法

添加数组与删除数组是数组中常见的操作方法，下面介绍五种相关的操作方法。

1．push()方法

push()方法用于在数组的末端添加一个或多个元素，并返回添加新元素后的数组长度。注意，该方法会改变原数组。具体示例代码如下：

```
1   <script>
2       var arr = ['a','b','c'];
3       var foo = arr.push('d','e','f');
4       console.log(foo);          // 6
5       console.log(arr);          // ['a','b','c','d','e','f']
6   </script>
```

2．pop()方法

pop()方法用于删除数组的最后一个元素，并返回该元素。注意，pop()方法会改变原数组。具体示例代码如下：

```
1   <script>
2       var arr = ['a','b','c'];
3       var foo = arr.pop();
4       console.log(foo);          // 'c'
5       console.log(arr);          // ['a','b']
6   </script>
```

3．unshift()方法

unshift()方法用于在数组前添加一个或多个元素，并返回添加新元素后的数组长度。注意，unshift()方法会改变原数组。具体示例代码如下：

```
1   <script>
2       var arr = ['a','b','c'];
3       var foo = arr.unshift('d','e','f');
4       console.log(foo);          // 6
5       console.log(arr);          // ['d','e','f','a','b','c']
6   </script>
```

4．shift()方法

shift()方法用于删除数组的起始元素，并返回该元素。注意，shift()方法会改变原数组。具体示例代码如下：

```
1   <script>
2       var arr = ['a','b','c'];
3       var foo = arr.shift();
4       console.log(foo);          // 'a'
5       console.log(arr);          // ['b','c']
6   </script>
```

5．splice()方法

splice()方法比较强大，可以在数组的任意位置进行添加、替换、删除数组项的操作。

splice()方法可以接收多个参数，第一个参数为数组的起始位置，第二个参数为删除的个数，从第三个参数开始向数组中的添加项。返回删除的元素数组，splice()方法会改变原数组。

下面利用 splice()方法实现删除操作，具体示例代码如下：

```
1   <script>
2         var arr = ['a','b','c','d','e','f'];
3         var foo = arr.splice(1,2);
4         console.log(foo);       // ['b','c']
5         console.log(arr);       // ['a','d','e','f']
6   </script>
```

接下来利用 splice()方法实现替换数组项操作，具体示例代码如下：

```
1   <script>
2        var arr = ['a','b','c','d','e','f'];
3         var foo = arr.splice(1,2,'g','h');
4         console.log(foo);       // ['b','c']
5         console.log(arr);       // ['a','g','h','d','e','f']
6   </script>
```

最后利用 splice()方法实现添加数组项操作，具体示例代码如下：

```
1   <script>
2         var arr = ['a','b','c','d','e','f'];
3         var foo = arr.splice(1,0,'g','h');
4         console.log(foo);       // []
5         console.log(arr);       // ['a','g','h','b','c','d','e','f']
6   </script>
```

利用添加删除方法实现一个数组项进行循环切换的效果。具体示例代码如下：

```
1   <script>
2         var arr = ['a','b','c','d'];
3         function change(arr){
4            arr.push(arr.shift());
5            return arr;
6         }
7         console.log( change(arr) );  // ['b','c','d','a']
8         console.log( change(arr) );  // ['c','d','a','b']
9         console.log( change(arr) );  // ['d','a','b','c']
10        console.log( change(arr) );  // ['a','b','c','d']
11  </script>
```

6.2.3 查找数组方法

查找数组与查找字符串类似，在 JavaScript 中提供了三种查找字符串的方法，下面分别进行讲解。

1．slice()方法

slice()方法为截取数组，也可将其看作为查找数组的方法。第一个参数为数组的起始位置，第二个参数为数组的结束位置，且不包括结束位置。具体示例代码如下：

```
1   <script>
2        var arr = ['a','b','c','d'];
3        var foo = arr.slice(1,3);
4        console.log(foo);           // ['b','c']
5   </script>
```

2．indexOf()方法

indexOf()方法用于确定一个数组项在当前数组中的位置，会返回一个数字，如果匹配成功则返回匹配到的数组项位置，如果匹配不成功则返回-1。具体示例代码如下：

```
1   <script>
2        var arr = ['a','b','c','d'];
3        var foo = arr.indexOf('b');
4        console.log(foo);           // 1
5   </script>
```

当出现多个匹配到的数组项时，只返回第一个满足条件的数组项位置。通过 indexOf()方法的第二个参数设置起始查找的位置，可以匹配到后面的数组项位置。具体示例代码如下：

```
1   <script>
2        var arr = ['a','b','c','b'];
3        var foo = arr.indexOf('b',2);
4        console.log(foo);           // 3
5   </script>
```

3．lastIndexOf()方法

lastIndexOf()方法与 indexOf()方法类似，但是从数组的结束位置开始向前进行匹配，具体示例代码如下：

```
1   <script>
2       var arr = ['a','b','c','b'];
3       var foo = arr.lastIndexOf('b');
4       console.log(foo);            // 3
5   </script>
```

6.2.4 转换数组方法

对原有数组进行变化，可得到改变后的数组，下面列出了相关的一些方法。

1．concat()方法

concat()方法为连接多数组操作，返回连接后的新数组。具体示例代码如下：

```
1    <script>
2        var foo = ['a','b'];
3        var bar = ['c','d'];
4        var baz = ['e','f'];
5        foo = foo.concat(bar,bar);
6        console.log(foo);            // ['a','b','c','d','e','f']
7    </script>
```

2．join()方法

join()方法以参数作为分隔符，将所有数组成员组成一个字符串返回。如果不提供参数，则默认用逗号分隔。join()方法可以看作是字符串 split()方法的逆运算。具体示例代码如下：

```
1    <script>
2         var arr = ['a','b','c','b'];
3         arr.join(' ');              // 'a b c d'
4         a.join(' | ');              // 'a | b | c | d'
5         a.join();                   // 'a,b,c,d'
6    </script>
```

3．map()方法

map()方法对数组的所有成员依次调用一个函数，根据函数结果返回一个新数组。具体示例代码如下：

```
1    <script>
2         var arr = [1,2,3,4];
3         arr = arr.map(function(val,i){
4             return val*i;
5         });
6         console.log(arr);           // [0,2,6,12]
7    </script>
```

4．reduce()方法

reduce()方法会依次处理数组中的每一项，最终累计为一个值返回。第一个参数为数组的累积变量，默认为数组的第一个成员；第二个参数为数组的当前变量，默认为数组的第二个成员。具体示例代码如下：

```
1    <script>
2         var arr = [1,2,3,4];
```

```
3       var foo = arr.reduce(function(v1,v2){
4           return v1+v2;
5       });
6       console.log(foo);       // 10
7   </script>
```

5．reduceRight()方法

reduceRight()方法与 reduce()方法相似，但累计的方式是从后向前操作。在有些情况下从前向后累计与从后向前累计产生的结果可能不同。具体示例代码如下：

```
1   <script>
2       var arr = [1,2,3,4];
3       var foo = arr.reduce(function(v1,v2){
4           return v1-v2;
5       });
6       console.log(foo);      // -8
7       var bar = arr.reduceRight(function(v1,v2){
8           return v1-v2;
9       });
10      console.log(bar);      // -2
11  </script>
```

6.2.5 筛选数组方法

对原有数组进行筛选，可得到满足条件的数组或布尔值，下面列出了相关的一些方法。

1．every()方法

every()方法对数组的每一项进行条件判断，当所有计算成员的返回值都是 true 时，才返回 true，否则 false。具体示例代码如下：

```
1   <script>
2       var arr = [1,2,3,4];
3       var foo = arr.every(function(v,i){
4           return v>0;
5       });
6       var bar = arr.every(function(v,i){
7           return v>2;
8       });
9       console.log(foo);          // true
10      console.log(bar);          // false
11  </script>
```

2．some()方法

some()方法与 every()方法正好相反，对数组的每一项进行条件判断，当只要有一个数组成员的返回值是 true，则整个 some()方法的返回值即为 true，否则返回值为 false。具体示例代码如下：

```
1   <script>
2       var arr = [1,2,3,4];
3       var foo = arr.some(function(v,i){
4          return v>2;
5       });
6       var bar = arr.some(function(v,i){
7          return v>5;
8       });
9       console.log(foo);          // true
10      console.log(bar);          // false
11  </script>
```

3．filter()方法

filter()方法对数组的每一项进行条件判断，返回结果为 true 的成员组成一个新数组返回。具体示例代码如下：

```
1   <script>
2       var arr = [1,2,3,4];
3       var foo = arr.filter(function(v,i){
4          return v>2;
5       });
6       console.log(foo);          // [3,4]
7   </script>
```

6.2.6 排序数组方法

对原有数组进行排序，排序后原数组将被改变，下面列出了相关的一些方法。

1．reverse()方法

reverse()方法用于颠倒数组中元素的顺序，返回改变后的数组。注意，reverse()方法将改变原数组。具体示例代码如下：

```
1   <script>
2       var arr = ['a','b','c','d'];
3       arr.reverse();
4       console.log(arr);         // ['d','c','b','a']
5   </script>
```

2．sort()方法

sort()方法对数组成员进行排序，默认是按照字典顺序排序。排序后，原数组将被改变。具体示例代码如下：

```
1   <script>
2       var arr = [6,1,12,5,8];
3       arr.sort();
4       console.log(arr);      // [1,12,5,6,8]
5   </script>
```

上例中，因为 sort()方法不是按照大小排序，而是按照对应字符串的字典顺序排序。即数值会被先转成字符串，再按照字典顺序进行比较，所以 12 排在 5 的前面。

可以利用 sort()方法的回调函数实现按照自定义的方法进行排序操作。函数中可接收两个参数，代表数组中的任意两项。其比较规则如下：

（1）若两个数比较返回正数，则切换这两个数；

（2）若两个数比较返回负数，则两个数的位置不变；

（3）若两个数比较返回零，说明这两个数相等，则不需要排序。

下面示例演示利用 sort()方法的回调函数进行排序操作，具体示例代码如下：

```
1   <script>
2       var arr = [6,1,12,5,8];
3       arr.sort(function(n1,n2){
4          if( n1 < n2 ){
5             return 1;            // 返回正数，两数切换
6          }
7          else if( n1 > n2 ){
8            return -1;            // 返回负数，两数位置不变
9          }
10         else{
11           return 0;             // 不需要排序
12         }
13      });
14      console.log(arr);          // [12,8,6,5,1]
15  </script>
```

可以发现，当小数小于大数时，返回 1，两个数切换，较大的值就会放在较小的值前面，最终得到一组从大到小排序的数组。可以简化自定义排序的写法。具体示例代码如下：

```
1   <script>
2       var arr = [6,1,12,5,8];
3       arr.sort(function(n1,n2){
4          return n1 - n2;
```

```
5        });
6        console.log(arr);          // [1,5,6,8,12]
7    </script>
```

当变量 n1 减变量 n2 时，只会返回正、负、零三种情况，正好满足排序的规则。

6.3 实际运用

视频讲解

6.3.1 添加、删除输入框值

下面实现添加、删除输入框值效果，如图 6.4 所示。

图 6.4 添加、删除输入框值效果

当单击复选框时，把对应的值添加到输入框中；当添加多个值时，输入框用逗号隔开；当再次单击复选框取消选中状态时，输入框中的对应内容也随之删除。接下来通过案例演示，具体如例 6-4 所示。

【例 6-4】 添加、删除输入框值。

```
1    <!doctype html>
2    <html>
3    <head>
4    <meta charset="utf-8">
5    <title>实际运用</title>
6    </head>
7    <body>
8        <input type="text"><br>
9        <input type="checkbox" value="html">html<br>
10       <input type="checkbox" value="js">js<br>
11       <input type="checkbox" value="css">css<br>
12       <input type="checkbox" value="jquery">jquery<br>
13   <script>
14      var aInput = document.getElementsByTagName('input');
15      for(var i=1;i<aInput.length;i++){
16          aInput[i].onclick = function(){
17            if( this.checked ){                          // 复选框选中操作
```

```
18                  if( aInput[0].value == '' ){
19                    aInput[0].value += this.value;
20                  }
21                  else{
22                      aInput[0].value += ',' + this.value;
23                  }
24              }
25              else{                                      // 复选框取消操作
26                  var arr = aInput[0].value.split(',');
27                  for(var i=0;i<arr.length;i++){
28                      if( arr[i] == this.value ){
29                        arr.splice(i,1);
30                    }
31                  }
32                  aInput[0].value = arr;
33              }
34            };
35      }
36  </script>
37  </body>
38  </html>
```

添加操作是把输入框的 value 值进行累加，当输入框为空时，不添加逗号，当输入框有值时，添加逗号进行分割。删除操作是先把字符串进行 splice 分割，将分割完的内容进行匹配，通过 splice 方法删除对应的数组项，再将剩余内容合并后返回到输入框中完成整个效果。

6.3.2 单击排序列表项

下面要实现单击排序列表项效果，如图 6.5 所示。

排序	排序	排序
• 60	• 2	• 478
• 33	• 12	• 60
• 12	• 33	• 51
• 2	• 51	• 33
• 51	• 60	• 12
• 478	• 478	• 2
初始	单击	再次单击

图 6.5 单击排序列表项效果

当单击“排序”按钮时，对列表项中的数字进行从小到大排序。当再次单击“排序”按钮时，将对列表项中的数字再次进行从大到小排序。接下来通过案例演示，具体如例 6-5 所示。

【例 6-5】 单击排序列表项。

```
1  <!doctype html>
2  <html>
3  <head>
4  <meta charset="utf-8">
5  <title>实际运用</title>
6  </head>
7  <body>
8      <input id="btn" type="button" value="排序">
9      <ul>
10         <li>60</li>
11       <li>33</li>
12       <li>12</li>
13       <li>2</li>
14       <li>51</li>
15       <li>478</li>
16     </ul>
17 <script>
18    var oBtn = document.getElementById('btn');
19    var aLi = document.getElementsByTagName('li');
20    var onoff = 1;
21    oBtn.onclick = function(){
22        var arr = [];
23        for(var i=0;i<aLi.length;i++){
24            arr[i] = aLi[i].innerHTML;       // 把 DOM 元素填入数组
25        }
26            arr.sort(function(num1,num2){
27              return onoff*(num1 - num2);
28            });
29        for(var i=0;i<aLi.length;i++){
30            aLi[i].innerHTML = arr[i];       // 填入排序后的 DOM 元素
31        }
32        onoff *= -1;
33    };
34 </script>
35 </body>
36 </html>
```

首先把所有的数字存放到 arr 数组中，然后利用自定义排序操作，把数组按从小到大的顺序进行排序，最后把排序完的结果设置到对应的列表项中，完成排序效果。切换操作通过改变 onoff 的正数值实现。

6.3.3 展开、收缩文本内容

下面要实现展开、收缩文本内容效果，如图 6.6 所示。

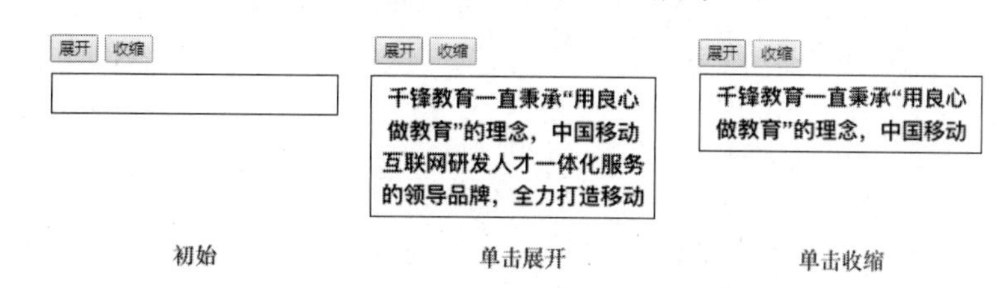

图 6.6 展开、收缩文本内容效果

当单击“展开”按钮时，文本内容依次被打印出来。当单击“收缩”按钮时，文本内容又被依次取消。整个展开收缩效果可以连成一个整体。接下来通过案例演示，具体如例 6-6 所示。

【例 6-6】 展开、收缩文本内容。

```
1   <!doctype html>
2   <html>
3   <head>
4   <meta charset="utf-8">
5   <title>实际运用</title>
6   </head>
7   <body>
8       <input type="button" value="展开">
9       <input type="button" value="收缩">
10      <div id="div1"></div>
11  <script>
12     var aInput = document.getElementsByTagName('input');
13     var oDiv = document.getElementById('div1');
14     var str = '千锋教育一直秉承“用良心做教育”的理念，以打造中国移动互联网
       研发人才一体化服务的领导品牌为目的，全力建设与完善移动互联网高端研发人才服务
       平台。千锋教育拥有强大的移动互联网教学就业保障团队、近百所合作高校，几千家移
       动互联网方向合作企业，现已成为值得学员信赖的 IT 培训机构。';
15     var timer = null;
16     var arr = str.split('');
17     aInput[0].onclick = function(){
18         clearInterval(timer);                    // 防止定时器累加
19         timer = setInterval(function(){
20          var val = arr.shift();
21          oDiv.innerHTML += val;
22          if( arr.length == 0 ){
23              clearInterval(timer);
```

```
24            }
25          },50);
26      };
27      aInput[1].onclick = function(){
28          var arr2 = oDiv.innerHTML.split('');
29          clearInterval(timer);                    // 防止定时器累加
30          timer = setInterval(function(){
31            arr.unshift(arr2.pop());
32            oDiv.innerHTML = arr2.join('');
33            if( arr2.length == 0 ){
34                clearInterval(timer);
35            }
36          },50);
37      };
38  </script>
39  </body>
40  </html>
```

例 6-6 中，文本的展开收缩是通过连续定时器 setInterval 控制的，添加操作是利用数组的 shift()方法找到第一个文字，然后拼接到 oDiv 的内容中。删除操作是把 oDiv 的内容进行 split()方法的分割，将最后一项添加会初始的数组中，再将剩余的项拼接回 oDiv 内容中。

6.4 本章小结

通过本章的介绍，希望读者能够掌握字符串常见方法和数组常见方法，并利用常见方法进行实际的开发。常见方法中有些方法会改变原有值，有些方法不会改变原有值，而是得到一个新的返回值。

6.5 习　题

1. 填空题

（1）substring 方法的两个参数分别为________、________。
（2）数组中的 sort 排序，默认采用________进行排序。
（3）用于字符串转大小写的方法分别为________、________。
（4）字符串的 indexOf 方法的作用是________。
（5）数组的 splice 方法即可以对数组进行________、________、________等操作。

2. 选择题

（1）下面不属于数组相关的方法的是（　　）。

A．indexOf　　B．sort　　C．charAt　　D．join

（2）字符串中（　　）方法跟数组的join方法是一对相反的方法。

A．charAt　　B．split　　C．substring　　D．lastIndexOf

（3）数组的typeof类型为（　　）。

A．string　　B．array　　C．object　　D．null

（4）自定义排序方式时，如果返回正数表示（　　）。

A．位置不变　　B．位置切换　　C．元素添加　　D．元素删除

（5）'12,34'.split('')返回正确结果为（　　）。

A．["1", "2", ",", "3", "4"]　　B．["1", "2", "3", "4"]

C．["1234"]　　D．["12", "34"]

3. 思考题

（1）请简述自定义排序的原理。

（2）请简述substring()、slice()、substr()三个方法的区别。

第7章 chapter 7

时间与正则

本章学习目标

- 掌握 JavaScript 中时间对象的操作与应用；
- 掌握 JavaScript 中正则表达式的操作与应用；
- 实际运用时间方法与正则方法进行项目开发。

在对网页获取验证码时，经常会看到倒计时 60s 等时间提示，本章将对时间进行讲解，同时还会介绍正则的相关内容。

7.1 时　　间

视频讲解

在日常生活中，浏览网页时经常会看到一些与时间有关的网页效果，如日历、倒计时、数字变化等。这些与时间相关的效果都需要利用 JavaScript 中的时间对象来完成。本节将会对时间对象进行详细的讲解。

7.1.1 获取时间方法

想要获取时间的方法，首先需要通过 new Date()的方式获取时间对象，然后打印其结果。接下来通过案例演示时间对象显示效果，具体如例 7-1 所示。

【例 7-1】 时间对象显示效果。

```
1   <!doctype html>
2   <html>
3   <head>
4   <meta charset="utf-8">
5   <title>实际运用</title>
6   <script>
7        var date = new Date();
8        console.log( date );              // 打印当前时间对象
9   </script>
10  </head>
11  <body>
```

```
12  </body>
13  </html>
```

调试结果如图 7.1 所示。

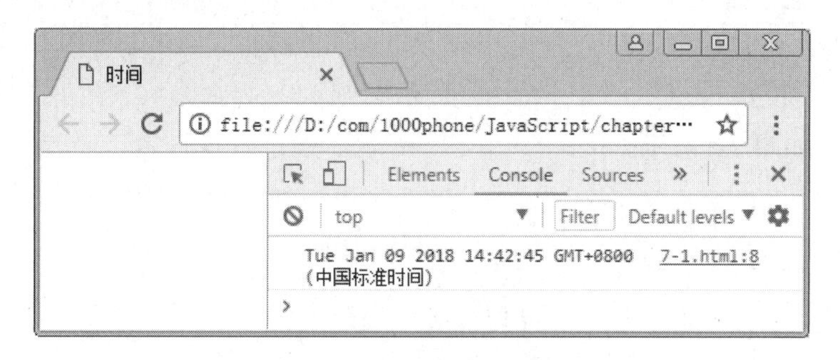

图 7.1 例 7-1 的调试结果

可以看到，图 7.1 中打印出当前日期时间，即有年、月、日、时、分、秒及时区等信息。但具体的时间类型需要通过时间对象的具体方法来获取，如：当前月份。获取具体时间的方法如表 7.1 所示。

表 7.1 获取对应时间的方法

方　法	描　述
getFullYear()	返回一个表示年份的四位数字
getMonth()	返回值是 0（一月）到 11（十二月）的一个整数
getDate()	返回值是 1～31 的一个整数，表示日期
getHours()	返回值是 0～23 的一个整数，表示小时数
getMinutes()	返回值是 0～59 的一个整数，表示分钟数
getSeconds()	返回值是 0～59 的一个整数，表示秒数
getDay()	返回值是 0（周日）到 6（周六）的一个整数

接下来通过案例演示获取具体时间的方法，具体如例 7-2 所示。

【例 7-2】 获取具体时间的方法。

```
1   <!doctype html>
2   <html>
3   <head>
4   <meta charset="utf-8">
5   <title>时间</title>
6   <script>
7       var date = new Date();
8       console.log( '年：' + date.getFullYear() );
9       console.log( '月：' +date.getMonth() );
10      console.log( '日：' +date.getDate() );
11      console.log( '小时：' +date.getHours() );
12      console.log( '分钟：' +date.getMinutes() );
13      console.log( '秒：' +date.getSeconds() );
```

```
14      console.log( '周几: ' +date.getDay() );
15  </script>
16  </head>
17  <body>
18  </body>
19  </html>
```

运行结果如图 7.2 所示。

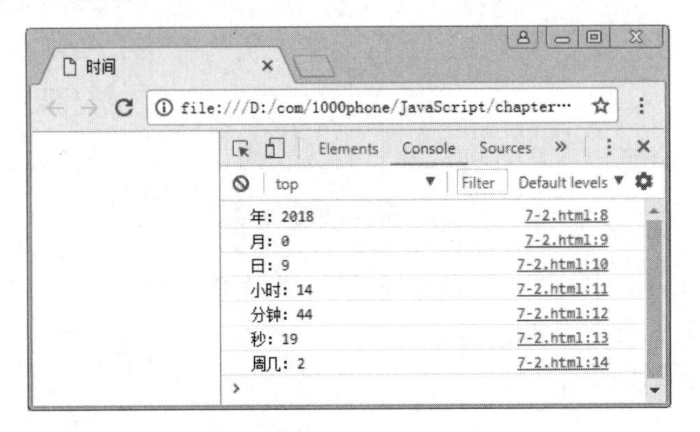

图 7.2 例 7-2 的运行结果

在例 7-2 中，首先通过 new Date()方式创建一个时间对象，然后通过对象下的方法可以获取年、月、日、小时、分钟、秒等具体信息，并打印到控制台中，如图 7.2 所示。

除了可以获取对应的时间方法外，JavaScript 还提供了设置时间的方法，如表 7.2 所示。

表 7.2 设置时间的方法

方　法	描　述
setFullYear()	设置年份，参数为四位数字
setMonth()	设置月份，参数为 0～11 的数字
setDate()	设置日期，参数为 1～31 的数字
setHours()	设置小时，参数为 0～23 的数字
setMinutes()	设置分钟，参数为 0～59 的数字
setSeconds()	设置秒数，参数为 0～59 的数字

接下来通过案例演示设置时间的相关方法，具体如例 7-3 所示。

【例 7-3】 设置时间的相关方法。

```
1   <!doctype html>
2   <html>
3   <head>
4   <meta charset="utf-8">
5   <title>时间</title>
```

```
6   <script>
7       var date = new Date();
8       date.setFullYear(2001);
9       date.setMonth(1);
10      date.setDate(1);
11      date.setHours(1);
12      date.setMinutes(1);
13      date.setSeconds(1);
14      console.log( date );
15  </script>
16  </head>
17  <body>
18  </body>
19  </html>
```

运行结果如图 7.3 所示。

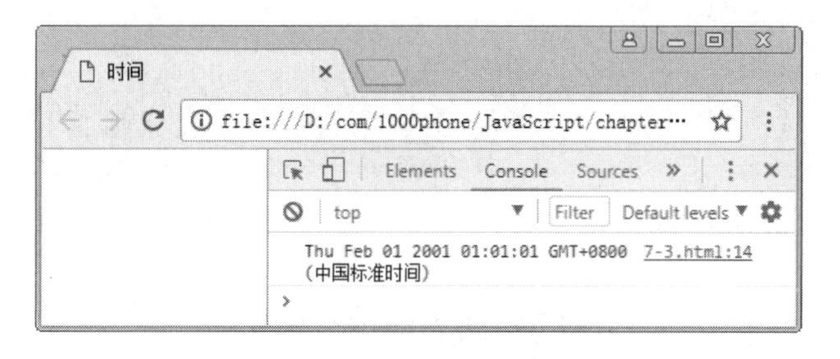

图 7.3　例 7-3 的运行结果

需要注意，getMonth()方法获取的范围为 0～11，0 表示 1 月份，11 表示 12 月份。同理 getDay()方法获取的范围为 0～6，0 表示周日，而 6 表示周六。接下来利用时间对象实现一个简易版的数码时钟，具体如例 7-4 所示。

【例 7-4】 利用时间对象实现一个简易版的数码时钟。

```
1   <!doctype html>
2   <html>
3   <head>
4   <meta charset="utf-8">
5   <title>时间</title>
6   </head>
7   <body>
8   <div id="time"></div>
9   <script>
10      var time = document.getElementById('time');
11      runTime();
12      setInterval(runTime,1000);
13      function runTime(){
14          var oDate = new Date();
```

```
15          var iYear = oDate.getFullYear();          // 年
16          var iMon = oDate.getMonth()+1;            // 月
17          var iDate = oDate.getDate();              // 日
18          var iDay = ['周日','周一','周二','周三','周四','周五',
            '周六'][oDate.getDay()];                  // 星期
19          var iH = oDate.getHours();                // 小时
20          var iM = oDate.getMinutes();              // 分钟
21          var iS = oDate.getSeconds();              // 秒
22          var str = iYear + '年' + iMon + '月' + iDate + '日 ' + iDay +
            ' ' + iH + ':' + iM + ':' + iS;
23          time.innerHTML = str;
24      }
25  </script>
26  </body>
27  </html>
```

运行结果如图 7.4 所示。

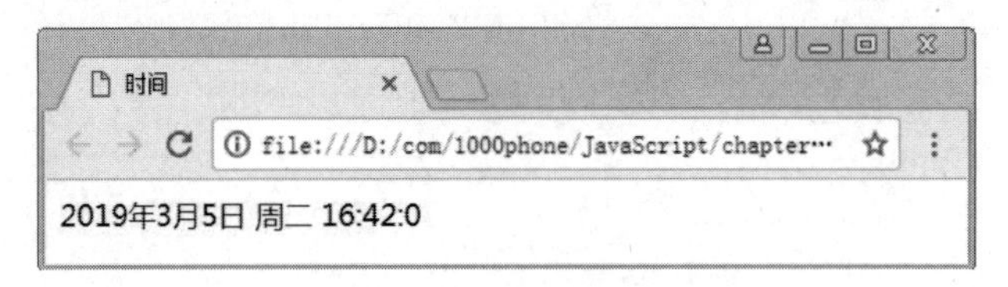

图 7.4 例 7-4 的运行结果

在例 7-4 中，首先获取显示数码时钟的容器，然后封装一个 runTime 函数，通过定时器不断地进行调用，时间会在页面上不断进行变化。根据时间对象下的方法得到具体的时间信息，并通过拼接字符串的方式把信息连接起来，从而输出到页面上。

可以对日期中的个位数进行一个补零的操作，如将 11:2:7 转换成 11:02:07，接下来通过案例演示简易版的数码时钟，具体如例 7-5 所示。

【例 7-5】 简易版的数码时钟。

```
1   <!doctype html>
2   <html>
3   <head>
4   <meta charset="utf-8">
5   <title>时间</title>
6   </head>
7   <body>
8       <div id="time"></div>
9   <script>
10      var time = document.getElementById('time');
11      runTime();
12      setInterval(runTime,1000);
13      function runTime(){
```

```
14            var oDate = new Date();
15            var iYear = oDate.getFullYear();
16            var iMon = oDate.getMonth()+1;
17            var iDate = oDate.getDate();
18            var iDay = ['周日','周一','周二','周三','周四','周五','周六']
              [oDate.getDay()];
19            var iH = oDate.getHours();
20            var iM = oDate.getMinutes();
21            var iS = oDate.getSeconds();
22            var str = iYear + '年' + iMon + '月' + iDate + '日 ' + iDay +
              ' ' + toZero(iH) + ':' + toZero(iM) + ':' + toZero(iS);
23            time.innerHTML = str;
24        }
25        function toZero(num){                    // 补零
26            if(num < 10){
27                return '0' + num;
28            }
29            else{
30                return '' + num;
31            }
32        }
33    </script>
34    </body>
35    </html>
```

调试结果如图 7.5 所示。

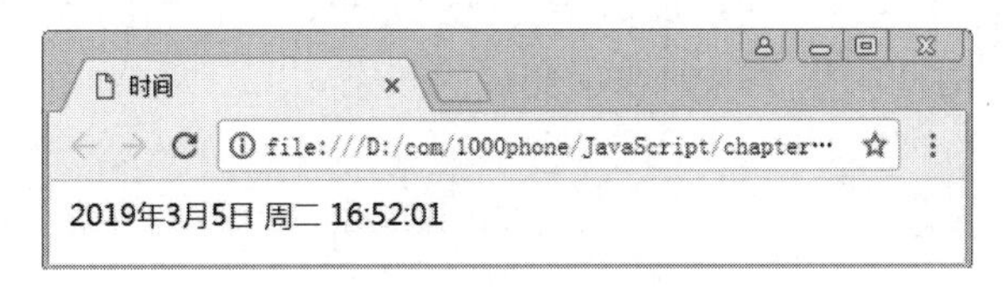

图 7.5　例 7-5 的调试结果

在例 7-4 的基础上，例 7-5 添加了一个补零的功能，当时间出现个位数时，就调用一下 toZero 函数，在个位数显示时，前面会添加上一个 0。

7.1.2　计算时间间隔

利用时间对象的 getTime()方法可以计算时间的间隔，返回距离 1970 年 1 月 1 日 00:00:00 的毫秒数。接下来通过案例演示距 1970 年的毫秒数，具体如例 7-6 所示。

【例 7-6】 距 1970 年的毫秒数。

```
1    <!doctype html>
2    <html>
```

```
3   <head>
4   <meta charset="utf-8">
5   <title>时间</title>
6   <script>
7       var date = new Date();
8       console.log( date.getTime() );       // 获取 1970 年 1 月 1 日毫秒数
9   </script>
10  </head>
11  <body>
12  </body>
13  </html>
```

运行结果如图 7.6 所示。

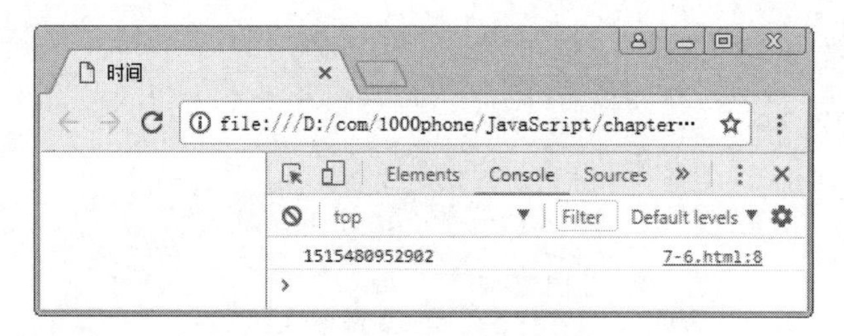

图 7.6　例 7-6 的运行结果

在例 7-6 中，先获取时间对象 date，然后通过 getTime()方法获取距离 1970 年的毫秒数，值会非常大。

由于这个数值在未来的时间点会不断地增大，当开启一个定时器时，就可以计算出时间的间隔，可以利用这一点实现如数字变化的效果，具体如例 7-7 所示。

【例 7-7】 利用时间间隔实现如数字变化的效果。

```
1   <!doctype html>
2   <html>
3   <head>
4   <meta charset="utf-8">
5   <title>时间</title>
6   </head>
7   <body>
8       <div id="time"></div>
9   <script>
10      var time = document.getElementById('time');
11      var start = now();
12      var num = 84954385;
13      var duration = 1000;
14      var timer = setInterval(function(){
15         var change = now();
16         if(change-start>duration){            // 判断 1s 时间间隔
```

```
17                clearInterval(timer);
18            }
19            else{
20                time.innerHTML = num*(change - start)/duration;
21            }
22        },16);
23        function now(){
24            return (new Date()).getTime();
25        }
26    </script>
27    </body>
28    </html>
```

运行结果如图 7.7 所示。

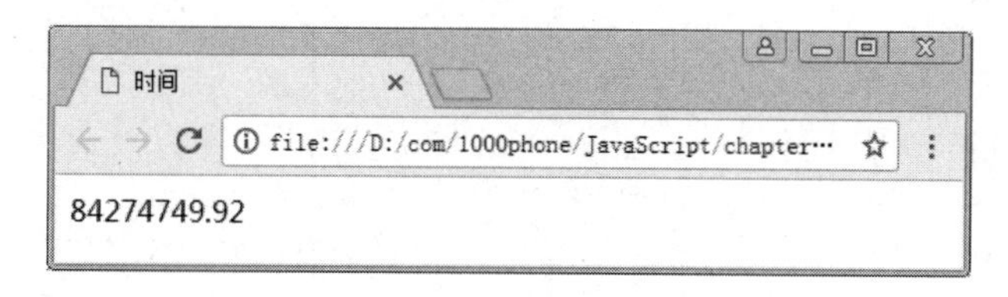

图 7.7 例 7-7 的运行结果

在例 7-7 中，在开始运行定时器前获取一个时间节点，再在定时器中不断地获取当前最新的时间节点，然后通过两次时间节点的差值，得到一段时间间隔。当间隔时间小于或等于指定时间时，表示需要进行动画处理；当时间间隔大于指定的时间时，停止动画的定时器，就可以看到一个数字的变化效果。

7.1.3 指定时间节点

在创建时间对象的 new Date()括号中，可以添加一个参数，该参数可以用来指定一个固定的时间点，可以是过去的某个时间点，也可以是未来的某个时间点。参数可以分为两种模式。第一种是添加数字格式，具体示例代码如下：

```
1    <script>
2        var date = new Date(2017,7,30,0,0,0);
3        console.log(date); // Wed Aug 30 2017 00:00:00 GMT+0800 (中国
                           // 标准时间)
4    </script>
```

注意当填写月份为 7 时，实际表示 8 月份。

第二种参数的模式是添加字符串格式，具体示例代码如下：

```
1    <script>
2        var date = new Date('August 30,2017 0:0:0');
```

```
3        console.log(date);       // Wed Aug 30 2017 00:00:00 GMT+0800 (中
                                  // 国标准时间)
4    </script>
```

第二种方法的月份单词必须是完整形式，如八月即 August。利用此方法，可以实现一个指定的节日到现在还有多少天的简易倒计时效果，具体如例 7-8 所示。

【例 7-8】 指定节日到现在还有多少天的简易倒计时效果。

```
1    <!doctype html>
2    <html>
3    <head>
4    <meta charset="utf-8">
5    <title>时间</title>
6    </head>
7    <body>
8         <div id="time"></div>
9    <script>
10        var date = new Date('October 1,2017 0:0:0');   // 获取未来时间点
11        var time = document.getElementById('time');
12        runTime();
13        setInterval(runTime,1000);
14        function runTime(){
15            var nowDate = new Date();                    // 获取当前时间点
16            var val = (date.getTime() - nowDate.getTime())/1000;
17                                                         // 时间格式化
18            var day = Math.floor(val/86400);
19            var hour = Math.floor(val%86400/3600);
20            var mins = Math.floor(val%86400%3600/60);
21            var secs = Math.floor(val%60);
22            // 拼接格式化后的时间
23            time.innerHTML = '距离国庆节还有：' + day + '天' + hour + '小
              时' + mins + '分钟' + secs + '秒';
24        }
25   </script>
26   </body>
27   </html>
```

运行结果如图 7.8 所示。

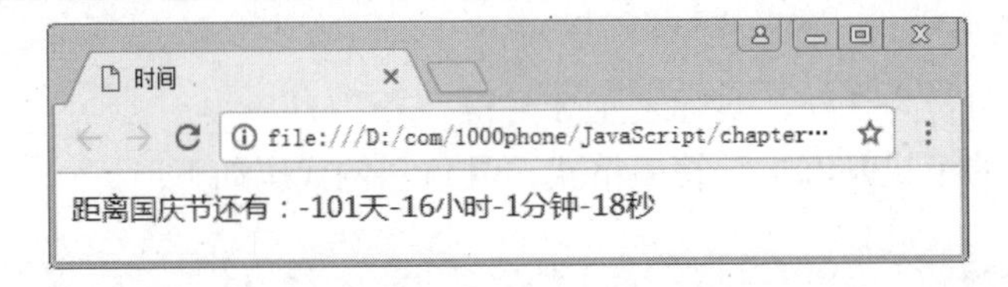

图 7.8　例 7-8 的运行结果

在例 7-8 中，先初始化一个未来的时间点，然后利用 getTime()方法获取指定的毫秒数，在定时器中再获取当前的时间点的毫秒数，两次 getTime()方法相减的差值，即时间间隔，再通过对时间的格式化换算操作，就可以实现一个简易的倒计时了，如图 7.8 所示。

7.2 正　　则

视频讲解

正则即正则表达式（regular expression）是一个描述字符规则的对象。如只能出现字母，只能出现数字，前三个必须是数字等。

7.2.1 正则的作用

在前端开发中，经常有大量的表单数据校验工作，采用正则表达式可以大大减轻数据校验的工作量，如：用户名验证、邮箱验证、手机号码验证、电话号码验证、身份证验证等。使用正则表达式比字符串函数更加简单、方便。

7.2.2 正则表达式的两种创建方式

正则表达式在 JavaScript 中是以对象的方式来表示。与创建数组对象一样，正则表达式的创建方式也有构造函数和常量两种，而大多数情况下，会使用常量的方式。

1．构造函数

用构造函数创建正则表达式，其语法格式如下：

```
new RegExp(pattern, attributes);
```

其中，pattern 表示模式字符串（也称规则字符串），即正则表达式对象所要表达的规则是由该参数定义的；attributes 表示字符串（可选），包含属性 "g"、"i" 和 "m"，分别用于指定全局匹配、区分大小写的匹配和多行匹配。ECMAScript 标准化之前，不支持 m 属性。如果 pattern 是正则表达式，而不是字符串，则必须省略该参数。具体示例代码如下：

```
1  <script>
2      var reg= new RegExp('study');          // 表示匹配 study，默认区
                                              // 分大小写
3      var reg = new RegExp('study', 'ig');   // 表示匹配 study，其中 i
                                              // 表示忽略大小写，g 表示全
                                              // 局匹配
4  </script>
```

2．常量方式

unshift()方法用于在数组的前端添加一个或多个元素，并返回添加新元素后的数组长度。注意该方法会改变原数组。具体示例代码如下：

```
1    <script>
2         var reg = /study/;
3         // 等价于：var reg= new RegExp('study');
4         // 也等价于：var reg= new RegExp(/study/);
5    </script>
```

大部分会使用常量方式直接声明，但如果正则表达式的规则是变量时，则会用构造函数的方式。如：var str="study", var regExpObj = /str/; 这样的表示方法是错误的；此时，用构造函数 var regExpObj = newRegExp(str) 的写法是正确的。当然，如果使用常量，要借助 eval()，代码 var regExpObj = eval("/"+str+"/")。

7.2.3 正则表达式对象的使用

正则表达式对象的属性和方法如表 7.3 所示。

表 7.3 正则表达式对象的属性和方法

属性和方法	描　　述
global	RegExp 对象是否具有标志 g 全局
ignoreCase	RegExp 对象是否具有标志 i 忽略大小写
lastIndex	一个整数，标示开始下一次匹配的字符位置
multiline	RegExp 对象是否具有标志 m
source	正则表达式的源文本
exec	检索字符串中指定的值。返回找到的值，并确定其位置，如果没有匹配到，则返回 null
test	检索字符串中指定的值。返回 true 或 false

大多数情况，会使用 test()函数验证某个字符串是否符合某些规则，具体示例代码如下：

```
1    <script>
2         var regExpObj = /study/;
3         alert(regExpObj.test("good good study, day day up"));
                                                    // true，找到了 study
4         alert(regExpObj.test("努力 Study"));     // false，因为 Study 的首
                                                    // 字母是大写
5    </script>
```

7.2.4 正则符号

正则表达式中，各字母和数字代表自身的意思。正则的判断与字符串的判断相差不

多，不能体现正则的优势。因此，非字母的匹配、限制位置（如起始位置或者结束位置是某个字符）、限制数量（如某个字符只能出现多少次，或者出现的次数范围）才能体现正则的真正优势，即可以限制某个（些）字符，在某位置出现多少次。表 7.4 中列出了一些特殊字符及不同类型字符的描述。

表 7.4　特殊字符

语　法	描　述
^	匹配一个输入或一行的开头
$	匹配一个输入或一行的结尾
*	匹配前面元字符 0 次或多次
+	匹配前面元字符 1 次或多次
?	匹配前面元字符 0 次或 1 次
(x)	匹配 x，保存 x 在名为$1…$9 的变量中
x|y	匹配 x 或 y

接下来通过案例演示，具体如例 7-9 所示。

【例 7-9】 特殊字符的使用。

```
1   <!doctype html>
2   <html>
3   <head>
4   <meta charset="utf-8">
5   <title>正则</title>
6   <script>
7       var regExpObj = /^go*d$/;
8       // 表示的规则为：以"g"开始，以"d"结束，中间有 0 个或者多个"o"。
9       var str1="gd";
10      var str2="god";
11      var str3="good";
12      var str4="goood";
13      // 都符合规则
14      console.log(regExpObj.test(str1));
15      console.log(regExpObj.test(str2));
16      console.log(regExpObj.test(str3));
17      console.log(regExpObj.test(str4));
18      // 都会在控制台打印 true
19      // 而，如下字符串都不匹配：
20      var str1="agd";  // 错误之处：没有以"g"开头；
21      var str2="gdb";  // 错误之处：没有以"d"结尾；
22      var str3="gad";  // 错误之处："g"与"d"之间不能出现非"o"的字符；
23  </script>
24  </head>
25  <body>
26  </body>
27  </html>
```

在例 7-9 中，定义正则匹配模式为起始^为 g 开头，结束$为 d 结尾，中间内容为至少出现 0 次 o 的字符，因此，满足条件的都会打印出 true，不满足条件的都会打印 false。

表 7.5 和表 7.6 分别列出了转义字符和中括号的语法和描述。

表 7.5　转义字符的语法及其描述

<table>
<tr><th>语　法</th><th>描　述</th></tr>
<tr><td>\f</td><td>换页符</td></tr>
<tr><td>\n</td><td>换行符</td></tr>
<tr><td>\r</td><td>回车</td></tr>
<tr><td>\t</td><td>制表符</td></tr>
<tr><td>\v</td><td>垂直制表符</td></tr>
<tr><td>\/</td><td>一个 / 直接量</td></tr>
<tr><td>\\</td><td>一个 \ 直接量</td></tr>
<tr><td>\.</td><td>一个 . 直接量</td></tr>
<tr><td>*</td><td>一个 * 直接量</td></tr>
<tr><td>\+</td><td>一个 + 直接量</td></tr>
<tr><td>\?</td><td>一个 ? 直接量</td></tr>
<tr><td>\|</td><td>一个 | 直接量</td></tr>
<tr><td>\(</td><td>一个 (直接量</td></tr>
<tr><td>\)</td><td>一个) 直接量</td></tr>
<tr><td>\[</td><td>一个 [直接量</td></tr>
<tr><td>\]</td><td>一个] 直接量</td></tr>
<tr><td>\{</td><td>一个 { 直接量</td></tr>
<tr><td>\}</td><td>一个 } 直接量</td></tr>
</table>

表 7.6　中括号的语法及其描述

<table>
<tr><th>语　法</th><th>描　述</th></tr>
<tr><td>[abc]</td><td>查找中括号之间的任何字符</td></tr>
<tr><td>[^abc]</td><td>查找任何不在中括号之间的字符</td></tr>
<tr><td>[0-9]</td><td>查找任何从 0～9 的数字</td></tr>
<tr><td>[a-z]</td><td>查找任何从小写 a 到小写 z 的字符</td></tr>
<tr><td>[A-Z]</td><td>查找任何从大写 A 到大写 Z 的字符</td></tr>
<tr><td>[A-z]</td><td>查找任何从大写 A 到小写 z 的字符</td></tr>
<tr><td>(red|blue|green)</td><td>查找任何指定的选项</td></tr>
</table>

接下来通过示例演示转义字符与中括号，具体示例代码如下：

```
1   <script>
2       var regExpObj = /^[a-z][0-9][A-Z]$/;
                                    // 表示规则：一共只有三个字符，第一位是小写字母，
                                    // 第二位是数字，第三位（最后一位）是大写字母
3       var str="h5W";
4       regExpObj.test(str);                // true;
5       var str="h5w";
6       regExpObj.test(str);                // false;最后一位小写
```

```
7        var str="h58w";
8        regExpObj.test(str);                    // false;一共有四位
9        var str="$5w";
10       regExpObj.test(str);                    // false;第一位不是小写字母
11   </script>
```

下面示例表示另外一种匹配规则，具体示例代码如下：

```
1  <script>
2       var regExpObj = /^[^0-9][js][0-9] $/;
              // 表示规则：一共有三个字符，第一位是非数字，第二位是字母"j"
              // 和"s"其中之一，第三位（最后一位）是只能是数字
3       var str="$s8";  // true;
4       var str="8a8"; // false; 首位是数字，第二位不是"j"和"s"其中之一
5  </script>
```

元字符的语法及其描述如表 7.7 所示。

表 7.7 元字符的语法及其描述

语 法	描 述
.	查找单个字符，除了换行和行结束符，等价于[^\n]
\w	匹配一个可以组成单词(变量)的字符(包括字符，数字，下画线)，等价于[a-zA-Z0-9_]
\W	查找非单词字符。匹配一个不可以组成单词的字符，等于[^a-zA-Z0-9_]
\d	匹配一个数字字符，/\d/ 等价于 /[0～9]/
\D	匹配一个非数字字符，/\D/ 等价于 /[^0～9]/
\s	匹配一个空白字符，包括\n,\r,\f,\t,\v 等
\S	匹配一个非空白字符，等于/[^\n\f\r\t\v]/
\b	匹配单词边界
\B	匹配非单词边界
\0	查找 NUL 字符
\n	查找换行符
\f	查找换页符
\r	查找回车符
\t	查找制表符
\v	查找垂直制表符
\ddd	查找以八进制数 ddd 规定的字符。 Ru:var reg = /\141/; //（八进制的 141 是十进制的 97；表示的是小写 a）
\xdd	查找以十六进制数 dd 规定的字符
\uxxxx	查找以十六进制数 xxxx 规定的 Unicode 字符

接下来通过示例演示元字符，具体示例代码如下：

```
1   <script>
2        var regExpObj = /^[a-z]\d\w$/;
// 表示规则：一共有三个字符，第一位是小写字母，第二位是数字(\d 等价于[0-9])，
// 第三位（最后一位）是数字或者小写字母或者大写字母或者下画线等价于[_0-9a-zA-Z]
```

```
3        var str="w20";
4        regExpObj.test(str);        // true;
5        var str="w2$";
6        regExpObj.test(str);        // false;最后一位不是数字、字母、下画线
7    </script>
```

下面示例表示匹配处于单词首字母的 a，具体示例代码如下：

```
1    <script>
2        var regExpObj = /\ba/;       // 表示规则：匹配处于单词首字母的 a
3        var str ="what are you 弄啥哩";
4        console.log(regExpObj.test(str));  // true，匹配的是 are 的"a"
                                            // 而不是 what 中的"a"
5    </script>
```

下面示例表示匹配处于单词尾字母的 w，具体示例代码如下：

```
1    <script>
2        var regExpObj = /w\b/;              // 表示规则：匹配处于单词尾字母的 w
3        var str ="what are you 弄啥哩，how are you ";
4        console.log(regExpObj.test(str));
                         // true，匹配的是 how 的"w"。而不是 what 中的"w"
5    </script>
```

表 7.8 列入了限制符的语法及其描述。

表 7.8　限制符的语法及其描述

语　法	描　述
a{n}	匹配包含 n 个 a 的序列的字符串
a{m,n}	匹配包含 m～n 个 a 的序列的字符串
a{n,}	匹配包含至少 n 个 a 的序列的字符串
a+	匹配任何包含至少一个 a 的字符串，等价于 a{1,}
a*	匹配任何包含 0 个或多个 a 的字符串，等价于 a{0,}
a?	匹配任何包含 0 个或一个 a 的字符串，等价于 a{0, 1}
a$	匹配任何结尾为 a 的字符串
^a	匹配任何开头为 a 的字符串
?=a	匹配任何其后紧接指定字符串 a 的字符串，对其后紧跟"well"的"as"进行全局搜索 var str="Bussiness makes a man as well as tries him"; var patt1=/as(?= well)/g; 匹配的是“man”后面的“as”，因为该“as”后面有“well”
?!a	匹配任何其后没有紧接指定字符串 a 的字符串，对其后没有紧跟“well”的“as”进行全局搜索： var str=" Bussiness makes a man as well as tries him "; var patt1=/as(?! well)/gi; 匹配的是“tries”前面的“as”

下面是限制符 a{n}的正则规则，具体示例代码如下：

```
1   <script>
2       var regExpObj = /^go{3}d $/;  // 表示规则：一共只有五个字符，第一位
                                      // 是 g，第二位到第四位是连续的三个 o，
                                      // 第五位（最后一位）d
3   </script>
```

下面是限制符 a{m,n}的正则规则，具体示例代码如下：

```
1   <script>
2       var regExpObj = /^go{3,5}d$/;   // 表示规则：一共只有五到七个字符，
                                        // 第一位是 g，最后一位是 d，中间是 3
                                        // 到 5 个 o
3       var str1 ="goood";              // true
4       var str2 ="gooood";             // true
5       var str3 ="goooood";            // true
6       var str4 ="good";               // false，中间只有两个 o
7       var str5 ="gooooood";           // false，中间有六个 o
8   </script>
```

下面是限制符?=a 的正则规则，具体示例代码如下：

```
1   <script>
2       var str="Bussiness makes a man as well as tries him";
3       var regExpObj =/as(?= well)/g;
4       console.log(regExxxxxxpObj.test(str)); // true，匹配的是"man"
                                               // 后面的"as"，因为该"as"
                                               // 后面有"well"
5   </script>
```

利用正则表达式可以实现很多表单的验证。

（1）账户名

账户名只能使用数字、字母、下画线，且数字不能开头，长度在 6～15。具体示例代码如下：

```
1   <script>
2       var reg = /^\D+\w{5,14}$/;
3   </script>
```

（2）密码

密码是由 6～12 个英文字母（区分大小写）或数字组成。具体示例代码如下：

```
1   <script>
2       var reg = /^([0-9]|[A-Z]|[a-z]){6,12}$/;
3   </script>
```

（3）邮箱

邮箱开始是数字、字母、下画线，@之后是数字、字母、下画线，最后追加.com、

net、cn 或.com.cn。具体示例代码如下：

```
1   <script>
2       var reg = /^\w+@\w+\.(com|net|cn|com\.cn)$/;
3   </script>
```

（4）手机号码

手机号码共 11 位数字，第一位只能是 1，第二位是 34578 其中之一，其余全是数字。具体示例代码如下：

```
1   <script>
2       var reg = /^1[34578][0-9]{9}$/;
3   </script>
```

（5）检查邮政编码

邮政编码共 6 位数字，第一位不能为 0。具体示例代码如下：

```
1   <script>
2       var reg = /^[1-9]\d{5}$/;
3   </script>
```

（6）身份证号码

身份证号码共 18 位，首位是非 0 数字（即 1～9），结尾是数字或者 X，中间全是数字。具体示例代码如下：

```
1   <script>
2       var reg = /^[1-9]\d{16}(\d|X)$/;
3   </script>
```

接下来通过案例演示综合表单验证，具体如例 7-10 所示。

【例 7-10】 综合表单验证。

```
1   <!doctype html>
2   <html>
3   <head>
4   <meta charset="utf-8">
5   <title>正则</title>
6   </head>
7   <body>
8       <p>登录账号：<input type="text" id="userName" /><span id="testUserName">
        </span>会员登录账号，一旦注册成功，不可修改</p>
9       <p>密码：<input type="password" id="pass" /><span id="testPass">
        </span></p>
10      <p>确认密码：<input type="password" id="pass2" /><span id=
        "testPass2"></span>密码由 6-12 个英文字母（区分大小写）或数字组成</p>
11      <p>采购商名称：<input type="text" id="" />店铺公司或机构名称</p>
```

```
12      <p>联系人：<input type="text" id="" /></p>
13      <p>手机：<input type="text" id="phone" /><span id="testPhone">
        </span>用于工作人员和您联系，并接收账号开通短信</p>
14      <p>邮箱：<input type="text" id="mail" /><span id="testMail">
        </span></p>
15  <script>
16      function $(id){
17        return document.getElementById(id);
18      }
19      // 密码
20      function pas(){
21          var rpass=/^([0-9]|[A-Z]|[a-z]){6,12}$/;
22          var pass=$("pass").value;
23          var stu=rpass.test(pass);
24          if(stu==false){
25        $("testPass").innerHTML=" 密码不合法";
26          }else{
27            $("testPass").innerHTML=" 设置成功！";
28          }
29      }
30      window.onload=function(){
31      // 账号验证
32      // 账户名只能使用数字字母下画线，且数字不能开头，长度在 6~15
33      $("userName").onblur=function(){
34          var ruserName=/^\D+\w{5,14}$/;
35          var userName=$("userName").value;
36          if(ruserName.test(userName)){
37            $("testUserName").innerHTML=" 设置成功！";
38          }else{
39            $("testUserName").innerHTML=" 账号不合法！";
40          }
41      }
42      // 密码验证
43      $("pass").onblur=pas;
44      // 确认密码验证
45      $("pass2").onblur=function(){
46          var str=$("pass2").value;
47          var pass=$("pass").value;
48          if(str==pass){
49            $("testPass2").innerHTML=" 设置成功！";
50          }else{
51            $("testPass2").innerHTML=" 与上次不一致！";
52          }
53      }
```

```
54      // 手机号码验证
55      $("phone").onblur=function(){
56            var rphone=/^1+[0-9]{10}$/;
57            var phone=$("phone").value;
58            if(rphone.test(phone)){
59              $("testPhone").innerHTML=" 设置成功！";
60            }else{
61              $("testPhone").innerHTML=" 手机号码不合法！";
62            }
63      }
64      // 邮箱验证
65      $("mail").onblur=function(){
66            var rmail=/^\w+@\w+\.(com|cn|com.cn)$/;
67            var mail=$("mail").value;
68            if(rmail.test(mail)){
69              $("testMail").innerHTML=" 设置成功！";
70            }else{
71              $("testMail").innerHTML=" 邮箱不合法！";
72            }
73       }
74       };
75  </script>
76  </body>
77  </html>
```

在例 7-10 中，先定义 HTML 结构为一组表单信息列表，可以进行账号、密码、邮箱等信息的输入。然后把每个要验证的信息，分别封装成函数。在每个函数中，都通过对应的正则进行验证，从而完成整个表单列表的验证。

下面列举六项其他常见正则规则。

（1）检查文件压缩包

检查文件压缩包 xxx.zip \ xxx.gz \ xxx.rar 等格式的正则规则。具体示例代码如下：

```
1   <script>
2       var reg = /^\w+\.(zip|gz|rar)$/;
3   </script>
```

（2）删除多余空格

删除多余空格正则规则，具体示例代码如下：

```
1   <script>
2       str.replace(/\s+/,'');
3   </script>
```

（3）删除首尾空格

删除首尾空格正则规则，具体示例代码如下：

```
1    <script>
2          str.replace(/^\s+/,'');
3          str.replace(/\s+$/,'');
4    </script>
```

（4）日期

日期如 xxxx-xx-xx \ xxxx/xx/xx　\　xxxx.xx.xx 等格式的正则规则，具体示例代码如下：

```
1    <script>
2          var reg = /^\d{2}|\d{4}[-\/\.]\d{2}[-\/\.]\d{2}$/;
3    </script>
```

（5）只能输入中文

只能输入中文的正则规则，具体示例代码如下：

```
1    <script>
2          str.replace(/[^\u4e00-\u9fa5]/g,'');
3    </script>
```

（6）验证 IP

验证 IP 如 0-255.0-255.0-255.0-255 格式正则规则。具体示例代码如下：

```
1    <script>
2          var reg = /^(2[0-4]\d|25[0-5]|1\d{2}|[1-9]\d|[1-9])(\.2[0-4]\
           d|25[0-5]|1\d{2}|[1-9]\d|\d){3}$/;
3    </script>
```

7.2.5　String 的正则方法

String 对象中有关的正则的方法有 replace()方法、search()方法、match()方法和 split()方法，下面分别介绍这四种方法。

1．replace()方法

replace()方法用于在字符串中用一些字符替换另一些字符，或替换一个与正则表达式匹配的子串。其语法格式如下：

```
字符串对象.replace(正则表达式,新字符串)
```

replace()方法返回一个新的字符串，把与第一个参数（正则表达式）匹配的字符串，用第二个参数（新字符串）替换。具体示例代码如下：

```
1    <script>
2       // 1) 把字符串中的空白字符删除掉；
3       var str="   how are you what are you 弄啥哩    ";
```

```
4       var strNew = str.replace(/\s+/g,"");
5       console.log(strNew);
6       // 2）把字符串中前后两端的空白字符删除掉
7       var str="   how are you what are you 弄啥哩    ";
8       var strNew = str.replace(/^\s+/g,"");
9       strNew = strNew.replace(/\s+$/g,"");
10      console.log(strNew);
11      // 3）把后面有“ well”的“as”替换成“is”
12      var str="Bussiness makes a man as well as tries him";
13      var patt1=/as(?= well)/g;
14      var strNew = str.replace(patt1,"is");
15      console.log(strNew);
16  </script>
```

2．search()方法

search()方法用于检索字符串中指定的子字符串，或用于检索与正则表达式相匹配的子字符串。search()方法不执行全局匹配，它将忽略标志 g 和 regexp 的 lastIndex 属性，并且它总是从字符串的开始进行检索，即总返回字符串对象的第一个匹配的位置。

```
字符串对象. search (正则表达式)
```

search()方法返回字符串对象中第一个与参数（正则表达式）相匹配子字符串的起始位置。如果没有找到任何匹配的子字符串，则返回-1。具体示例代码如下：

```
1   <script>
2       var str="what Are you 弄啥哩 how are you , how old ARE you";
3       console.log(str.search(/are/i));
         // 结果为 5。因为忽略了大小写，所以，what 后面的“Are”就是检索到的字符串
4   </script>
```

3．match()方法

match()方法用于在字符串对象中匹配所有符合参数（正则表达式）的子字符串，并把匹配上的字符串放在一个数组中返回。其语法格式如下：

```
字符串对象. match (正则表达式)
```

match()方法返回存放匹配结果的数组，该数组的内容依赖于参数（正则表达式）是否具有全局标志 g。具体示例代码如下：

```
1   <script>
2       var str="what are you 弄啥哩 how Are you , how old ARE you";
3       // 定义正则对象
4       var reg = /are/ig;
5       var arr = str.match(reg); // 数组 arr 有三个元素，分别为：are,Are,ARE
6   </script>
```

4．split()方法

split()方法用于把一个字符串分隔成字符串数组。其语法格式如下：

```
字符串对象. split (正则表达式，howmany)
```

其中，howmany 为可选参数，该参数可指定返回的数组的最大长度。如果设置了该参数，返回的字符串数组中的元素个数不会超过这个参数指定的数字。如果没有设置该参数，则整个字符串都会被分隔。

split()方法返回一个字符串数组。该字符串数组是由 split()方法按照指定边界参数对原始字符串分隔进行创建的。返回的数组中的字符串不包括正则表达式自身。具体示例代码如下：

```
1   <script>
2       var str="what Are you how are you how old ARE you";
3       var reg = /are/ig;
4       var arr = str.split(reg);
// arr 是数组，四个元素，分别是："what"，"you how"，"you how old"，"you"
5   </script>
```

7.3 实际运用

视频讲解

7.3.1 钟表

钟表展示效果，如图 7.9 所示。

图 7.9 钟表展示效果

钟表上有刻度、时针、分针、秒针，主要利用 CSS3 的旋转来实现，而时间的变化和数值通过 JavaScript 中的时间对象来完成。接下来通过案例演示，具体如例 7-11 所示。

【例 7-11】 钟表。

```
1   <!doctype html>
2   <html>
3   <head>
4   <meta charset="utf-8">
5   <title>实际运用</title>
6   <style>
7       *{ margin:0; padding:0;}
8       li{ list-style:none;}
9       #div1{ width:300px; height:300px; border:5px #000 solid;
        margin:30px  auto; border-radius:50%; position:relative;}
10      #div1 ul{}
11      #div1 ul li{ width:4px; height:6px; background:black;
12  position:absolute; left:148px; top:0; transform-origin:center 150px;}
13      #hour{ width:10px; height:50px; background:black; position:absolute;
        left:145px; top:100px; transform-origin:bottom;}
14      #minu{ width:6px; height:90px; background:black; position:absolute;
        left:147px; top:60px; transform-origin:bottom;}
15      #seco{ width:2px; height:120px; background:black; position:absolute;
        left:149px; top:30px; transform-origin:bottom;}
16     #ball{ width:20px; height:20px; border-radius:50%; position:absolute;
       left:50%; top:50%; margin:-10px; background:blue;}
17  </style>
18  </head>
19  <body>
20      <div id="div1">
21        <ul id="ul1"></ul>
22      <div id="hour"></div>
23      <div id="minu"></div>
24      <div id="seco"></div>
25      <div id="ball"></div>
26   <script>
27      var oUl = document.getElementById('ul1');
28      var oHour = document.getElementById('hour');
29      var oMinu = document.getElementById('minu');
30      var oSeco = document.getElementById('seco');
31      for(var i=0;i<60;i++){               // 添加表针
32          var oLi = document.createElement('li');
33          oLi.style.transform = 'rotate('+ (6*i) +'deg)';
34          if(i%5==0){
35             oLi.style.height = '15px';
36             oLi.style.background = 'blue';
```

```
37                }
38                oUl.appendChild(oLi);
39            }
40            run();
41            setInterval(run,1000);
42            function run(){
43                var oDate = new Date();            // 获取当前时间
44                var iH = oDate.getHours();
45                var iM = oDate.getMinutes();
46                var iS = oDate.getSeconds();
47                // 根据时间进行样式动画
48                oHour.style.transform = 'rotate('+ (iH*30 + iM/2) +'deg)';
49                oMinu.style.transform = 'rotate('+ (iM*6) +'deg)';
50                oSeco.style.transform = 'rotate('+ (iS*6) +'deg)';
51            }
52        </script>
53        </div>
54        </body>
55        </html>
```

例 7-11 中用到的 createElement 操作，这里只需了解它是用来创建 HTML 元素，类似于 innerHTML 功能即可。

7.3.2 金额千分符

金额千分符转换效果，如图 7.10 所示。

图 7.10 金额千分符转换效果

千分符分隔是从后向前每隔三位添加一个分隔逗号。主要利用正则的向前匹配（?=）和反向前匹配（?!）来实现，接下来通过案例演示，具体如例 7-12 所示。

【例 7-12】 金额千分符。

```
1    <!doctype html>
2    <html>
3    <head>
4    <meta charset="utf-8">
5    <title>实际运用</title>
6    </head>
7    <body>
8        <input type="text">
```

```
9        <input type="button" value="转千分符">
10  <script>
11      var aInput = document.getElementsByTagName('input');
12      aInput[1].onclick = function(){
13          var reg = /(?=(?!\b)(\d{3})+$)/g;
14          aInput[0].value = aInput[0].value.replace(reg,',');
15      };
16  </script>
17  </body>
18  </html>
```

在 7-12 例中，首先获取两个 input 元素，分别表示一个输入框和一个按钮。当输入框中输入了一组数字后，通过单击按钮进行千分符的分隔。具体正则为/(?=(?!\b)(\d{3})+$)/g，(\d{3})+$)表示，然后从结束位置进行三位为一组的匹配，(?!\b)表示不能在整个字符串的最开始位置添加分隔符，最后再看(?=这部分，表示匹配的仅仅是位置，并不会在正则中去替换掉数字的部分，这样在 replace 方法操作时，就只会在选择的位置处添加逗号分隔符，从而完成正则匹配千分符的效果。

7.4 本章小结

通过本章的学习，大家能够掌握时间的常见方法和正则的常见方法，并利用这些方法进行实际的开发，例如倒计时、数码时钟、匹配标签、添加千分符等功能。

7.5 习　题

1．填空题

（1）getTime()方法返回距离________的毫秒数。
（2）正则中问号的作用是________。
（3）正则表达式相关方法包括________、________、________、________。
（4）构建正则的两种方式是________、________。
（5）正则表达式的标识符有________、________。

2．选择题

（1）正则中用于表示量词的语法是（　　）。
　　A．[]　　　B．{}　　　C．()　　　D．//
（2）正则的 match 方法会返回（　　）。
　　A．布尔值　　B．位置　　C．数组　　D．字符串

（3）去掉字符串的前后空格需要用到的正则方法是（　　）。

A．replace　　B．match　　C．test　　D．search

（4）正则表达式中的$符号表示（　　）。

A．起始位置　　B．结束位置　　C．转义字符　　D．分组操作

（5）在转义字符串中 \n 表示（　　）。

A．制表符　　B．换页符　　C．回车　　D．换行符

3．思考题

（1）请简述如何实现倒计时效果。

（2）请简述正则表达式中的子项概念。

第 8 章 chapter 8

DOM 详解

本章学习目标

- 掌握 DOM 及 DOM 树的定义；
- 掌握 DOM 节点的获取与操作；
- 掌握 DOM 方式获取元素尺寸及利用 DOM 操作进行实际运用。

前面章节中学习过简单的 DOM 操作，利用 DOM 获取网页中的元素和 innerHTML 修改元素中的内容，以及使用 DOM 获取并设置样式。在本章中将对 DOM 进行详解。

8.1 DOM 节点

视频讲解

本节中将详细地学习 DOM 节点（node），即 DOM 中的最小单位。

8.1.1 DOM 树

文档对象模型（Document Object Model，DOM）是 JavaScript 操作网页的接口。它的作用是将网页转为 JavaScript 对象，从而可以用脚本进行各种操作，如增删内容。

浏览器会根据 DOM 模型，将结构化文档（如 HTML 和 XML）解析成一系列的节点，然后将节点组成一个树状结构（DOM Tree）。所有的节点和最终的树状结构，都有规范的对外接口。因此，DOM 可以理解成网页的编程接口。

在 DOM 结构中，一个网页可以映射成一个节点层次树状图结构，具体示例代码如下：

```
1    <html>
2    <head>
3         <title>文档标题</title>
4    </head>
5    <body>
6         <a href="http:// www.163.com">我的链接</a>
7         <h1>我的标题</h1>
```

```
8    </body>
9    </html>
```

上述示例中的 DOM 树状结构图如图 8.1 所示。

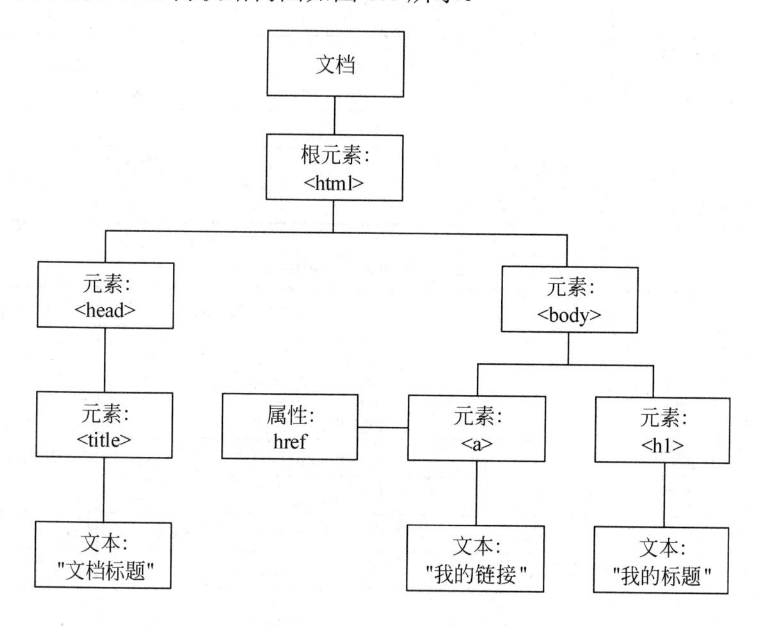

图 8.1　DOM 树状结构图

文档中每个标记都可以通过 DOM 树结构中的一个节点表示，HTML 元素通过元素节点（如：a、h1 元素）表示，元素的属性通过属性节点（如：超级链接的 href 属性）表示，文本内容通过文本节点（如：h1 元素内部文本“我的标题”）表示。

在 DOM 树中，需要先清楚文档节点、父节点、子节点、兄弟节点等概念。文档节点即 DOM 结构的根节点，使用 document 表示，它代表在浏览器窗口中打开的整个文档。在<html>元素中内嵌了<head>与<body>元素，因此，<head>和<body>元素为<html>元素的子节点，<html>元素为<head>和<body>元素的父节点。因为<head>与<body>元素拥有共同的父元素节点，所以它们彼此间互为兄弟节点。

当需要实现页面中各 HTML 节点诸如查询、筛选、添加、修改、替换、删除等操作时，就可以使用 DOM 所提供的 API 来完成。

8.1.2　节点类型

DOM 中的节点除了分成节点关系外，还存在节点类型，不同的节点对应的节点类型可能不一样。在 DOM 中通过 nodeType 属性返回节点类型的常数值。具体返回的数值对应节点类型，如表 8.1 所示。

在 DOM 节点中，除了有 nodeType 节点类型外，还包括 nodeName（节点的名字）、nodeValue（节点的文本值）。其对应值如表 8.2 所示。

表 8.1 nodeType 属性返回值对应节点类型

类　型	nodeType
元素节点 ELEMENT_NODE	1
属性节点 ATTRIBUTE_NODE	2
文本节点 TEXT_NODE	3
注释节点 COMMENT_NODE	8
文档节点 DOCUMENT_NODE	9
声明节点 DOCUMENT_TYPE_NODE	10
碎片节点 DOCUMENT_FRAGMENT_NODE	11

表 8.2 nodeName 和 nodeValue

类　型	nodeName	nodeValue
元素节点 ELEMENT_NODE	大写的 HTML 元素名	null
属性节点 ATTRIBUTE_NODE	等同于 Attr.name	null
文本节点 TEXT_NODE	#text	#text 的文本值
注释节点 COMMENT_NODE	#comment	#comment 的文本值
文档节点 DOCUMENT_NODE	#document	null
声明节点 DOCUMENT_TYPE_NODE	等同于 DocumentType.name	null
碎片节点 DOCUMENT_FRAGMENT_NODE	#document-fragment	null

下面介绍一些常用的节点类型，document 文档属于 DOM 的根节点，即 DOM 的最外层。其节点类型为 9。具体示例代码如下：

```
1   <script>
2       console.log( document.nodeType );                    // 9
3   </script>
```

document 文档下的文档声明，节点类型为 10。具体示例代码如下：

```
1   <script>
2       console.log( document.doctype.nodeType );            // 10
3   </script>
```

标签元素，即元素节点，其节点类型为 1，而标签中的文本内容，即文本节点，其节点类型为 3。具体示例代码如下：

```
1   <body>
2      Hello DOM
3   </body>
4   <script>
5       console.log( document.body.nodeType );               // 1
6       console.log( document.body.childNodes[0].nodeType );  // 3
7   </script>
```

需要注意，childNodes 为获取子节点，在 DOM 中获取文本节点需要利用获取节点的相关方法，接下来将介绍如何获取对应的关系节点，如子节点、父节点等。

8.1.3 子节点

1. childNodes

childNodes 属性返回 NodeList 集合，成员包括当前节点的所有子节点。注意：除 HTML 元素节点外，该属性还可以返回文本节点等，接下来通过案例演示，具体如例 8-1 所示。

【例 8-1】 childNodes 属性的使用。

```
1   <!doctype html>
2   <html>
3   <head>
4   <meta charset="utf-8">
5   <title>DOM 节点</title>
6   </head>
7   <body>
8       <div id="parent"><p>元素</p>文本</div>
9   <script>
10      var parent = document.getElementById('parent');
11      console.log( parent.childNodes.length );        // 2
12      console.log( parent.childNodes[0] );            // <p>元素</p>
13      console.log( parent.childNodes[1] );            // 文本
14  </script>
15  </body>
16  </html>
```

调试结果如图 8.2 所示。

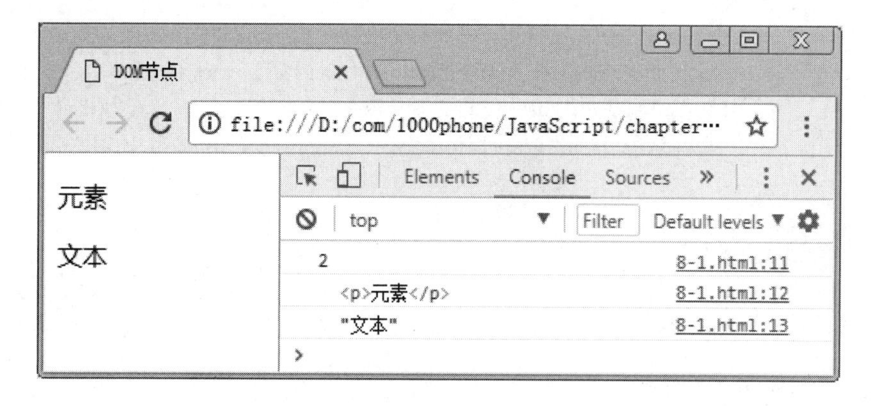

图 8.2 例 8-1 的调试结果

在例 8-1 中，首先定义两个嵌套的标签，外层标签为<div>，内层标签为<p>。通过

getElementById()方法获取 parent，然后分别打印 parent 父元素的子节点个数，打印出个数为 2。两个子节点分别是元素节点<p>标签和文本节点“文本”。

在 HTML 的文档结构中，标签与标签之间的空白区域，也看作是文本节点，具体示例代码如下：

```
1   <body>
2        <ul id="list">
3           <li></li>
4         <li></li>
5         <li></li>
6        </ul>
7   <script>
8        var list = document.getElementById('list');
9        console.log( list.childNodes.length );       // 7
10  </script>
11  </body>
```

上例中，可以发现整个子节点的长度为 7，其中包括三个元素节点和四个空白节点，即文本节点。因此不能以枚举的方式对所有子节点进行样式操作，里面包含文本节点，如果想要通过子节点方式操作标签样式，则需要通过节点类型进行节点判断。接下来通过案例演示，具体如例 8-2 所示。

【例 8-2】 通过子节点方式操作标签样式。

```
1   <body>
2        <ul id="list">
3           <li></li>
4         <li></li>
5         <li></li>
6        </ul>
7   <script>
8        var list = document.getElementById('list');
9        for(var i=0;i<list.childNodes.length;i++){
10           if( list.childNodes[i].nodeType == 1 ){   // 筛选出元素节点
11              list.childNodes[i].style.background = 'red';
12           }
13       }
14  </script>
15  </body>
16  </html>
```

运行结果如图 8.3 所示。

在例 8-2 中，定义一个列表，通过父容器#list 获取所有的子节点，即 list.childNodes，并对其进行循环操作，通过 if 条件中的 nodeType 属性判断出所有的元素节点，并设置红色背景。

图 8.3 例 8-2 的运行结果

2. children

children 属性同样返回一个 NodeList 集合，但子节点只会返回元素节点，过滤掉文本节点。通过 children 改写上边的案例，节点的长度会变成 3。具体示例代码如下：

```
1   <body>
2       <ul id="list">
3           <li></li>
4         <li></li>
5         <li></li>
6       </ul>
7   </body>
8   <script>
9       var list = document.getElementById('list');
10      console.log( list.children.length );                    // 3
11      for(var i=0;i<list.children.length;i++){
12          list.children[i].style.background = 'red';
13      }
14  </script>
```

children 方法不需要添加判断，就可以为所有的子节点添加标签样式。

3. firstChild

firstChild 属性返回当前节点的第一个子节点，如果当前节点没有子节点，则返回 null。注意，firstChild 返回值可能是 HTML 元素子节点，也可能是文本节点。具体示例代码如下：

```
1   <body>
2       <ul id="list">
3           <li></li>
4         <li></li>
5         <li></li>
6       </ul>
```

```
7   </body>
8   <script>
9        var list = document.getElementById('list');
10       console.log( list.firstChild );    // 文本节点 #text
11  </script>
```

4．firstElementChild

与 children 属性类似，firstElementChild 属性会返回节点的第一个子节点，只包含元素节点，而不会获取文本节点等其他节点类型。具体示例代码如下：

```
1   <body>
2        <ul id="list">
3            <li></li>
4          <li></li>
5          <li></li>
6        </ul>
7   </body>
8   <script>
9        var list = document.getElementById('list');
10       console.log( list.firstElementChild );    // 元素节点 <li></li>
11  </script>
```

5．lastChild

lastChild 属性返回当前节点的最后一个子节点，如果当前节点没有子节点，则返回 null。它与 firstChild 类似，也可能获取文本节点。

6．lastElementChild

lastElementChild 属性会返回节点的最后一个子节点，只包含元素节点，不会获取文本节点等其他节点类型。

8.1.4 父节点

1．parentNode

parentNode 属性用来获取指定节点的父节点，一般情况下指定节点的父节点都是元素节点。具体示例代码如下：

```
1   <body>
2        <div id="parent">
3            <span id="child"></span>
4        </div>
```

```
5   </body>
6   <script>
7       var child = document.getElementById('child');
8       console.log( child.parentNode );   // <div id="parent"></div>
9   </script>
```

2．offsetParent

offsetParent 属性用来获取拥有定位的祖先节点，如果多个祖先节点拥有定位，则会返回离指定元素最近的祖先节点。具体示例代码如下：

```
1   <body>
2       <div id="grandpa" style="position:absolute;">
3         <div id="parent">
4             <span id="child"></span>
5           </div>
6       </div>
7   </body>
8   <script>
9       var child = document.getElementById('child');
10      console.log( child.offsetParent ); // <div id="grandpa"></div>
11  </script>
```

3．closest

closest 属性用于获取满足筛选条件的最近的祖先节点。具体示例代码如下：

```
1   <body>
2       <div id="grandpa" class="box">
3           <div id="parent">
4               <span id="child"></span>
5           </div>
6       </div>
7   </body>
8   <script>
9       var child = document.getElementById('child');
10      console.log(child.closest('.box')); // <div id="grandpa"></div>
11  </script>
```

利用 closest 可以处理复杂 DOM 结构的查询操作。例如：找到离当前按钮最近的<li>标签，接下来通过案例演示，具体如例 8-3 所示。

【例 8-3】 利用 closest 处理复杂 DOM 结构的查询操作。

```
1   <!doctype html>
2   <html>
```

```
3   <head>
4   <meta charset="utf-8">
5   <title>DOM 节点</title>
6   </head>
7   <body>
8       <ul id="list">
9          <li>
10        <input type="button" value="单击">
11        </li>
12        <li>
13        <div>
14              <input type="button" value="单击">
15           </div>
16        </li>
17        <li>
18        <form>
19             <label>
20                <input type="button" value="单击">
21             </label>
22           </form>
23        </li>
24      </ul>
25  <script>
26     var btn = document.getElementsByTagName('input');
27     for(var i=0;i<btn.length;i++){
28         btn[i].onclick = function(){
29           // 找到离按钮最近的列表标签
30           this.closest('li').style.border = '1px red solid';
31         };
32     }
33  </script>
34  </body>
35  </html>
```

运行结果如图 8.4 所示。

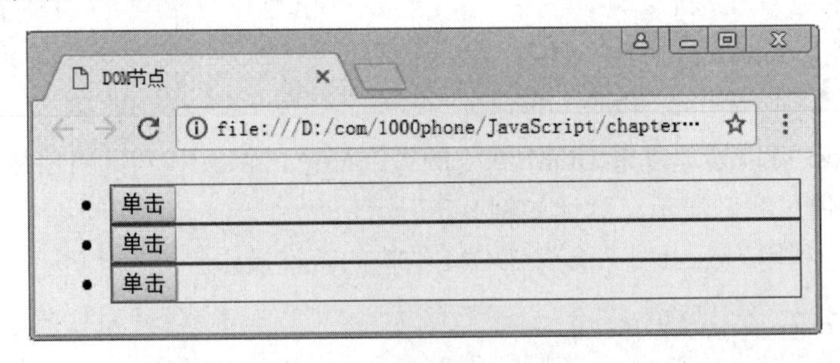

图 8.4　例 8-3 的运行结果

在例 8-3 中，布局中的单击按钮和 li 列表的结构并不是统一的，当单击按钮时，希望找到对应的 li 列表进行样式添加。可以利用 closest()方法来获取距离按钮最近的 li 元素，并设置样式。

8.1.5 兄弟节点

1．nextSibling

nextSibling 属性返回当前节点后面的第一个同级节点，即下一个兄弟节点。如果当前节点后面没有同级节点，则返回 null。注意，该属性还包括文本节点。

2．nextElementSibling

nextElementSibling 属性返回当前节点后面的第一个元素节点。接下来通过案例演示，具体如例 8-4 所示。

【例 8-4】 nextElementSibling 属性的使用。

```
1   <!doctype html>
2   <html>
3   <head>
4   <meta charset="utf-8">
5   <title>DOM 节点</title>
6   </head>
7   <body>
8        <ul id="list">
9           <li></li>
10        <li></li>
11        <li></li>
12        <li></li>
13       </ul>
14  <script>
15       var li = document.getElementsByTagName('li');
16       li[0].nextElementSibling.style.background = 'red';// 下一个兄弟
17  </script>
18  </body>
19  </html>
```

运行结果如图 8.5 所示。

在 8-4 案例中，先定义了一个列表结构，通过第一个 li 元素的 nextElementSibling 属性找到下一个兄弟节点，即第二个 li 元素。然后对其设置背景色，如图 8.5 所示。

3．previousSibling

previousSibling 属性返回当前节点前面的第一个同级节点，即上一个兄弟节点。如果当前节点前面没有同级节点，则返回 null。注意，该属性包括文本节点。

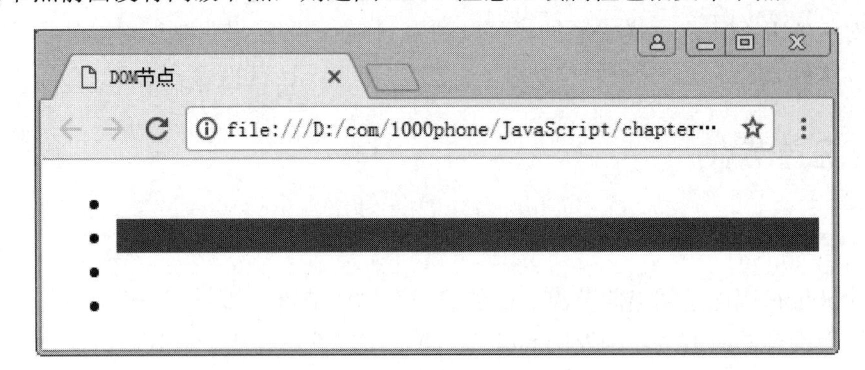

图 8.5　例 8-4 的运行结果

4．previousElementSibling

previousElementSibling 属性会返回当前节点前面的第一个元素节点。接下来通过案例演示，具体如例 8-5 所示。

【例 8-5】 previousElementSibling 属性的使用。

```
1   <!doctype html>
2   <html>
3   <head>
4   <meta charset="utf-8">
5   <title>DOM 节点</title>
6   </head>
7   <body>
8        <ul id="list">
9            <li></li>
10         <li></li>
11         <li></li>
12         <li></li>
13       </ul>
14  <script>
15       var li = document.getElementsByTagName('li');
16       li[3].previousElementSibling.style.background = 'red';
                                                        // 上一个兄弟
17  </script>
18  </body>
19  </html>
```

运行结果如图 8.6 所示。

与例 8-4 类似，但是通过最后一个 li 元素的 previousElementSibling 属性获取它的上一个兄弟节点，即倒数第二个 li 元素，并设置红色背景。

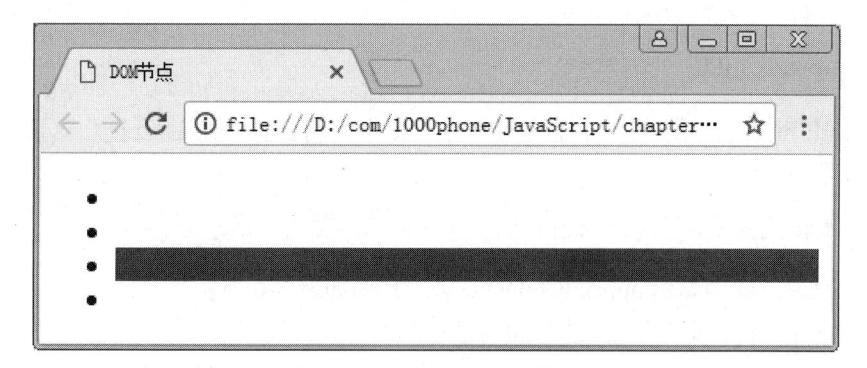

图 8.6 例 8-5 的运行结果

8.2 DOM 操作

视频讲解

除获取节点外，还可以对节点进行操作，如创建、添加、删除、替换、克隆等。本节将详细讲解节点的操作。

8.2.1 创建节点

除利用 innerHTML 方式向页面中添加新的 HTML 标签外，在 JavaScript 中应用次数更多的是通过 DOM 的方式进行创建。其语法格式如下：

```
document.createElement(标签名)
```

接下来通过示例演示创建节点，具体示例代码如下：

```
1    <body>
2        <ul id="list">
3            <li>已有的列表项</li>
4        </ul>
5    </body>
6    <script>
7        var list = document.getElementById('list');
8        var li = document.createElement('li');          // 创建新标签
9    </script>
```

示例中创建了一个新的<li>标签，但只是创建标签，并没有把创建好的标签添加到页面中，因此还需要调用添加标签的方法。

8.2.2 添加、删除节点

在 DOM 中提供了两种添加节点的方法和一种删除节点的方法，具体如下所述。

1．appendChild()

appendChild()方法接收一个节点对象作为参数，将其作为最后一个子节点，插入当前节点。其语法格式如下：

```
当前节点.appendChild(插入的节点);
```

接下来通过案例演示 appendChild()方法，具体如例 8-6 所示。

【例 8-6】 appendChild()方法的使用。

```
1   <!doctype html>
2   <html>
3   <head>
4   <meta charset="utf-8">
5   <title>DOM 操作</title>
6   </head>
7   <body>
8        <ul id="list">
9            <li>已有的列表项</li>
10       </ul>
11  <script>
12       var list = document.getElementById('list');
13       var li = document.createElement('li');
14       li.innerHTML = '新添加的列表项';
15       list.appendChild(li);                       // 添加新标签到页面
16  </script>
17  </body>
18  </html>
```

运行结果如图 8.7 所示。

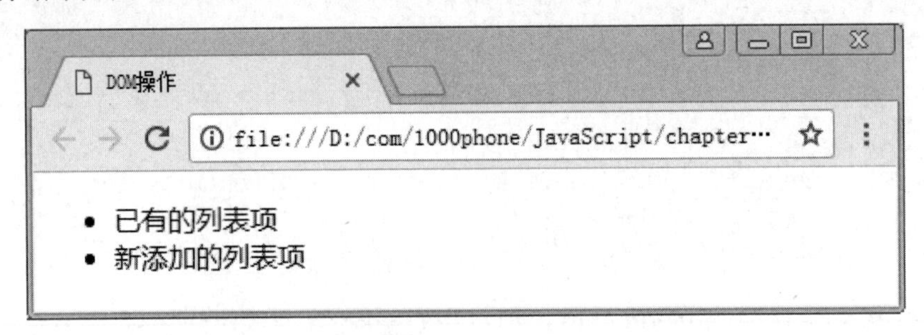

图 8.7　例 8-6 的运行结果

由图 8.7 可以看到，创建的<li>标签会添加到整个列表内部的最后位置。

2．insertBefore()

insertBefore()方法用于将某个节点插入当前节点的指定位置。它可以接收两个参数，第一个参数是所要插入的节点，第二个参数是当前节点的一个子节点，新的节点将插在这个节点的前面。该方法返回将被插入的新节点。其语法格式如下：

```
当前节点.insertBefore(插入的节点, 子节点);
```

接下来通过案例演示 insertBefore()方法，具体如例 8-7 所示。

【例 8-7】 insertBefore()方法的使用。

```
1   <!doctype html>
2   <html>
3   <head>
4   <meta charset="utf-8">
5   <title>DOM 操作</title>
6   </head>
7   <body>
8       <ul id="list">
9           <li>已有的列表项</li>
10      </ul>
11  <script>
12      var list = document.getElementById('list');
13      var aLi = list.getElementsByTagName('li');
14      var li = document.createElement('li');
15      li.innerHTML = '新添加的列表项';
16      list.insertBefore(li,aLi[0]);        // 添加新标签到 aLi[0]之前
17  </script>
18  </body>
19  </html>
```

运行结果如图 8.8 所示。

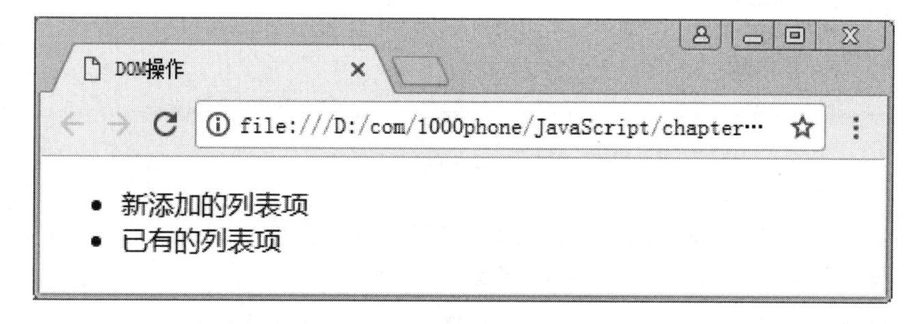

图 8.8　例 8-7 的运行结果

由图 8.8 可以看出，利用 insertBefore()方法可以将创建的<li>标签添加到整个列表内容的最开始位置或其他任意位置。

添加节点不仅可以针对创建的节点，还可以针对页面中原有节点。注意，此时的操作为剪切操作，会将节点的原有位置移动到新的位置。接下来通过案例演示，具体如例 8-8 所示。

【例 8-8】 针对页面中的原有节点进行添加节点操作。

```
1   <!doctype html>
2   <html>
3   <head>
4   <meta charset="utf-8">
5   <title>DOM 操作</title>
6   </head>
7   <body>
8        <ul id="list">
9            <li>列表项_1</li>
10         <li>列表项_2</li>
11         <li>列表项_3</li>
12       </ul>
13  <script>
14       var list = document.getElementById('list');
15       var aLi = list.getElementsByTagName('li');
16       list.appendChild(aLi[0]);                  // 剪切页面已有标签
17  </script>
18  </body>
19  </html>
```

运行结果如图 8.9 所示。

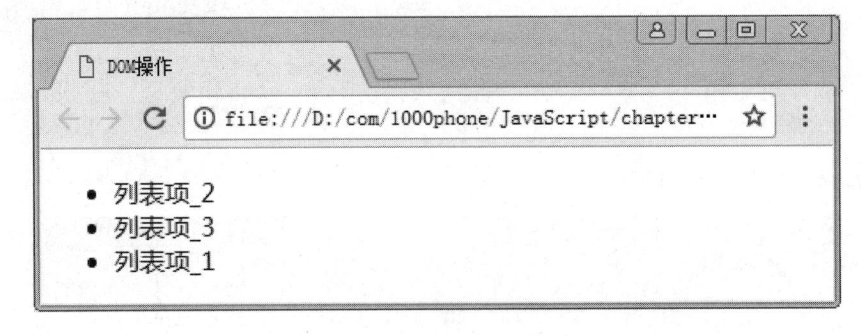

图 8.9　例 8-8 的运行结果

在例 8-8 中，通过对原有节点进行 appendChild()方法的操作，是对其进行剪切操作，将第一项列表的内容，剪切到整个列表的最后。

innerHTML 与 appendChild 的区别主要体现在添加事件操作的处理上。当先前添加事件的元素修改其同级的 innerHTML 内容后，元素的相关事件会失效。具体如例 8-9 所示。

【例 8-9】 innerHTML 与 appendChild 的区别。

```
1   <!doctype html>
2   <html>
3   <head>
```

```
4   <meta charset="utf-8">
5   <title>DOM 操作</title>
6   </head>
7   <body>
8       <div id="div1">
9           <span id="span1">span1</span>
10      </div>
11  <script>
12      var div1 = document.getElementById('div1');
13      var span1 = document.getElementById('span1');
14      span1.onclick = function(){
15          this.style.background = 'red';
16      };
17      div1.innerHTML += '<span>span2</span>';
18  </script>
19  </body>
20  </html>
```

运行结果如图 8.10 所示。

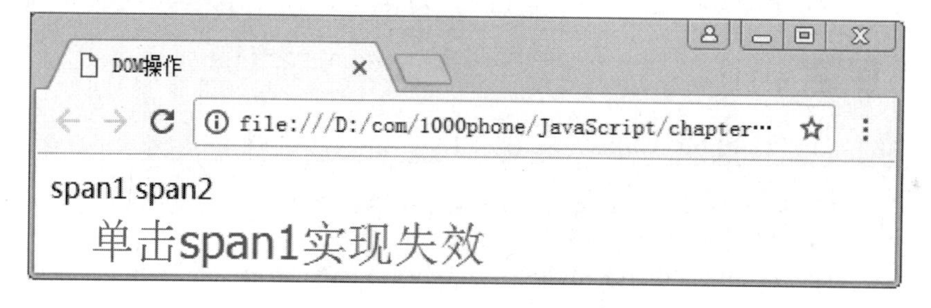

图 8.10 例 8-9 的运行结果

在例 8-9 中，对 span1 元素添加单击事件，然后对其父元素进行 innerHTML 的内容追加，此时 span2 添加到页面中，但是当单击 span1 时，其事件失效，即 innerHTML 在添加节点时可能遇到的一个问题。

如果使用 appendChild()方法修改同级的结构，则事件会被保留下来。具体如例 8-10 所示。

【例 8-10】 使用 appendChild()方法修改同级的结构。

```
1   <!doctype html>
2   <html>
3   <head>
4   <meta charset="utf-8">
5   <title>DOM 操作</title>
6   </head>
7   <body>
8       <div id="div1">
```

```
9            <span id="span1">span1</span>
10       </div>
11   <script>
12       var div1 = document.getElementById('div1');
13       var span1 = document.getElementById('span1');
14       span1.onclick = function(){
15           this.style.background = 'red';
16       };
17       var newSpan = document.createElement('span');
18       newSpan.innerHTML = 'span2';
19       div1.appendChild(newSpan);
20   </script>
21   </body>
22   </html>
```

运行结果如图 8.11 所示。

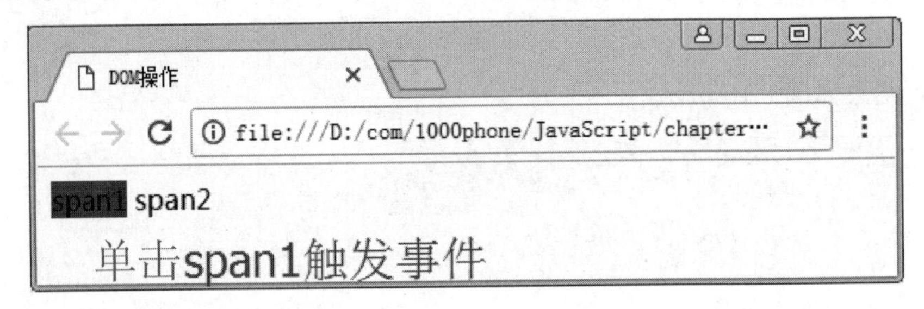

图 8.11　例 8-10 的运行结果

当把 innerHTML 操作的方法更改为 appendChild()的方法，再单击 span1 元素时，会触发事件，即 innerHTML 和 appendChild()在用法上的差异，因此，对于节点的操作，建议多使用节点相关的方法，如 appendChild()、insertBefore()等。

3．removeChild()

removeChild()方法用于删除指定的节点。其语法格式如下：

```
当前节点.removeChild(删除的子节点);
```

接下来通过案例演示 removeChild()方法，具体如例 8-11 所示。

【例 8-11】 removeChild()方法的使用。

```
1   <!doctype html>
2   <html>
3   <head>
4   <meta charset="utf-8">
5   <title>DOM 操作</title>
6   </head>
7   <body>
```

```
8         <div id="div1">
9             <span id="span1">span1</span>
10        </div>
11    <script>
12        var div1 = document.getElementById('div1');
13        var span1 = document.getElementById('span1');
14        div1.removeChild(span1);                    // 删除标签
15    </script>
16    </body>
17    </html>
```

调试结果如图 8.12 所示。

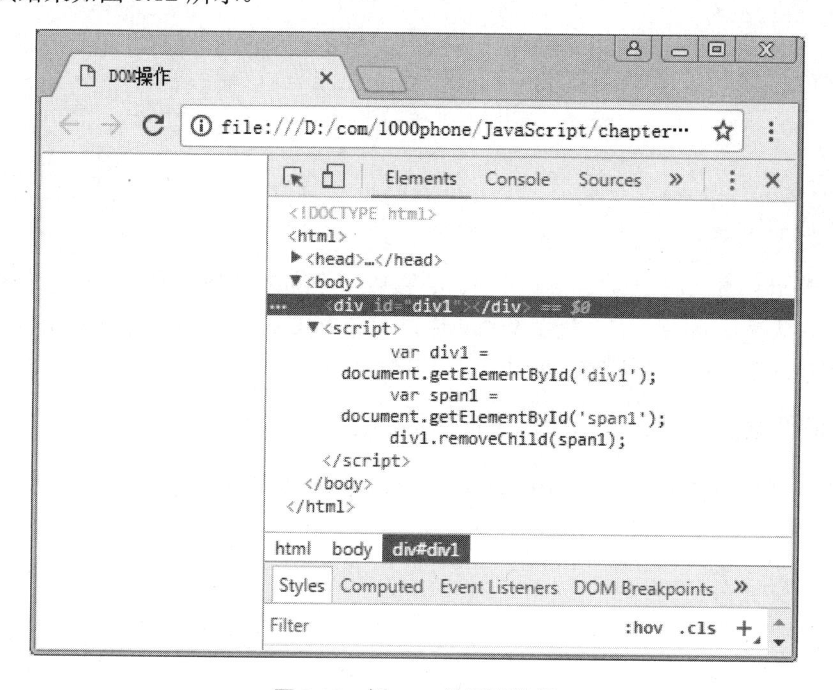

图 8.12　例 8-11 的调试结果

removeChild()方法操作元素前，一定是要删除元素的父元素，因此，为安全起见，一般用下面的方法删除节点。具体示例代码如下：

```
1    <script>
2        span1.parentNode.removeChild(span1);
3    </script>
```

效果与图 8.12 类似，这里不再演示。

8.2.3　替换、克隆节点

replaceChild()方法用于将一个新的节点，替换当前节点的某一个子节点。它接收两个参数，第一个参数为用来替换的新节点，第二个参数为将要被替换的子节点。返回值为被替换的节点。其语法格式如下：

```
当前节点.replaceChild(替换的节点,被替换的子节点);
```

下面通过示例演示 replaceChild()方法，具体示例代码如下：

```
1   <body>
2        <div id="div1">
3            <span id="span1">span1</span>
4        </div>
5   </body>
6   <script>
7        var div1 = document.getElementById('div1');
8        var span1 = document.getElementById('span1');
9        var h1 = document.createElement('h1');
10       h1.innerHTML = 'h1';
11       div1.replaceChild(h1,span1);              // 替换标签
12  </script>
```

cloneNode()方法用于克隆一个节点。它接收一个布尔值作为参数，表示是否同时克隆子节点，默认是 false，不克隆子节点。通过 cloneNode()方法可以完成对节点的复制操作，而默认的节点操作都是剪切行为。其语法格式如下：

```
要克隆的节点.cloneNode(布尔值);
```

接下来通过案例演示 cloneNode()方法，具体如例 8-12 所示。

【例 8-12】 cloneNode()方法的使用。

```
1   <!doctype html>
2   <html>
3   <head>
4   <meta charset="utf-8">
5   <title>DOM 操作</title>
6   </head>
7   <body>
8        <div id="div1">
9            <span id="span1">span1</span>
10       </div>
11  <script>
12       var div1 = document.getElementById('div1');
13       var span1 = document.getElementById('span1');
14       var cloneSpan = span1.cloneNode(true);              // 克隆标签
15       div1.appendChild(cloneSpan);
16  </script>
17  </body>
```

```
18  </html>
```

运行结果如图 8.13 所示。

图 8.13　例 8-12 的运行结果

在例 8-12 中，首先定义一个嵌套的结构，然后通过 cloneNode()方法对 span1 元素进行克隆，将参数设置成 true，表示子节点也一并进行克隆。再利用 appendChild()方法将其添加到 div1 的最后，形成图 8.13 的效果。

8.3　元素尺寸

视频讲解

通过 DOM 的方式可以获取元素的一些尺寸值，如元素距离、滚动距离、元素大小等。

8.3.1　元素距离

在 JavaScript 中可以利用 offsetLeft 和 offsetTop 两个属性获取元素到页面之间的距离。offsetLeft 属性指 HTML 元素的边框到 offsetParent 对象左边框的距离，offsetTop 属性则表示当前元素到有定位的祖先节点的上距离。如果当祖先节点都没有定位时，则 offsetLeft 和 offsetTop 会分别获取到 body 元素的左距离和上距离。接下来通过案例演示，具体如例 8-13 所示。

【例 8-13】 元素距离。

```
1   <!doctype html>
2   <html>
3   <head>
4   <meta charset="utf-8">
5   <title>元素尺寸</title>
6   <style>
7       *{ margin : 0; padding : 0; }
8       #div1,#div3{ width : 200px; height : 100px;
9          background : red; margin : 20px; }
10      #div2,#div4{ width : 100px; height : 100px;
```

```
11            background : yellow; margin-left : 50px; }
12        #div1{ position : relative; }
13    </style>
14    </head>
15    <body>
16        <div id="div1">
17            <div id="div2">div2</div>
18        </div>
19        <div id="div3">
20            <div id="div4">div4</div>
21        </div>
22    <script>
23        var div2 = document.getElementById('div2');
24        var div4 = document.getElementById('div4');
25        console.log( div2.offsetLeft );          // 50
26        console.log( div4.offsetLeft );          // 70
27    </script>
28    </body>
29    </html>
```

运行结果如图 8.14 所示。

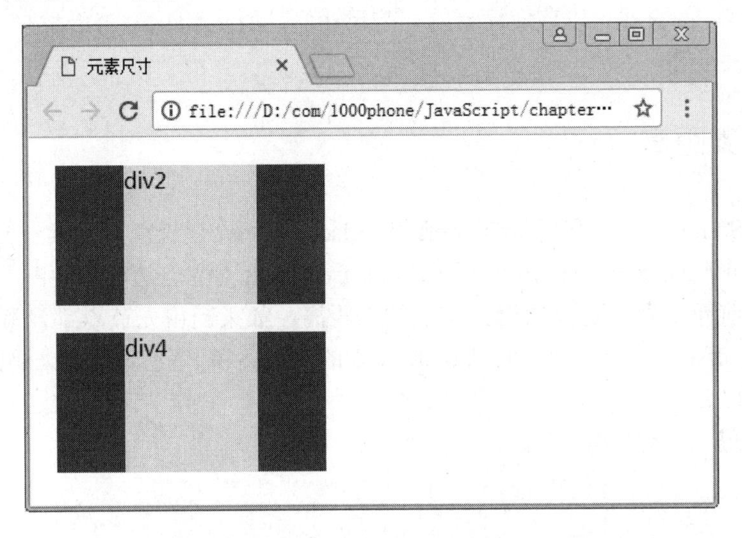

图 8.14　offsetLeft 值展示效果

可以利用 offsetLeft 和 offsetTop 两个属性，配合 offsetParent 属性获取一个元素到整个页面的左距离和上距离，无论其祖先节点是否有定位属性。具体示例代码如下：

```
1    <script>
2        var div2 = document.getElementById('div2');
3        var div4 = document.getElementById('div4');
4        console.log( posLeft(div2) );          // 70
```

```
5        console.log( posLeft(div4) );             // 70
6        function posLeft(elem){
7            var result = 0;
8            while(elem){
9              result += elem.offsetLeft;
10             elem = elem.offsetParent;
11           }
12           return result;
13       }
14   </script>
```

通过查找所有祖先节点的左距离，把值累加到一起，得到距页面的距离。无论祖先节点是否有定位，都会获取到整个页面的距离。因此，返回的结果都是 70。

8.3.2 滚动距离

滚动距离指的是滚动条滚动出去的内容大小。在 JavaScript 中利用 scrollLeft 和 scrollTop 两个属性获取滚动条滚动的距离，分别表示滚动条的 x 轴的值和 y 轴的值。利用 DOM 的方式可以获取滚动距离的值，但需要做兼容处理，具体示例代码如下：

```
1   <script>
2        document.documentElement.scrollTop
3        document.body.scrollTop
4   </script>
```

除了可以获取滚动距离外，还可以进行设置，具体示例代码如下：

```
1   <script>
2        document.documentElement.scrollTop = 300;
3        document.body.scrollTop = 300;
4   </script>
```

除 DOM 方式外，在 JavaScript 中也可以利用 BOM 的方式获取滚动距离的值，也是 W3C 推荐的标准，在第 9 章中将详细地介绍 JavaScript 中的 BOM 操作。具体示例代码如下：

```
1   <script>
2        window.pageXOffset                // 滚动条的 x 轴的值
3        window.pageYOffset                // 滚动条的 y 轴的值
4   </script>
```

8.3.3 元素大小

元素的大小也是在网页中经常操作的数值，在 JavaScript 中用 offsetWidth 和 offsetHeight 获取元素的大小。offsetWidth 表示元素内容的宽加内边距的宽加边框的宽。

具体示例代码如下：

```
1   <style>
2       #div1{ width : 100px; height : 100px; padding : 20px;
3          border : 1px red solid; }
4   </style>
5   <body>
6       <div id="div1"></div>
7   </body>
8   <script>
9       var div1 = document.getElementById('div1');
10      console.log( div1.offsetWidth );                // 142
11  </script>
```

除有 offsetWidth 和 offsetHeight 外，在 JavaScript 中还提供了 clientWidth 和 clientHeight 两个获取元素大小的属性，它们与 offset 方式的区别在于只会获取内容大小加内边距大小，而不会获取边框的大小。具体示例代码如下：

```
1   <script>
2       var div1 = document.getElementById('div1');
3       console.log( div1.clientWidth );                // 140
4   </script>
```

利用这些元素大小的属性值，可以间接地获取浏览器的尺寸大小，具体示例代码如下：

```
1   <script>
2       document.documentElement.clientWidth;          // 浏览器的宽
3       document.documentElement.clientHeight;         // 浏览器的高
4   </script>
```

除 DOM 的方式外，在 JavaScript 中也可以利用 BOM 的方式获取浏览器可视区的大小，也是 W3C 推荐的标准。具体示例代码如下：

```
1   <script>
2       window.innerWidth;                        // BOM 方式的浏览器的宽
3       window.innerHeight;                       // BOM 方式的浏览器的高
4   </script>
```

8.4 实际运用

视频讲解

8.4.1 留言板

留言板展示效果，如图 8.15 所示。

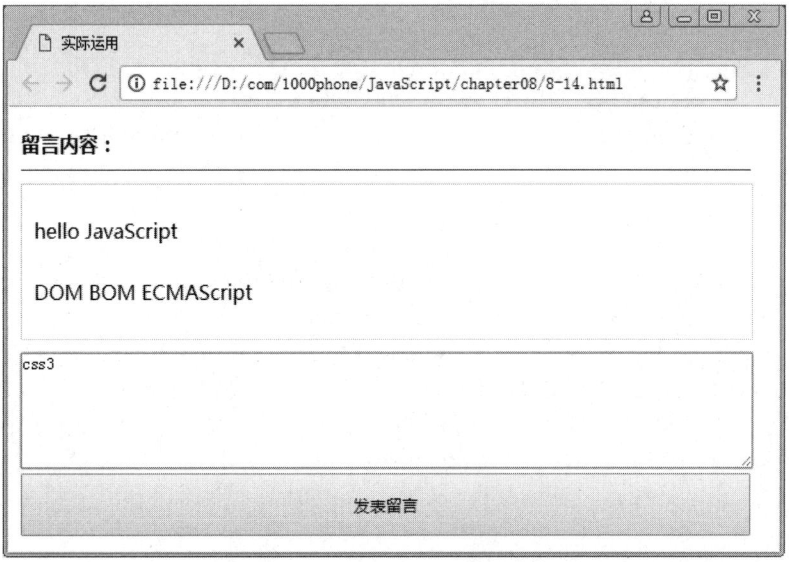

图 8.15 留言板展示效果

当单击“发表留言”按钮时，可以把多行文本框的内容添加到留言内容区域中，并按照最新添加的内容进行排序。接下来通过案例演示，具体示例如例 8-14 所示。

【例 8-14】 留言板。

```
1   <!doctype html>
2   <html>
3   <head>
4   <meta charset="utf-8">
5   <title>实际运用</title>
6   <style>
7       *{ padding : 0; margin : 0; }
8       li{ list-style : none; }
9       #parent{ width : 600px; margin : 10px; }
10      h4{ line-height : 40px; margin-bottom : 10px;
11           border-bottom : 1px solid #333; }
12      p{ width : 100%; margin-bottom : 25px; line-height : 24px; }
13      #box{ width : 580px; padding : 25px 10px 0;
14           Border : 1px solid #ddd; margin-bottom : 10px;
15           max-height : 450px; overflow-y : auto; word-break : break-all; }
16      #text{ width : 100%; height : 90px; overflow : auto; }
17      #btn{ width : 100%; height : 50px; }
18  </style>
19  </head>
20  <body>
21      <div id="parent">
22          <h4>留言内容：</h4>
```

```
23          <div id="box">
24          </div>
25          <textarea id="text"></textarea><br>
26          <input id="btn" type="button" value="发表留言">
27      </div>
28  <script>
29      var box = document.getElementById('box');
30      var boxItem = box.getElementsByTagName('p');
31      var text = document.getElementById('text');
32      var btn = document.getElementById('btn');
33      btn.onclick = function(){               // 单击创建标签，并填入页面
34          var p = document.createElement('p');
35          p.innerHTML = text.value;
36          box.insertBefore(p,boxItem[0]);
37      };
38  </script>
39  </body>
40  </html>
```

在例 8-14 中，布局为一个留言板的结构，有输入框、提交按钮和显示框等元素。在单击“发表留言”按钮时，创建一个<p>标签，并对其 innerHTML 设置输入框的 value 值。然后把创建好的<p>标签填入页面中，从而展示成一个留言的效果。

8.4.2 返回顶部

下面需要实现返回顶部展示效果，如图 8.16 所示。

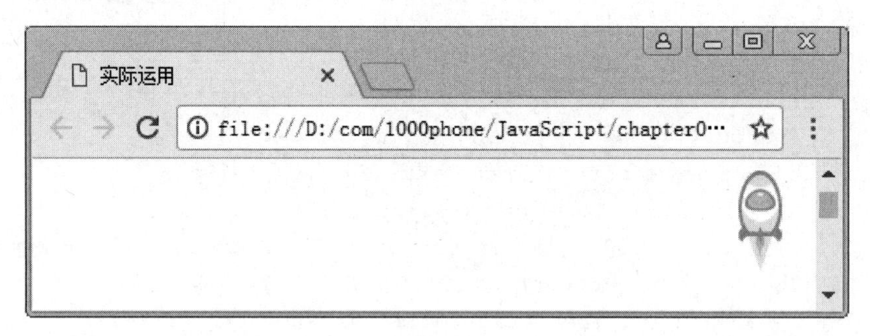

图 8.16 返回顶部展示效果

当初始滚动距离为 0 时，隐藏返回顶部按钮；当距离大于 20px 时，显示返回顶部按钮。单击可返回初始状态，滚动条距离变成 0。接下来通过案例演示，具体如例 8-15 所示。

【例 8-15】 返回顶部。

```
1   <!doctype html>
```

```
2   <html>
3   <head>
4   <meta charset="utf-8">
5   <title>实际运用</title>
6   <style>
7      #topBtn{ width : 29px; height : 65px; background : url(top.gif);
8           position : fixed; bottom : 20px; right : 20px;
9           cursor : pointer; display : none; }
10  </style>
11  </head>
12  <body  style="height:2000px">
13       <div id="topBtn"></div>
14  <script>
15     var topBtn = document.getElementById('topBtn');
16     window.onscroll = function(){
17          if( getScroll() > 20 ){      // 滚动距离大于20px,显示"返回"按钮
18            topBtn.style.display = 'block';
19          }
20          else{                        // 滚动距离小于20px,隐藏"返回"按钮
21            topBtn.style.display = 'none';
22          }
23     };
24     topBtn.onclick = function(){
25          setScroll(0);                // 设置滚动距离为0，即返回顶部
26     };
27     function getScroll(){
28          return window.pageYOffset || document.documentElement.
            scrollTop || document.body.scrollTop;
29     }
30     function setScroll(num){
31          document.documentElement.scrollTop=document.body.
            scrollTop=num;
32     }
33  </script>
34  </body>
35  </html>
```

在例 8-15 中，首先在 HTML 结构中添加一个返回顶部的按钮，即#topBtn 元素。window.onscroll 事件可用于监听滚动条的变化。当滚动条大于 20px 时，显示按钮，否则隐藏按钮。当单击按钮时，触发 setScroll 函数，并设置滚动距离为 0，页面就会自动跳转到顶部。

8.4.3 模态框

下面需要实现模态框展示效果，如图 8.17 所示。

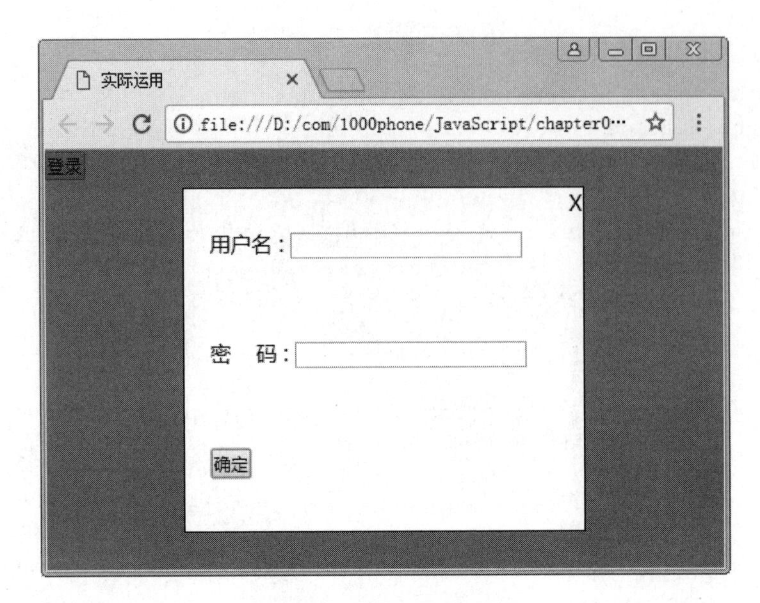

图 8.17　模态框展示效果

当单击按钮时，弹出登录的窗口，包括遮罩层。当单击关闭按钮时，弹出窗口和遮罩层一并消失，再次单击时，再重新创建。弹出窗口的位置始终保持在页面的中心显示。接下来通过案例演示，具体如例 8-16 所示。

【例 8-16】 模态框。

```
1   <!doctype html>
2   <html>
3   <head>
4   <meta charset="utf-8">
5   <title>实际运用</title>
6   <style>
7       *{ margin : 0; padding : 0; }
8       html{ overflow-x : hidden; }
9       #login{ width : 300px; height : 250px; border : 1px #000 solid;
10          background : white; position : absolute;
11            Left : 0; top : 0; z-index : 10; }
12      #login p{ line-height : 40px; padding : 20px; }
13      #close{ position : absolute; right : 0; top : 0; }
14      #mark{ width : 500px; height : 500px; background : black;
15            Position : absolute; left : 0; top : 0; z-index : 9;
16          Opacity : 0.5; filter : alpha(opacity=50); }
17      #submit{ width : 100%; height : 30px; background : #3f89ec;
18            line-height : 30px; text-align : center;
19            border : none; color : white; }
20  </style>
```

```
21  </head>
22  <body>
23      <input type="button" value="登录" id="btn">
24  <script>
25     var btn = document.getElementById('btn');
26     var oLogin = null;
27     var oMark = null;
28     btn.onclick = function(){
29          if(oLogin){return;}
30       oLogin = document.createElement('div');    // 创建登录框
31       oLogin.id = 'login';
32       oLogin.innerHTML =
33       '<p><label>用户名 : </label><input type="text"></p>' +
34     '<p><label>密    码 : </label><input
       type="password"></p>' +
35     '<p><input type="button" value="确定"></p>' +
36     '<div id="close">X</div>';
37     document.body.appendChild(oLogin);
38      oLogin.style.left = (viewWidth() - oLogin.offsetWidth)/2 + 'px';
39      oLogin.style.top = (viewHeight() - oLogin.offsetHeight)/2 +
        getScrollY() + 'px';
40      oMark = document.createElement('div');     // 创建遮罩层
41      oMark.id = 'mark';
42      document.body.appendChild(oMark);
43      oMark.style.width = viewWidth() + 'px';
44      oMark.style.height =pageHeight() + 'px';
45      var oClose = document.getElementById('close');
46      oClose.onclick = function(){                 // 关闭弹窗与遮罩层
47          document.body.removeChild(oLogin);
48          document.body.removeChild(oMark);
49          oLogin = null;
50      };
51    };
52    // window.onresize
      // 在监控过程中，每次改变浏览器窗口大小的时候，onresize 事件都会触发两次
53    window.onscroll = window.onresize = function(){
54         if(oLogin){
55          oLogin.style.left=(viewWidth() - oLogin.offsetWidth)/2 + 'px';
56         oLogin.style.top = (viewHeight() - oLogin.offsetHeight)/2 +
           getScrollY() + 'px';
57         }
58    };
59    function viewWidth(){
60       return window.innerWidth || document.documentElement.
```

```
        clientWidth;
61    }
62    function viewHeight(){
63        return window.innerHeight||document.documentElement.
          clientHeight;
64    }
65    function getScrollY(){
66        return document.documentElement.scrollTop||document.body.
          scrollTop;
67    }
68    function pageHeight(){
69        return Math.max(document.body.offsetHeight , window.
          innerHeight||document.documentElement.clientHeight);
70    }
71  </script>
72  </body>
73  </html>
```

在例 8-16 中，首先在 HTML 结构中定义一个按钮，登录框和遮罩层的结构都是通过在 JavaScript 中动态创建得到。单击按钮，实现创建的过程，然后分别设置登录框的位置和大小及遮罩层的大小。值都是通过封装一些功能函数得到的，比如，可视区大小、滚动距离等。最后添加 onscroll 和 onresize 事件，当页面滚动或窗口改变大小时，也能动态地让弹出窗口和遮罩层居中显示。

8.5 本章小结

通过本章的学习，希望读者能够理解 DOM 树、DOM 类型、DOM 获取、DOM 操作等基本概念。通过利用 DOM 操作方式实现对元素尺寸的获取与设置，如元素距离、滚动距离、元素大小等。最后利用 DOM 相关知识点进行实际运用，帮助读者理解 DOM 特性。

8.6 习题

1．填空题

（1）DOM 是 JavaScript 操作网页的接口，全称为________。
（2）获取第一个子节点的方法为________。
（3）一个元素的 offsetWidth 包括的值有________、________、________。
（4）节点的操作都属于________操作。

（5）insertBefore 的两个参数分别为________、________。

2．选择题

（1）元素节点的 nodeType 为（　　）。

A．1　　B．3

C．9　　D．11

（2）下面可以获取父节点方法的是（　　）。

A．closest　　B．offsetParent

C．parentNode　　D．parent

（3）window.innerWidth 用于表示（　　）。

A．文档的宽度　　B．滚动距离

C．窗口的宽度　　D．可视区的宽度

（4）用于创建标签的方法的是（　　）。

A．getElementById　　B．createElement

C．nodeName　　D．appendChild

（5）JavaScript 中用于监听滚动条变化的事件的是（　　）。

A．onclick　　B．onmousewheel

C．onresize　　D．onscroll

3．思考题

（1）请简述元素的 offsetWidth 与 clientWidth 的区别。

（2）请简述 childNodes 与 children 的区别。

第9章 chapter 9

BOM详解

本章学习目标

- 理解BOM及window对象的概念；
- 掌握BOM与浏览器常见通信接口；
- 利用BOM操作进行实际项目开发。

浏览器对象模型（Browser Object Model，BOM）提供了独立于内容但可以与浏览器窗口进行交互的对象，使JavaScript有能力与浏览器“对话”。“对话”指对浏览器的操作，如改变窗口大小、打开新窗口、关闭窗口、弹出对话框、进行导航以及获取客户的一些信息（如浏览器名称、版本和屏幕分辨率）等。

9.1 window 窗 口

视频讲解

9.1.1 window对象简介

在BOM中利用window对象获取浏览器的窗口，BOM是一个分层结构，window对象是整个BOM的核心（顶层）对象，表示浏览器中打开的窗口。BOM分层结构如图9.1所示。

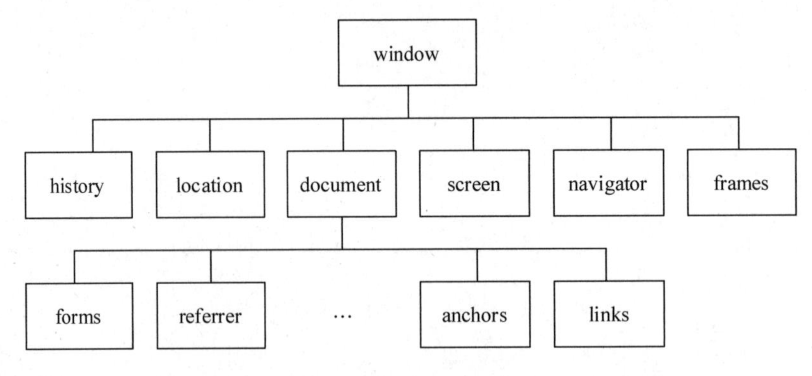

图9.1 BOM分层结构图

在浏览器中打开网页时，首先看到的是浏览器窗口，即顶层的window对象，可以使用 window 标识符引用。

“顶层对象”是指最高一层的对象，其他所有对象都是它的下属。JavaScript 中规定，浏览器环境的所有全局变量，都是 window 对象的属性。具体示例代码如下：

```
1   <script>
2       var foo = 1;
3       console.log( window.foo );          // 1
4   </script>
```

上例中，变量 foo 是一个全局变量，但实质上它是 window 对象的属性。声明一个全局变量，目的是为 window 对象的同名属性赋值。

在 window 对象中定义了一些属性，如代表 Location 对象的 location 属性表示浏览器当前打开页面的 URL 信息；代表 History 对象的 history 属性表示浏览器历史访问列表；代表 Document 对象的 document 属性表示浏览器中打开的文档；代表 Navigator 对象的 navigator 属性包含浏览器本身相关的信息。

9.1.2 打开与关闭窗口

window.open() 方法可以打开一个浏览器新窗口或导航到指定的 URL。其语法格式如下：

```
window.open(url, windowName, features)
```

其中，url 指打开窗口的地址，如果 url 为空字符串，则浏览器打开一个空白窗口，而且可以使用 document.write()方法动态输出 HTML 文档；windowName 指 window 对象的名称，可以是<a>标签或<form>标签中的 target 属性值。如果指定名称是已经存在窗口的名称，则返回对该窗口的引用，不再重新打开一个窗口；Features 是对打开的窗口进行属性设置。窗口的属性取值及对应特性如表 9.1 所示。

表 9.1 窗口属性取值及对应特性

特性名称	取　值	描　述
width	数值	新窗口宽度
height	数值	新窗口高度
left	数值	新窗口水平定位位置
top	数值	新窗口垂直定位位置
menubar	yes 或 no	是否包含菜单栏
toolbar	yes 或 no	是否包含工具栏
location	yes 或 no	是否包含地址栏
fullscreen	yes 或 no	是否全屏
resizable	yes 或 no	是否可改变窗口大小
scrollbars	yes 或 no	是否包含滚动条

下面用示例表示使用不同方式打开窗口。

（1）打开一个新窗口，具体示例代码如下：

```
window.open("http:// www.baidu.com","","");
```

（2）打开一个指定位置的窗口，具体示例代码如下：

```
window.open("http:// www.baidu.com ","","top=200,left=200");
```

（3）打开一个指定大小的窗口，具体示例代码如下：

```
window.open("http:// www.baidu.com","","width=200,height=200");
```

（4）打开一个固定大小的窗口，具体示例代码如下：

```
window.open("http:// www.baidu.com","","width=200,height=200,resizable");
```

（5）打开一个显示滚动条的窗口，具体示例代码如下：

```
window.open("http:// www.baidu.com","","width=200,height=200,scrollbars");
```

接下来通过案例演示弹出窗口的操作，具体如例 9-1 所示。

【例 9-1】 弹出窗口的操作。

```
1   <!doctype html>
2   <html>
3   <head>
4   <meta charset="utf-8">
5   <title>window 窗口</title>
6   </head>
7   <body>
8        <input id="btn" type="button" value="打开窗口" onclick="openWindow()">
9   <script>
10       function openWindow() {
11          // 打开百度窗口，并指定尺寸
12          window.open("http:// www.baidu.com ", "",
13              "width=200,height=200,resizable");
14       }
15  </script>
16  </body>
17  </html>
```

运行结果如图 9.2 所示。

window.close() 方法可以实现关闭窗口的效果，但如果没有得到用户的允许，大多数浏览器主窗口是不能关闭的。但对于使用 window.open() 弹出的新窗口，可以很方便地将其关闭。

window.open() 方法会返回一个指向新窗口的引用，通过这个引用，新窗口可以像 window 对象一样使用。接下来演示如何关闭这个窗口，具体示例代码如下：

图 9.2 例 9-1 的运行结果

```
1  <script>
2      var newWindow = window.open("http:// www.baidu.com", "myWindow",
3          "width=200,height=200,resizable=no,scrollbars=yes");
4      newWindow.close();
5  </script>
```

窗口关闭后，窗口的引用还在，如果想要检测窗口的引用是否关闭，可以使用 closed 属性进行检验，如 console.log("窗口是否关闭：" + newWindow.closed)。

在讲解内置函数时，介绍了几种弹出框，如 alert()（警告框），弹出框也属于 BOM 操作，但弹出的框不是浏览器窗口，而是 JavaScript 自带框模式，具体功能与使用这里不再赘述。

9.1.3 改变窗口尺寸和移动窗口位置

改变窗口尺寸和移动窗口位置都有很多兼容问题，因此本节内容了解即可，无须精通。可以使用 window 对象的 resizeTo()方法或 resizeBy()方法改变窗口的大小。

1. 改变窗口大小

（1）resizeTo()

resizeTo()方法改变窗口大小，其语法格式如下：

```
window.resizeTo(x,y)
```

其中，x 表示改变后的水平宽度，y 表示改变后的垂直高度。x 和 y 的单位都是 px，浏览器自带单位，只需要使用数值即可。接下来通过案例演示 resizeTo()方法， 具体如例 9-2 所示。

【例 9-2】 resizeTo()方法的使用。

```
1    <!doctype html>
2    <html>
3    <head>
4    <meta charset="utf-8">
5    <title>window 窗口</title>
6    </head>
7    <body>
8         <input type="button" value="改变大小" onclick="resizeWindow()">
9    <script>
10        function resizeWindow(){
11            window.resizeTo(200,200);            // 改变窗口大小
12        }
13   </script>
14   </body>
15   </html>
```

运行结果如图 9.3 所示。

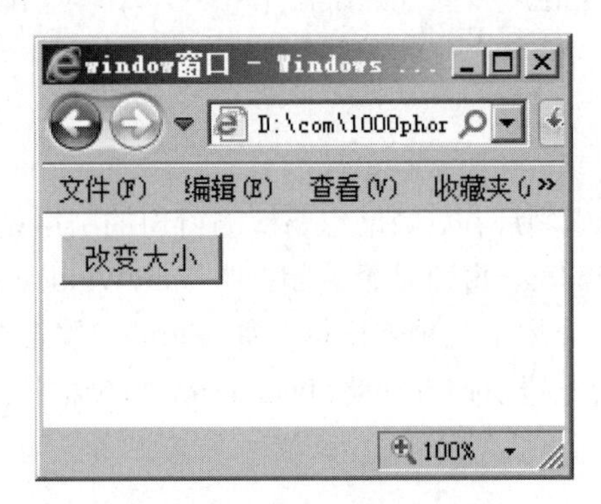

图 9.3　例 9-2 的运行结果

在例 9-2 中，当单击“改变大小”按钮时，会对 window 窗口设置成 resizeTo()方法指定的尺寸大小，本案例中，窗口的宽高都设置为 200px。

（2）resizeBy()

resizeBy()方法也可以用来改变窗口的大小，其语法格式如下：

```
window.resizeBy (x,y)
```

其中，当 x、y 的值大于 0 时为扩大，小于 0 时为缩小。其中 x 和 y 的单位都是 px。x 表示窗口水平方向每次扩大或缩小的数值，y 表示窗口垂直方向每次扩大或缩小的数值。

resizeTo(x,y)与 resizeBy(x,y)的不同之处在于，resizeTo(x,y)中的 x、y 是“改变后”的数值，而 resizeBy(x,y)中的 x、y 是“增加或减少”的数值。接下来通过案例演示添加窗口大小，具体如例 9-3 所示。

【例 9-3】 添加窗口大小。

```
1   <!doctype html>
2   <html>
3   <head>
4   <meta charset="utf-8">
5   <title>window 窗口</title>
6   </head>
7   <body>
8       <input type="button" value="改变大小" onclick="resizeWindow()">
9   <script>
10      function resizeWindow(){
11          window.resizeTo(200,200);
12          window.resizeBy(50,50);          // 累计窗口尺寸
13      }
14  </script>
15  </body>
16  </html>
```

运行结果如图 9.4 所示。

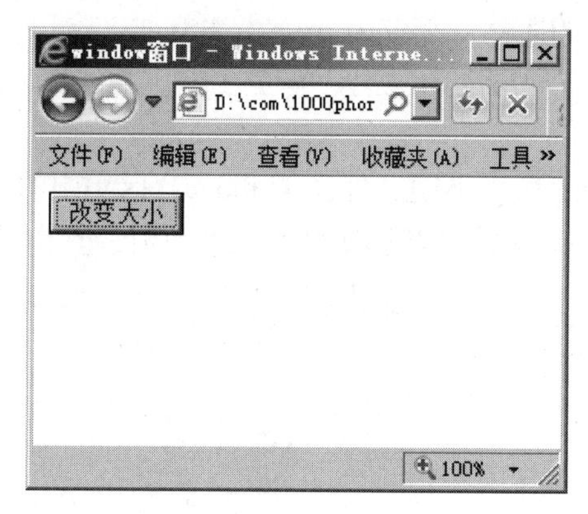

图 9.4 例 9-3 的运行结果

在例 9-3 中，当单击“改变大小”按钮时，先调用 resizeTo()方法，改变 window 窗口的长宽尺寸为 200px，然后再调用 resizeBy()方法对当前窗口增加 50px 的大小。

在 HTML 结构中，标签与标签之间的空白区域，也可看作为文本节点，首先调用 resizeTo()方法改变窗口大小为宽 200px 和高 200px。然后再调用 resizeBy()方法使当前窗口的宽度和高度各增加 50px。

2．移动窗口

在 JavaScript 中，可以使用 window 对象的 moveTo()方法或 moveBy()方法移动窗口。

（1）moveTo()

使用 moveTo()移动窗口，其语法格式如下：

```
window.moveTo(x,y);
```

其中，x 表示距离屏幕左上角的水平距离（x 轴坐标）；y 表示距离屏幕左上角的垂直距离（y 轴坐标）。具体示例代码如下：

```
1   <body>
2       <input type="button" value="移动窗口" onclick="moveWindow()">
3   </body>
4   <script>
5       function moveWindow(){
6           window.moveTo(200,200);             // 移动窗口位置
7       }
8   </script>
```

使用 window 对象 moveTo()方法使得浏览器窗口距离屏幕左上角水平方向和垂直方向距离都是 200px。

（2）moveBy()

moveBy()方法也可以用来移动窗口，其语法格式如下：

```
window.moveBy(x, y);
```

x 表示水平方向移动的距离，单位为 px。当 x>0 时，窗口向右移动；当 x<0 时，窗口向左移动。y 表示垂直方向移动的距离，单位为 px。当 y>0 时，窗口向下移动；当 y<0 时，窗口向上移动。

moveTo(x,y)与 moveBy(x,y)不同之处在于 moveTo(x,y)中的 x、y 是“改变后”的数值，而 moveBy(x,y)中的 x、y 是“增加或减少”的数值。具体示例代码如下：

```
1   <body>
2       <input type="button" value="移动窗口" onclick="moveWindow()">
3   </body>
4   <script>
5       function moveWindow(){
6           window.resizeTo(200,200);
7           window.moveBy(-100,-100);           // 移动窗口
8       }
9   </script>
```

示例中，使用 window 对象 resizeTo()方法使得窗口宽度和高度都是 200px。然后再调用“移动窗口”，窗口水平方向会向左移动 100px，而垂直方向会向上移动 100px。

9.2 BOM 与浏览器

视频讲解

9.2.1 浏览器网址

location 对象表示当前浏览器窗口所打开页面的 URL 信息。在网络中，统一资源定

位符（Uniform Resource Locator，URL）是信息资源的一种字符串表示方式，通称网址。通常 URL 的格式如下所示：

```
scheme:// hostname:port/path?querystring#fragment
```

各部分说明如下：

- scheme 是通信协议方案，如 http、https、ftp、file 等。
- hostname 是主机名，指服务器的域名系统（DNS）主机名或是 IP 地址，如 www.baidu.com、192.168.0.5 等。
- port 表示端口，是一个整数数字，可以省略。当省略端口时，表示使用对应协议的默认端口。如 http 协议默认端口为 80，https 默认端口为 443，ftp 默认端口为 21 等。
- path 是访问资源的具体路径，通常表示服务器上的目录或文件地址。如 folder/test.html、register.html、details.jsp 等。
- querystring 是查询字符串（可选内容），通常是用于向动态网页（如 php、jsp、asp.net 技术等）传递参数，使用问号（?）连接在访问资源路径之后。传递的参数是名值对格式，名值对用等号（=）连接，如果传递的参数有多个，则各个名值对间使用"&"符号连接，比如：username=xiaoming&age=18&address=chengdu。
- fragment 用于指定资源中的信息片段，可选内容，通常使用#与前部分字符串连接。在浏览器中访问网页资源时，#代表网页中的某个位置，右边的字符就代表该位置的标识符，使用超级链接实现页面内部导航时会经常使用到它，如 <a href="#reg_help">用户注册</a>。

location 对象中定义了一系列的属性，用于获取 URL 各部分内容，如表 9.2 所示。

表 9.2　获取 URL 的属性

属　　性	描　　述
hash	获取 URL 中#及之后的字符串内容
host	获取 URL 中主机名和端口信息
hostname	获取主机名
href	获取完整的 URL 字符串或设置 URL
pathname	获取资源
port	获取端口
protocol	获取 URL 使用协议
search	获取“?”及之后的查询字符串内容

下面通过示例演示 location 对象中的一系列属性，具体示例代码如下：

```
1   <script>
2       console.log("href: " + location.href);
3       console.log("protocol: " + location.protocol);
4       console.log("host: " + location.host);
5       console.log("hostname: " + location.hostname);
```

```
6        console.log("port: " + location.port);
7        console.log("pathname: " + location.pathname);
8        console.log("search: " + location.search);
9        console.log("hash: " + location.hash);
10   </script>
```

URL 如果为 http:// localhost:8080/location.html?key=value&name=val#hello，则上述示例执行结果如下：

```
href: http:// localhost:8080/location.html?key=value&name=val#hello
protocol: http:
host: localhost:8080
hostname: localhost
port: 8080
pathname: /location.html
search: ?key=value&name=val
hash: #hello
```

如果要改变在浏览器中显示的 URL 信息，最常用的是 location.href 属性重新设置 URL，具体示例代码如下：

```
location.href = "http:// www.qfedu.com";
```

当 location 对象被转换为字符串时，href 的属性值会被返回，因此可以使用 location 代替 location.href 使用，上述代码可以简写，具体如下：

```
location = "http:// www.qfedu.com";
```

当重新设置 URL 时，location 对象调用 assign()的方法设置该 URL，并会向浏览器的历史访问列表中添加一条访问记录，因此下面两行代码执行后效果是完全一样的。具体示例代码如下：

```
location.href = "http:// www.qfedu.com";
location.assign("http:// www.qfedu.com");
```

在 location 对象中，还有两个常用方法 reload()和 replace()方法。reload()方法的主要作用是重新加载当前 URL，而 replace()方法的作用是用新的 URL 替代当前 URL。具体示例代码如下：

```
location.reload();                // 重新加载当前页面，相当于刷新当前页面\
location.replace("http: // www.mobiletrain.org/");
                                  // 重新以新的 URL 来代替当前 URL
```

需要注意的是，使用 replace()方法来替换当前 URL 文档并不会在历史记录中添加新的访问记录，所以当调用 replace()方法后，用户不能通过单击浏览器“后退”按钮回到替换前的页面上。如果需要保留历史访问记录，可以使用 assign()方法来加载新的 URL 文档。

9.2.2 浏览器信息

navigator 对象最早是在 Netscape Navigator 2.0 中引入的，现在已成为识别客户端浏览器信息的事实标准，即所有支持 JavaScript 的浏览器都有 navigator 对象的使用。

navigator 对象中包含了常用于检测浏览器信息的属性，如表 9.3 所示。

表 9.3 检测浏览器信息的属性

属　性	描　述
appCodeName	返回浏览器的代码名，通常是 Mozilla
appName	完整的浏览器名称
appVersion	浏览器平台和版本信息
cookieEnabled	浏览器中是否启用 cookie
platform	运行浏览器的操作系统平台
userAgent	返回由客户机发送服务器的 user-agent 头部的值
userLanguage	操作系统的默认自然语言信息

在访问网页时，特别是在论坛中，或是在查看各种主题评论时，可能会看到图 9.5 所示效果。

图 9.5 客户端浏览器及操作系统信息

在图 9.5 中，每个评论人昵称后显示评论时操作系统及所使用浏览器名称和版本信息，这些信息都可以在 navigator 对象中获取。接下来通过案例演示，具体如例 9-4 所示。

【例 9-4】 获取操作系统及所使用浏览器名称和版本信息。

```
1  <script>
2      console.log("操作系统信息：" + navigator.platform);
3      console.log("appName: " + navigator.appName);
4      console.log("是否启用 cookie: " + navigator.cookieEnabled);
```

```
5        console.log("appversion: " + navigator.appVersion);
6    </script>
```

运行结果如图 9.6 所示。

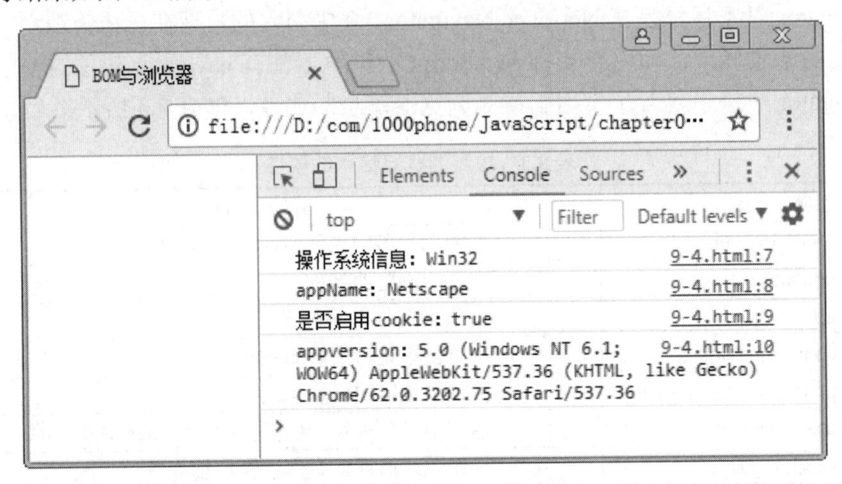

图 9.6 例 9-4 的运行结果

可以看到，platform、appName 等的属性，并没有得到具体的操作系统或浏览器信息，如 Window XP、Window 7、Chrome、FireFox 等值，而 appVersion 属性得到的信息更为详细。

除利用 appVersion 属性得到比较详细的浏览器信息外，也常使用用户代理 userAgent（简称 UA）检测用户实际使用的浏览器信息。具体示例代码如下：

```
console.log(navigator.userAgent); // 打印用户代理字符串
```

在 Chrome 浏览器中执行后打印结果如下：

```
Mozilla/5.0 (Windows NT 6.1) AppleWebKit/537.36 (KHTML, like Gecko)
Chrome/57.0.2987.133 Safari/537.36
```

在 FireFox 浏览器中执行后结果如下：

```
Mozilla/5.0 (Windows NT 6.1; rv:49.0) Gecko/20100101 Firefox/49.0
```

可以看到操作系统信息为 Windows NT 6.1，代表 Windows 7 操作系统版本，在各浏览器中浏览器名称信息为 Chrome 或 Firefox，浏览器内核信息为 AppleWebKit 或 Gecko，浏览器版本信息为 Chrome/57.0.2987.133 或 Firefox/49.0。

9.2.3 浏览器历史记录

history 对象代表浏览器历史访问列表，保存用户访问页面的历史记录。history 是 window 的属性，每个浏览器窗口都有自己的 history 对象。出于安全方面的考虑，开发人员无法获取 history 对象中的具体信息，但可以借助历史访问列表，在不知道实际访问 URL 的情况下实现前进或后退。

history 对象提供了用于前进和后退的方法，分别为 forward()方法和 back()方法，这两个方法可以模拟浏览器中“前进”和“后退”两个按钮的功能，具体用法示例代码如下：

```
history.forward();              // 在历史访问列表中前进 1 页
history.back();                 // 在历史访问列表中后退 1 页
```

history 有一个表示浏览器历史访问列表 URL 数量的属性 length，数量包含所有历史记录数，即所有可前进和后退的记录数量。

如果历史访问列表中存在多个可前进或后退的 URL 记录，想要一次前进或后退多个记录，使用 forward()或 back()不能实现，因为它们每次只前进或后退一个页面。history 对象中提供了 go()方法，可以实现在历史记录中任意跳转。

history.go()方法接收表示前进或后退页面数量的参数，正数则表示前进指定数量的页面，负数为后退指定数量的页面，具体示例代码如下：

```
history.go(2);                  // 前进 2 页
history.go(-3);                 // 后退 3 页
history.go(-1);                 // 后退 1 页，等价于 history.back();
history.go(1);                  // 前进 1 页，等价于 history.forward();
```

当浏览器窗口中访问的 URL 发生改变时（包括 URL 中 hash 的变化），就会生成一条历史记录（在 IE8 之前的版本中，修改 hash 值并不会生成新的历史记录），可以借助 history 的 back()、forward()或 go()方法实现前进、后退的操作。

9.2.4 浏览器 Cookie

随着网页程序功能的增加，众多的 Web 程序员迫切地需要一个能够在本地存储数据的功能。在这样的情况下，出现了第一个解决方案 Cookie。Cookie 是在本地的客户端的硬盘上使用非常小的文件来保存数据。

Cookie 又称 HTTP Cookie，起初在客户端与服务器端进行会话时使用。比如，用户登录网站后，下次访问网站时不用再次登录。

Cookie 需要服务端对网页中 HTTP 请求发送 Set-Cookie，因此，在使用 Cookie 时需要在服务器环境下使用。目前，大部分浏览器在客户端也能实现 Cookie 的生成和获取。

Cookie 在英语中的意思是“小甜饼、曲奇饼”，暗示了 Cookie 技术只能存储数据量比较小的数据。Cookie 还有另一个特点是只能在客户端存储纯文本信息，并且存储内容的数据量不能太大。Cookie 所能存储的最大数据量是 4096B，也就是 4KB，所以一般情况下使用 Cookie 时最好不要超过 4096B。

Cookie 主要用来实现对前端数据的添加、删除和读取。以下示例讲述如何添加 Cookie 操作。通过 document.cookie 的方式进行 Cookie 的添加，用键值对的方式设置。

具体示例代码如下：

```
document.cookie = 'name=hello';
document.cookie = 'age=20';
```

要注意当出现多条 Cookie 值时，并不是覆盖操作而是添加操作。这样可以通过 document.cookie 的方式进行读取。具体示例代码如下：

```
console.log(document.cookie);          // 结果为：'name=hello; age=20'
```

Cookie 在多页面时是共享数据的，所以把页面在新窗口打开时，也能读取到 Cookie 值。但当关闭浏览器后，再次打开浏览器访问 Cookie 时，已获取不到。

如果想长期保存 Cookie 值，必须设置过期时间，在设置的过期时间内访问 Cookie，无论浏览器是否关闭都是可以访问到的。在 Cookie 中通过 expires 属性添加过期时间，具体示例代码如下：

```
1   <script>
2        var oDate = new Date();
3        oDate.setDate(oDate.getDate() + 5);
4        document.cookie = 'name=hello;expires='+oDate;
                                                // 设置 5 天的过期时间
5        document.cookie = 'age=20';
6   </script>
```

示例中，为 name=hello 键值对设置 5 天的过期时间，而 age=20 键值对没有设置过期时间。因此当关闭浏览器后再次打开浏览器访问页面，只能得到 name=hello 键值对。

通过 document.cookie 属性读取到的是所有 Cookie 设置的值，下面示例演示如何通过制定的 key 值获取对应的 value 值，具体示例代码如下：

```
1   <script>
2        var sCookie = document.cookie;
3        var a = sCookie.split('; ');
4        for(var i=0;i<a.length;i++){
5            var b = a[i].split('=');
6            if(b[0]=='age'){
7              console.log(b[1]);           // 获取指定的 Cookie 值
8            }
9        }
10  </script>
```

删除 Cookie 操作就是把过期时间设置成负一天，等于昨天已过期，即变相地实现删除 Cookie 的操作。

下面对添加、删除和获取这三个操作，进行封装处理，得到三个对应的函数方法，具体示例代码如下：

```
1   <script>
```

```
2        function setCookie(key,value,times){          // 设置 Cookie
3           var oDate = new Date();
4           oDate.setDate( oDate.getDate() + times );
5           document.cookie = key + '=' + value + ';expires=' + oDate;
6        }
7        function getCookie(key){                      // 获取 Cookie 值
8           var sCookie = document.cookie;
9           var a = sCookie.split('; ');
10          for(var i=0;i<a.length;i++){
11             var b = a[i].split('=');
12              if(b[0]==key){
13                return b[1];
14              }
15            }
16       }
17       function delCookie(key){                      // 删除 Cookie 值
18          setCookie(key,'',-1);
19       }
20       setCookie('name','hi',5);
21       delCookie('name');
22       console.log(getCookie('name'));               // hi
23    </script>
```

9.3 实际运用

视频讲解

9.3.1 运行代码框

需要实现运行代码框效果，如图 9.7 所示。

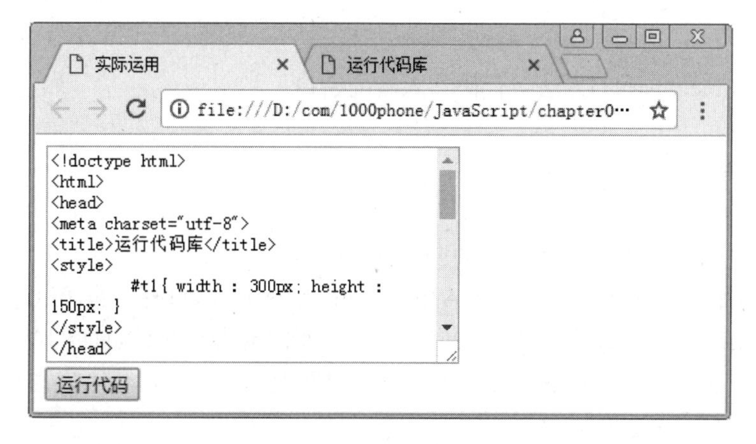

图 9.7 运行代码框展示效果

当单击“运行代码”按钮时，会新建一个窗口，新窗口的页面为输入框中的内容代码。示例中把百度网站的源码放入输入框中，当单击“运行代码”按钮时，打开百度页面。在一些框架的官网中，经常会看见在线运行的功能。接下来通过案例演示，具体如例 9-5 所示。

【例 9-5】 运行代码框。

```
1   <!doctype html>
2   <html>
3   <head>
4   <meta charset="utf-8">
5   <title>实际运用</title>
6   <style>
7        #t1{ width : 300px; height : 150px; }
8   </style>
9   </head>
10  <body>
11     <textarea id="t1">
12     </textarea>
13     <div>
14          <input type="button" value="运行代码" id="btn">
15     </div>
16  <script>
17     var t1 = document.getElementById('t1');
18     var btn = document.getElementById('btn');
19     btn.onclick = function(){
20          var newWin = window.open('about:blank');
21          newWin.document.write( t1.value );
22     };
23  </script>
24  </body>
25  </html>
```

通过 document.write()方法把代码写入新的窗口。

9.3.2 SPA 应用

需要实现 SPA 页面展示效果，如图 9.8 所示。

单页应用程序（Single Page web Application，SPA），即只有一张 Web 页面的应用，是加载单个 HTML 页面，并在用户与应用程序交互时动态更新该页面的 Web 应用程序。这种单页应用非常适合移动端网站，由于移动端网速的要求，尽量不发送更多的 HTTP 请求，所以单页应用非常适合。

单页应用的实现，主要是利用 hash 值的变化。当刷新页面时，可以获取当前的 hash

值，然后根据当前的 hash 值进行正确的显示。接下来通过案例演示，具体如例 9-6 所示。

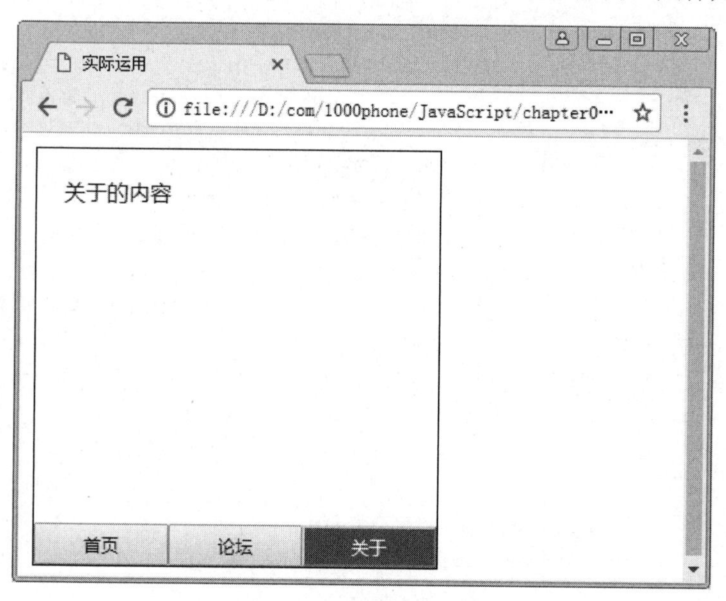

图 9.8 SPA 页面展示效果

【例 9-6】 实现单页应用。

```
1   <!doctype html>
2   <html>
3   <head>
4   <meta charset="utf-8">
5   <title>实际运用</title>
6   <style>
7       *{ margin : 0; padding : 0; }
8       #main{ width : 300px; height : 300px; border : 1px black solid;
9           margin : 10px; }
10      #main div{ width : 100%; height : 230px; display : none;
11          padding : 20px; }
12      #main div.show{ display : block; }
13      #main button{ width : 100px; height : 30px; float : left; }
14      #main button.active{ background : #666; color : white; }
15  </style>
16  </head>
17  </head>
18  <body>
19      <div id="main">
20          <div class="show">首页的内容</div>
21          <div>论坛的内容</div>
22          <div>关于的内容</div>
```

```
23            <button class="active">首页</button>
24            <button>论坛</button>
25            <button>关于</button>
26        </div>
27    <script>
28        var main = document.getElementById('main');
29        var content = main.getElementsByTagName('div');
30        var btn = main.getElementsByTagName('button');
31        var hash = window.location.hash;
32        if(hash){                                    // 根据 hash 值显示不同的页面
33             var num = hash.substring(1);
34             for(var i=0;i<btn.length;i++){
35               btn[i].className = '';
36               content[i].className = '';
37             }
38             btn[num].className = 'active';
39             content[num].className = 'show';
40        }
41        for(var i=0;i<btn.length;i++){
42             btn[i].index = i;
43             btn[i].onclick = function(){                 // 单击切换导航
44                 for(var i=0;i<btn.length;i++){
45                   btn[i].className = '';
46                  content[i].className = '';
47               }
48               this.className = 'active';
49               content[this.index].className = 'show';
50               window.location.hash = this.index;     // 设置 hash 值
51             };
52        }
53    </script>
54    </body>
55    </html>
```

在例 9-6 中，HTML 结构为一个可切换的底部导航菜单，通过对菜单添加单击操作，可以轻松地切换显示的容器，利用原理是选项卡的操作模式。在切换时，写入 hash 值到浏览器的 url 中，通过 window.location.hash = this.index 实现。当浏览器再次刷新时，可以再通过 window.location.hash 的方式获取当前 hash 值，并通过判断的方式展示当前 hash 值应该对应显示哪块内容。

9.3.3 记录登录用户名

需要实现记录用户名展示效果，如图 9.9 所示。

图 9.9 记录用户名展示效果

当单击“登录”按钮时，会通过 Cookie 存储用户名。当下次刷新时，被记录的用户名会自动地添加到输入框中。当单击“关闭”按钮时，可以删除用户名。再次刷新时，输入框不显示任何内容。记录登录用户名也是网页中常见的效果之一，接下来通过案例演示，具体如例 9-7 所示。

【例 9-7】 记录登录用户名。

```
1    <!doctype html>
2    <html>
3    <head>
4    <meta charset="utf-8">
5    <title>实际运用</title>
6    </head>
7    <body>
8         <input type="text">
9         <input type="button" value="登录">
10        <span>X</span>
11   <script>
12       var aInput = document.getElementsByTagName('input');
13       var oSpan = document.getElementsByTagName('span')[0];
14       if(getCookie('user')){
15            aInput[0].value = getCookie('user');
16       }
17       aInput[1].onclick = function(){     // 单击存储 Cookie 值
18            setCookie('user',aInput[0].value,10);
19       };
20       oSpan.onclick = function(){          // 单击删除 Cookie 和清空输入框值
21            delCookie('user');
22            aInput[0].value = '';
23       };
24       function setCookie(key,value,times){
25            var oDate = new Date();
26            oDate.setDate( oDate.getDate() + times );
27            document.cookie = key + '=' + value + ';expires=' + oDate;
28       }
29       function getCookie(key){
```

```
30            var sCookie = document.cookie;
31            var a = sCookie.split('; ');
32            for(var i=0;i<a.length;i++){
33              var b = a[i].split('=');
34              if(b[0]==key){
35                  return b[1];
36              }
37            }
38        }
39        function delCookie(key){
40            setCookie(key,'',-1);
41        }
42    </script>
43    </body>
```

在例 9-7 中，在 HTML 代码中添加三个元素，分别为输入框、按钮、关闭按钮。在脚本中封装好需要使用的 Cookie 操作方法，即设置 Cookie、获取 Cookie、删除 Cookie 的函数，然后获取这三个 DOM 元素。当单击按钮时，输入框的用户名写入 Cookie 中。当再次打开浏览器时，从 Cookie 中读取之前写入的 Cookie 并显示到输入框中。当单击"关闭"按钮时，调用删除 Cookie 的函数；当再次打开浏览器时，输入框中将不再显示用户名。

9.4 本章小结

通过本章的学习，希望读者能够理解 BOM、window 对象、BOM 与浏览器常见接口等基本概念，掌握相关 BOM 操作，包括浏览器网址操作、浏览器信息操作、浏览器历史操作、浏览器 Cookie 存储操作等。BOM 的兼容性比 JavaScript 核心语法和 DOM 的兼容性稍差。因此，有些方法在一些浏览器中并不兼容，这些需要读者注意。

9.5 习 题

1．填空题

（1）BOM 有能力使 JavaScript 与浏览器对话，全称为________。

（2）window.open()方法为打开窗口，那么关闭窗口为________。

（3）window.location.hash 表示网址________号后面的值。

（4）多组 Cookie 值之间通过________加________进行连接的。

（5）window.location.reload 表示________。

2．选择题

（1）history 对象用于表示（　　）。

A．历史记录　　B．本地存储
C．浏览器信息　　D．浏览器地址

（2）用于获取 Cookie 的语法为（　　）。

A．window.cookie　　B．location.cookie
C．document.cookie　　D．history.cookie

（3）location 的 port 属性用于表示（　　）。

A．协议　　B．端口
C．域名　　D．路径

（4）Cookie 中的 expires 属性表示（　　）。

A．设置过期时间　　B．设置域
C．设置存储大小　　D．设置目录

（5）navigator 表示（　　）。

A．浏览器网址　　B．浏览器信息
C．浏览器历史记录　　D．浏览器存储数据

3．思考题

（1）请简述 Cookie 的作用。

（2）请简述网址 scheme:// hostname:port/path?querystring#fragment 各部分的意义。

第10章 chapter 10

事件详解

本章学习目标

- 理解 event 对象及 event 对象常见属性的含义；
- 掌握事件高级操作模式：绑定、取消、代理等；
- 利用事件进行实际项目开发。

事件是可以被 JavaScript 检测到的用户行为。当用户单击一个按钮或划过一张图片时，都有可能触发 JavaScript 中的事件行为。在网页中经常看到事件操作的方式，本章将详细讲解 event 对象和事件的高级操作及其实际运用。

10.1 event 对象

视频讲解

event 对象代表事件的状态，也可以理解为 event 对象是事件的细节操作对象。例如，事件在其中发生的元素、键盘按键的状态、鼠标的位置等信息。

在 JavaScript 中通过获取事件函数的第一个参数得到 event 对象，一般此参数会定义成 e 或者 ev 的命名方式，接下来通过案例演示 event 对象的常见属性及使用，具体如例 10-1 所示。

【例 10-1】 event 对象的常见属性及使用。

```
1   <!doctype html>
2   <html>
3   <head>
4   <meta charset="utf-8">
5   <title>event 对象</title>
6   <script>
7        document.onmousedown = function(ev){
8           console.log(ev);         // 打印 event 对象
9        };
10  </script>
11  </head>
12  <body>
13  </body>
```

```
14  </html>
```

运行结果如图 10.1 所示。

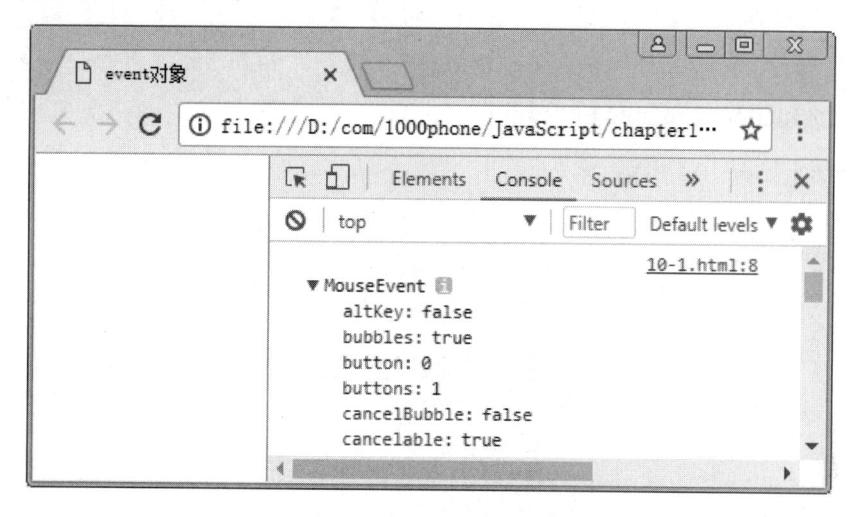

图 10.1 例 10-1 的运行结果

在例 10-1 中，为 document 文档添加鼠标按下事件，在对应的事件函数中会注入一个形参为 event 对象，即 ev。在控制台中可以打印 event 对象，并显示其内部的信息。

10.1.1 鼠标坐标

在鼠标事件中经常需要获取鼠标当前的坐标，实现一些与鼠标相关的特效。下面列举两组鼠标坐标的操作属性。

1．clientX、clientY

clientX、clientY 其实是鼠标到浏览器可视区的距离。clientX 属性返回鼠标位置相对于浏览器窗口左上角的水平坐标，单位为 px，与页面是否横向滚动无关。clientY 属性返回鼠标位置相对于浏览器窗口左上角的垂直坐标，单位为 px，与页面是否纵向滚动无关。

接下来通过案例演示 clientX 和 clientY 的使用，具体如例 10-2 所示。

【例 10-2】 clientX 和 clientY 的使用。

```
1   <!doctype html>
2   <html>
3   <head>
4   <meta charset="utf-8">
5   <title>event 对象</title>
6   <script>
7       document.onmousedown = function(ev){
8           console.log('x 轴坐标：' + ev.clientX);
9           console.log('y 轴坐标：' + ev.clientY);
```

```
10        };
11    </script>
12    </head>
13    <body>
14    </body>
15    </html>
```

调试结果如图 10.2 所示。

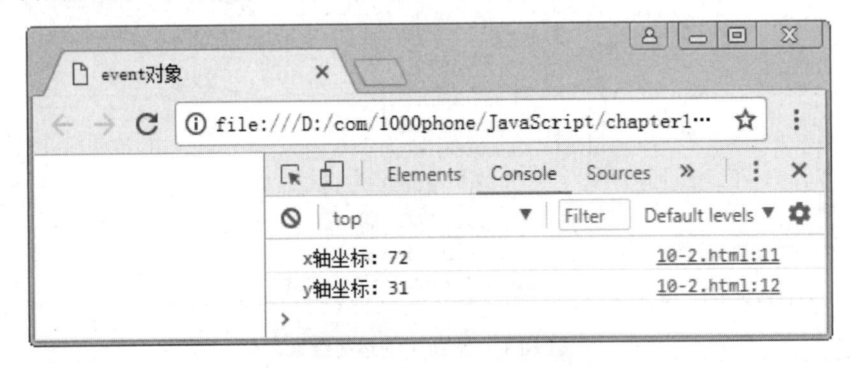

图 10.2 例 10-2 的调试结果

在例 10-2 中，同样为 document 文档添加鼠标按下事件，当鼠标按下时，就可以通过 event 对象下的 clientX 和 clientY 两个属性获取当前鼠标的坐标值。

2．pageX、pageY

pageX、pageY 其实是鼠标到整个文档的距离。pageX 属性返回鼠标位置相对于当前页面左上角的水平坐标，单位为 px，包括横向滚动的位移。pageY 属性返回鼠标位置相对于当前页面左上角的垂直坐标，单位为 px，包括纵向滚动的位移。具体示例代码如下：

```
1    <script>
2        document.onmousedown = function(ev){
3            console.log('x 轴坐标: ' + ev.pageX);
4            console.log('y 轴坐标: ' + ev.pageY);
5        };
6    </script>
```

当页面出现横向滚动条时，得到的 clientY 与 pageY 值可能不同，接下来通过案例演示，具体如例 10-3 所示。

【例 10-3】 当页面出现横向滚动条时，得到的 clientY 与 pageY 值。

```
1    <!doctype html>
2    <html>
3    <head>
4    <meta charset="utf-8">
5    <title>event 对象</title>
```

```
6   <script>
7       document.onmousedown = function(ev){
8           console.log('y 轴到可视区距离: ' + ev.clientY);
9           console.log('y 轴到文档的距离: ' + ev.pageY);
10      };
11  </script>
12  </head>
13  <body style="height:2000px;">
14  </body>
15  </html>
```

调试结果如图 10.3 所示。

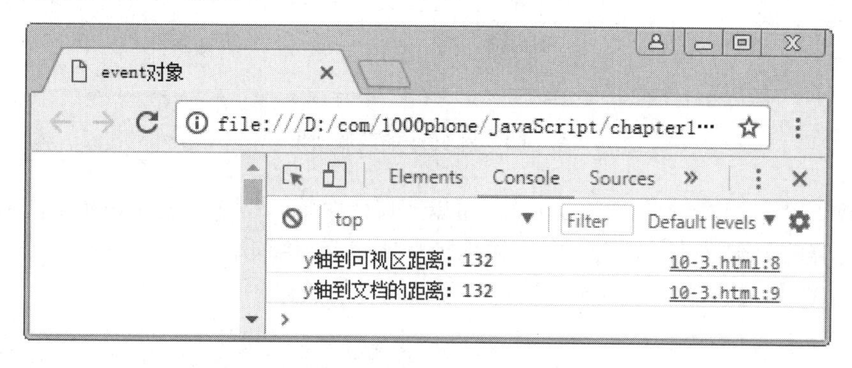

图 10.3　例 10-3 的调试结果

在例 10-3 中，在滚动条存在的情况下，ev.clientY 和 ev.pageY 打印的结果可能会不相同，因为 ev.clientY 是指到可视区的距离，而 ev.pageY 是指到整个页面的距离。

10.1.2　键盘键值

在键盘事件中经常要获取键盘按键的键值，实现一些与键盘相关的特效，如键盘的上下左右操作。在 event 对象下，通过 keyCode 属性获取键盘键值。接下来通过案例演示，具体如例 10-4 所示。

【例 10-4】 在 event 对象下，通过 keyCode 属性获取键盘键值。

```
1   <!doctype html>
2   <html>
3   <head>
4   <meta charset="utf-8">
5   <title>event 对象</title>
6   <script>
7       document.onkeydown = function(ev){
8           console.log('键盘键值: '+ev.keyCode);
9       };
10  </script>
```

```
11  </head>
12  <body>
13  </body>
14  </html>
```

调试结果如图 10.4 所示。

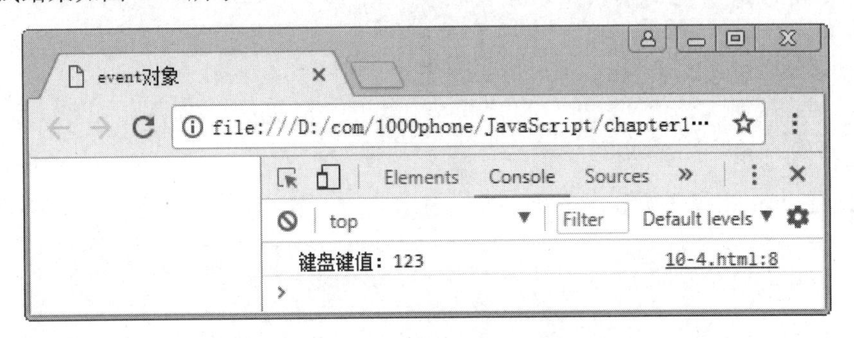

图 10.4　例 10-4 的调试结果

当按 F12 键时，触发键值为 123，可以实现一个输入框输入完毕，单击 Enter 键进行添加内容的操作。接下来通过案例演示，具体如例 10-5 所示。

【例 10-5】 输入框单击 Enter 键进行添加内容的操作。

```
1   <!doctype html>
2   <html>
3   <head>
4   <meta charset="utf-8">
5   <title>event 对象</title>
6   </head>
7   <body>
8       <input id="input1" type="text">
9       <ul id="list"></ul>
10  <script>
11      var input1 = document.getElementById('input1');
12      var list = document.getElementById('list');
13      input1.onkeydown = function(ev){
14          if(ev.keyCode == 13){                // 判断单击 Enter 键
15            var li = document.createElement('li');
16            li.innerHTML = this.value;
17            list.appendChild(li);
18          }
19      };
20  </script>
21  </body>
22  </html>
```

运行结果如图 10.5 所示。

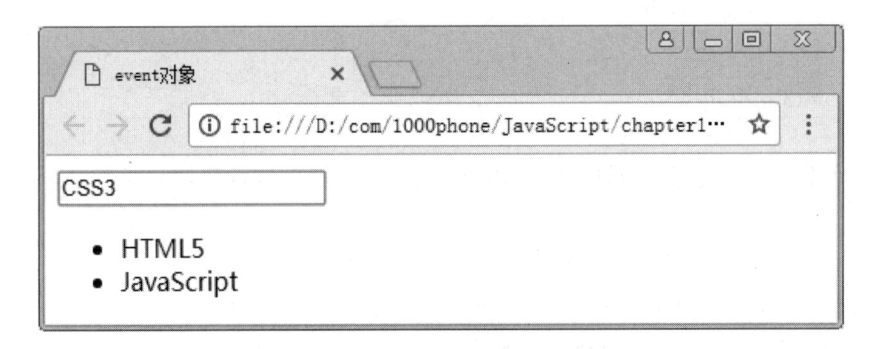

图 10.5 例 10-5 的运行结果

除 keyCode 属性外，JavaScript 还提供了三个特殊的键值属性，即 ctrlKey、altKey 和 shiftKey，这三个特殊的属性分别对应键盘上的 Ctrl 键、Alt 键和 Shift 键。当单击特殊按键时，会返回布尔值，表示是否是指定的按键。

一般情况下三个特殊键都是与键盘上的其他按键组合使用，因此可以利用特殊键来实现双键的操作。如同时按下 Ctrl 和 Enter 键才可以添加内容的操作。接下来通过案例演示，具体如例 10-6 所示。

【例 10-6】 同时按下 Ctrl 和 Enter 键才可以添加内容的操作。

```
1   <!doctype html>
2   <html>
3   <head>
4   <meta charset="utf-8">
5   <title>event 对象</title>
6   </head>
7   <body>
8       <input id="input1" type="text">
9       <ul id="list"></ul>
10  <script>
11      var input1 = document.getElementById('input1');
12      var list = document.getElementById('list');
13      input1.onkeydown = function(ev){
14          if(ev.keyCode == 13 && ev.ctrlKey){  // 判断单击回车与 Ctrl 键
15            var li = document.createElement('li');
16            li.innerHTML = this.value;
17            list.appendChild(li);
18          }
19      };
20  </script>
21  </body>
22  </html>
```

运行结果与图 10.5 相同，但需要同时按 Ctrl 键和 Enter 键才能添加内容。

10.1.3 冒泡与捕获

当事件发生后，它会在不同的 DOM 节点之间传播，这种传播分成三个阶段，具体如下：

- 从 window 对象传导到目标节点，称为“捕获阶段”；
- 在目标节点上触发，称为“目标阶段”；
- 从目标节点传导回 window 对象，称为“冒泡阶段”。

上述三个阶段的传播模型，会使得一个事件在多个节点上触发，此传播称为事件流，三个阶段中重点为冒泡阶段与捕获阶段，下面分别对冒泡阶段和捕获阶段进行详解介绍。

1. 冒泡阶段

事件开始时由最具体的元素接收，然后逐级向上传播至较为不具体的节点（文档）。对 HTML 来讲，即当一个元素产生了事件，它会把这个事件传递给它的父元素，父元素接收到后，还要继续传递给它的上一级元素，就这样一直传播到 document 对象。

下面制作一个三层嵌套的<div>标签，分别添加事件操作，接下来通过案例演示单击最内层<div>标签时发生的行为，具体如例 10-7 所示。

【例 10-7】 三层嵌套的<div>标签，单击最内层<div>标签时发生的行为。

```
1   <!doctype html>
2   <html>
3   <head>
4   <meta charset="utf-8">
5   <title>event 对象</title>
6   <style>
7        .box1{ width:300px; height:300px; background:red;}
8        .box2{ width:200px; height:200px; background:yellow;}
9        .box3{ width:100px; height:100px; background:blue;}
10  </style>
11  </head>
12  <body>
13       <div class="box1">
14           <div class="box2">
15        <div class="box3"></div>
16         </div>
17       </div>
18  <script>
19       var divs = document.getElementsByTagName('div');
20       for(var i=0;i<divs.length;i++){
21           divs[i].onclick = function(){
22             console.log( this.className );
```

```
23            };
24        }
25    </script>
26    </body>
27    </html>
```

调试结果如图 10.6 所示。

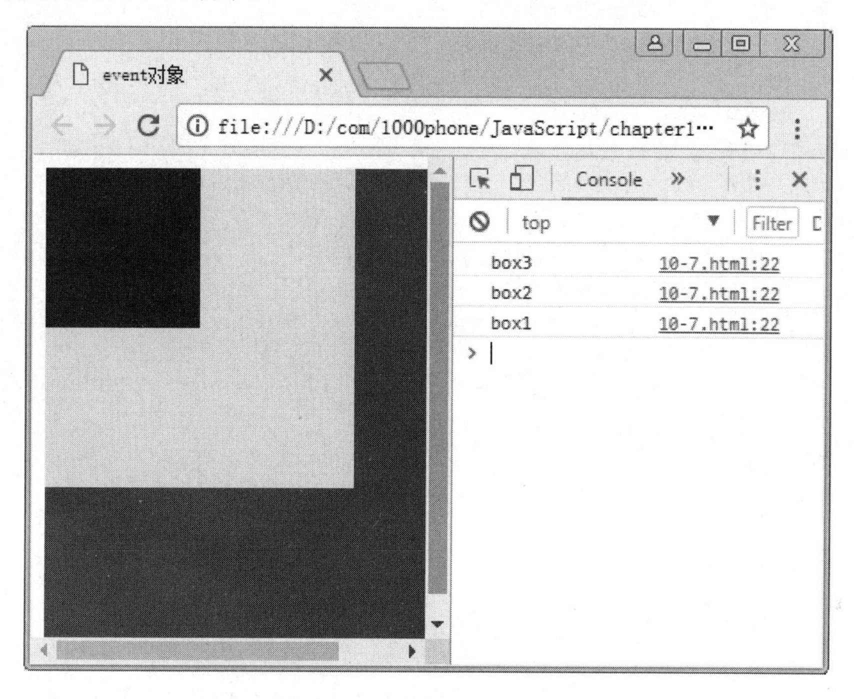

图 10.6　例 10-7 的调试结果

图 10.6 中可以看到，当单击蓝色方块时，会分别弹出 box3、box2、box1。当单击时只是作用在蓝色方块上，而并没有作用在其他的父层元素，能够触发父层元素的事件是事件冒泡。

如果不想触发冒泡的行为，可以在触发元素上添加阻止冒泡，事件流就不会向上继续传播，而通过 event 对象下的 stopPropagation()方法阻止冒泡的行为。接下来通过案例演示，具体如例 10-8 所示。

【例 10-8】 阻止冒泡的行为。

```
1    <!doctype html>
2    <html>
3    <head>
4    <meta charset="utf-8">
5    <title>event 对象</title>
6    <style>
7         .box1{ width:300px; height:300px; background:red;}
8         .box2{ width:200px; height:200px; background:yellow;}
```

```
9       .box3{ width:100px; height:100px; background:blue;}
10  </style>
11  </head>
12
13  <body>
14      <div class="box1">
15          <div class="box2">
16       <div class="box3"></div>
17        </div>
18      </div>
19  <script>
20      var divs = document.getElementsByTagName('div');
21      for(var i=0;i<divs.length;i++){
22          divs[i].onclick = function(ev){
23          console.log( this.className );
24          ev.stopPropagation();                          // 阻止冒泡
25          };
26      }
27  </script>
28  </body>
29  </html>
```

调试结果如图 10.7 所示。

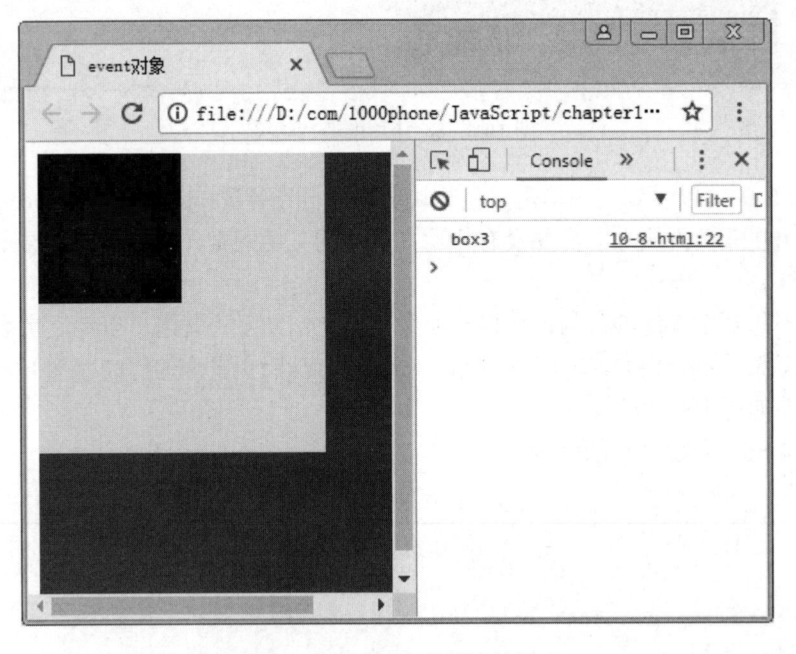

图 10.7　例 10-8 的调试结果

由图 10.7 可以看出，当再次单击蓝色方块时，只会触发自身的 class 属性值，而不会触发父层元素的class属性值。

冒泡行为是一把双刃剑，合理地运用冒泡与阻止冒泡可完成实际的项目开发。例如，可利用冒泡实现事件代理的操作；利用阻止冒泡规避一些不必要的触发操作。例如，当单击页面空白区域时，关闭菜单的效果，接下来通过案例演示，具体如例10-9所示。

【例10-9】 单击页面空白区域，关闭菜单的效果。

```
1   <!doctype html>
2   <html>
3   <head>
4   <meta charset="utf-8">
5   <title>event 对象</title>
6   <style>
7       #list{ width:150px; border:1px black solid; display:none;}
8   </style>
9   </head>
10  <body>
11      <input id="btn" type="button" value="单击">
12      <ul id="list">
13          <li>1111</li>
14        <li>2222</li>
15        <li>3333</li>
16      </ul>
17  <script>
18      var btn = document.getElementById('btn');
19      var list = document.getElementById('list');
20      btn.onclick = function(ev){              // 单击显示列表
21          list.style.display = 'block';
22          ev.stopPropagation();
23      };
24      document.onclick = function(){           // 单击隐藏列表
25          list.style.display = 'none';
26      };
27  </script>
28  </body>
29  </html>
```

调试结果如图10.8所示。

在例10-9中，布局为一个按钮和一组列表，当单击按钮时，弹出列表菜单。当单击屏幕的任意位置时，可以关闭这个按钮。需要注意当单击按钮btn.onclick时，会冒泡到document文档上，从而会触发document.onclick事件。快速打开菜单又快速关闭菜单时，菜单不会显示。

通过单击按钮触发阻止冒泡语句，阻止其事件向上的传播，进而显示菜单，完成整个案例的需求。

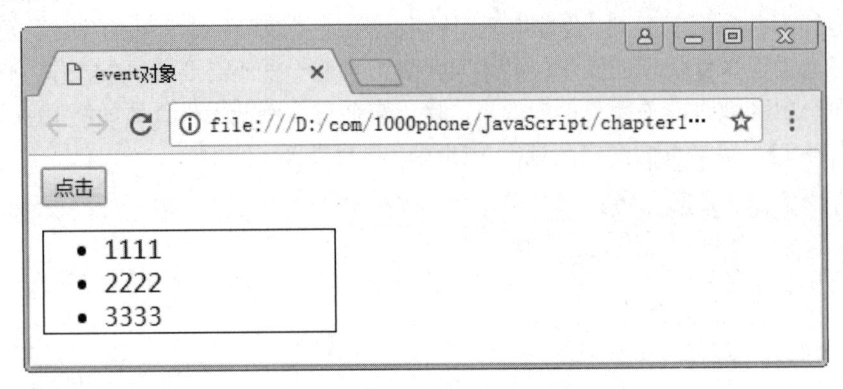

图 10.8　例 10-9 的调试结果

2．捕获阶段

与冒泡阶段正好相反，捕获阶段是先触发祖先元素的事件，然后依次触发事件源，即事件从最不精确的对象开始触发，然后再到最精确的目标元素。

由于捕获阶段必须在绑定事件中才可以观察到，下面只是列出演示代码，在 10.1.4 节中将对绑定事件进行详细的讲解。接下来通过案例演示捕获阶段，具体如例 10-10 所示。

【例 10-10】 捕获阶段。

```
1   <!doctype html>
2   <html>
3   <head>
4   <meta charset="utf-8">
5   <title>event 对象</title>
6   <style>
7        .box1{ width:300px; height:300px; background:red;}
8        .box2{ width:200px; height:200px; background:yellow;}
9        .box3{ width:100px; height:100px; background:blue;}
10  </style>
11  </head>
12  <body>
13       <div class="box1">
14           <div class="box2">
15             <div class="box3"></div>
16         </div>
17       </div>
18  <script>
19       var divs = document.getElementsByTagName('div');
20       for(var i=0;i<divs.length;i++){
21           divs[i].addEventListener('click',function(ev){
```

```
22              console.log( this.className );
23          },true);                    // true 为捕获阶段
24      }
25  </script>
26  </body>
27  </html>
```

调试结果如图 10.9 所示。

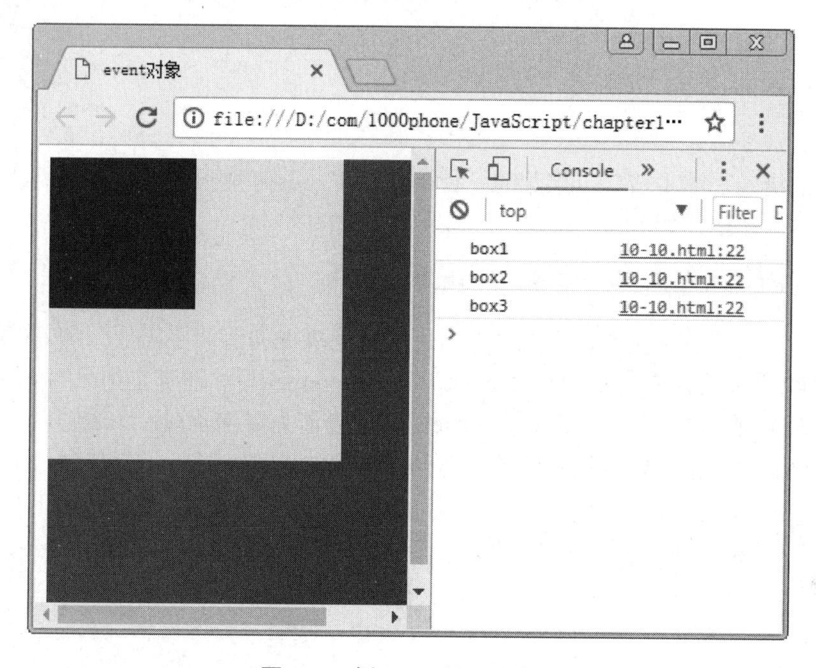

图 10.9　例 10-10 的调试结果

图 10.9 中，当单击蓝色方块时，会先触发 box1、再触发 box2、box3。注意，在一个事件中冒泡阶段和捕获阶段不能同时触发。

10.1.4　默认事件

一般情况下事件都具备默认事件行为，但默认的事件行为在开发中往往并不需要，而且会影响到整个项目的开发，因此，需要阻止默认事件的行为操作。如当按下键盘的空格键时，在默认情况下滚动条会向下移动，可通过 event 对象下的 preventDefault()方法进行阻止操作。具体示例代码如下：

```
1  <script>
2      document.onkeydown = function(ev){
3          if(ev.keyCode == 32){          // 阻止空格键的默认事件
4              ev.preventDefault();
5          }
```

```
6        };
7   </script>
```

当再次按下空格键时，页面不会发生偏移。但使用时应注意，如果阻止一些功能键的默认行为，可能会对用户体验造成影响，如按 F5 键刷新浏览器的操作。

10.2 事件高级操作

视频讲解

10.2.1 事件绑定

事件的绑定写法是 W3C 推荐的一种事件写法，其有别于普通事件的写法。其具体写法的基本语法格式如下：

```
元素.addEventListener(事件，回调函数，布尔值);
```

其中，事件与普通事件没有太大的区别，只是事件的前面不需要添加 on 语法格式，如原本的 onclick 写法在绑定中只写 click，onmousedown 写法在绑定中只写 mousedown。布尔值是一个可选的布尔值，默认为 false，表示当前为冒泡阶段；true 则表示当前为捕获阶段。这就是冒泡阶段与捕获阶段不能同时出现的原因。具体示例代码如下：

```
1   <script>
2       document.addEventListener('click',function(ev){    // 绑定写法
3           console.log(ev);
4       });
5   </script>
```

在普通事件中，当为同一个元素添加多个相同事件时，后面的事件会将前面的事件覆盖。在绑定事件中，则不会互相覆盖，而是按顺序都进行触发。接下来通过案例演示，具体如例 10-11 所示。

【例 10-11】 绑定事件中，为同一个元素添加多个相同事件。

```
1   <!doctype html>
2   <html>
3   <head>
4   <meta charset="utf-8">
5   <title>事件高级操作</title>
6   </head>
7   <body>
8       <div id="div1">div1</div>
9       <div id="div2">div2</div>
10  <script>
11      var div1 = document.getElementById('div1');
12      var div2 = document.getElementById('div2');
```

```
13          div1.onclick = function(){
14              console.log(1);
15          };
16          div1.onclick = function(){                  // 覆盖前面的事件
17              console.log(2);
18          };
19          div2.addEventListener('click',function(){
20              console.log(3);
21          });
22          div2.addEventListener('click',function(){  // 不覆盖前面的事件
23              console.log(4);
24          });
25      </script>
26      </body>
27      </html>
```

调试结果如图 10.10 所示。

图 10.10　例 10-11 的调试结果

在例 10-11 中，在页面中设置两个<div>标签，分别为 div1 和 div2。为 div1 标签添加普通的事件操作，当单击时，后面的事件会覆盖前面的事件，从而只打印出 2。为 div2 标签加绑定的事件操作，当单击时，事件之间并不会覆盖，而是按顺序执行，从而打印出 3 和 4。

10.2.2　事件取消

事件既可以添加，也可以取消。如给一个元素添加事件后，此事件触发操作会一直存在，每次触发事件都会触发对应的回调函数，而有时并不想多次触发事件操作，就可以利用取消事件实现。下面列出绑定事件对应的取消事件操作方式。其语法格式如下：

```
元素.removeEventListener(事件,回调函数,布尔值);
```

接下来通过案例演示绑定事件对应的取消事件操作方式，具体如例 10-12 所示。

【例 10-12】 绑定事件对应的取消事件操作方式。

```
1   <!doctype html>
2   <html>
3   <head>
4   <meta charset="utf-8">
5   <title>事件高级操作</title>
6   </head>
7   <body>
8       <div id="div1">div1</div>
9   <script>
10      var div1 = document.getElementById('div1');
11      div1.addEventListener('click',change);
12      function change(){
13          console.log('只触发一次');
14          div1.removeEventListener('click',change);    // 取消绑定事件
15      }
16  </script>
17  </body>
18  </html>
```

调试结果如图 10.11 所示。

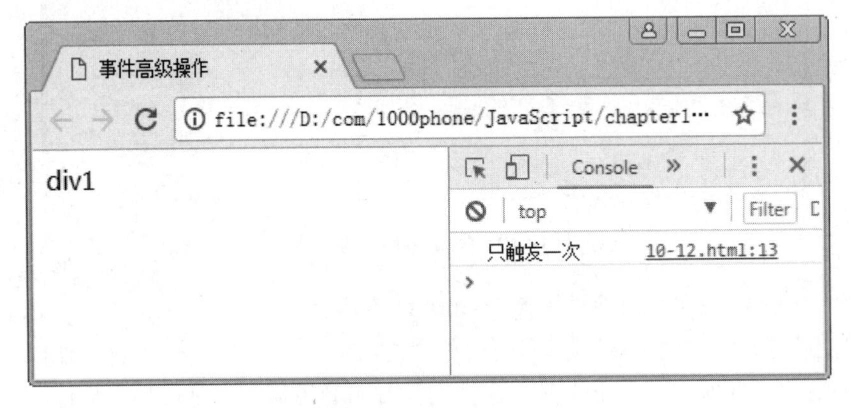

图 10.11　例 10-12 的调试结果

当单击完一次时，不会触发第二次事件操作。下面讲述普通事件的取消操作，通过给事件设置成 null 取消事件操作。具体如例 10-13 所示。

【例 10-13】 普通事件的取消操作。

```
1   <!doctype html>
2   <html>
3   <head>
4   <meta charset="utf-8">
5   <title>事件高级操作</title>
6   </head>
```

```
7   <body>
8        <div id="div1">div1</div>
9   <script>
10       var div1 = document.getElementById('div1');
11       div1.onclick = change;
12       function change(){
13           console.log('只触发一次');
14           div1.onclick = null;             // 取消普通事件
15       }
16  </script>
17  </body>
18  </html>
```

例 10-13 中，当单击 div1 时，div1.onclick 设置为 null，即普通方式的取消事件操作，这时再次单击 div1 时，事件失效。

10.2.3 事件代理

事件代理又称事件委托，是一种提高代码性能的手段。主要原理是利用事件的冒泡特性，将一个元素响应事件的函数委托到另一个元素。一般来讲，会将一个或者一组元素的事件委托到它的父层或者更外层元素上，而真正绑定事件的是外层元素。当事件响应到需要绑定的元素上时，会通过事件冒泡机制触发它的外层元素的绑定事件，然后在外层元素上去执行函数。

事件代理有减少内存消耗和动态绑定事件两大优点，下面分别进行介绍。

1. 减少内存消耗

当项目中有一个列表，需要给这个列表的每一项添加事件操作，如单击弹出信息，具体示例代码如下：

```
1   <body>
2        <ul id="ul1">
3            <li>列表项 1</li>
4          <li>列表项 2</li>
5          <li>列表项 3</li>
6          <li>列表项 4</li>
7       </ul>
8   </body>
9   <script>
10       var oUl = document.getElementById('ul1');
11       var aLi = document.getElementsByTagName('li');
12       for(var i=0;i<aLi.length;i++){
13           aLi[i].onclick = function(){
```

```
14            alert(123);
15         };
16     }
17 </script>
```

当单击任何列表项时，都会弹出 123 的信息，普通的事件操作对于数据较小的列表是适用的，但当数据较大时，需要循环的列表项会增多，对内存进行消耗变大，因此，尽量减少循环的执行次数，可以节省内存消耗。利用事件代理，就可以避免大量的循环产生，具体示例代码如下：

```
1  <script>
2       var oUl = document.getElementById('ul1');
3       var aLi = document.getElementsByTagName('li');
4       oUl.onclick = function(){
5          alert(123);
6       };
7  </script>
```

可以看到，运行结果与普通的方式一样，但性能上得到很大的提升。这种方式是利用事件冒泡的原理实现的。

如果把需求改成单击列表项，让对应的列表项添加背景色。接下来通过案例演示，具体如例 10-14 所示。

【例 10-14】 单击列表项，对应的列表项添加背景色。

```
1  <!doctype html>
2  <html>
3  <head>
4  <meta charset="utf-8">
5  <title>事件高级操作</title>
6  </head>
7  <body>
8     <ul id="ul1">
9          <li>列表项 1</li>
10        <li>列表项 2</li>
11        <li>列表项 3</li>
12         <li>列表项 4</li>
13      </ul>
14  <script>
15      var oUl = document.getElementById('ul1');
16      var aLi = document.getElementsByTagName('li');
17      oUl.onclick = function(){
18          var target = event.target;
19          if(target.nodeName.toLowerCase() == 'li' ){ // 是否为列表标签
20              target.style.background = 'red';        // 目标元素添加样式
```

```
21              }
22          };
23  </script>
24  </body>
25  </html>
```

运行结果如图 10.12 所示。

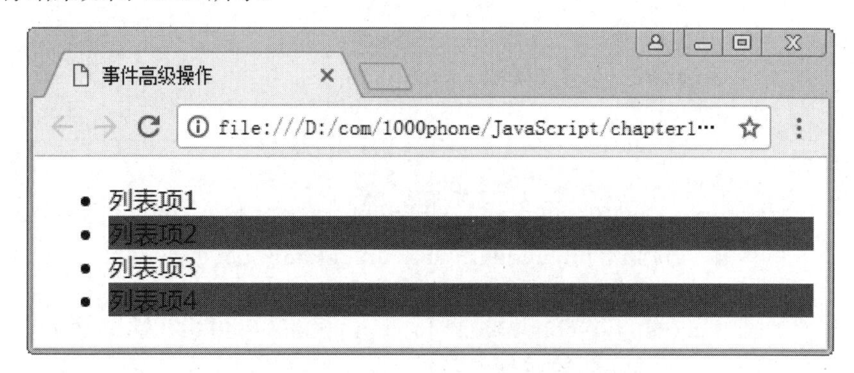

图 10.12　例 10-14 的运行结果

不能使用 this 查找当前的列表项，因为事件实际添加在父元素<ul>标签上，this 会指向<ul>标签。可利用 event 对象的 target 属性（即事件源）找到当前列表项，target 与 this 的区别在于其不会被当前的调用环境影响，永远指向当前操作的元素。当单击<ul>标签时，target 会指向<ul>标签，因此需要通过 if 判断当前标签，确定哪些标签是可以被触发的。

2．动态绑定事件

在页面中添加一个输入框，当单击回车时，可以把输入框中的内容添加到列表中，看下新添加的列表项是否可以拥有触发事件行为。接下来通过案例演示普通操作的方式，具体如例 10-15 所示。

【例 10-15】 普通操作的方式。

```
1   <!doctype html>
2   <html>
3   <head>
4   <meta charset="utf-8">
5   <title>事件高级操作</title>
6   </head>
7   <body>
8       <input id="input1" type="text">
9       <ul id="ul1">
10          <li>列表项 1</li>
11          <li>列表项 2</li>
12          <li>列表项 3</li>
```

```
13            <li>列表项 4</li>
14        </ul>
15    <script>
16        var oInput = document.getElementById('input1');
17        var oUl = document.getElementById('ul1');
18        var aLi = document.getElementsByTagName('li');
19        for(var i=0;i<aLi.length;i++){
20            aLi[i].onclick = function(){
21              this.style.background = 'red';
22            };
23        }
24        oInput.onkeydown = function(ev){
25            if(ev.keyCode == 13){         // 按下 Enter 键时，添加新的列表元素
26              var li = document.createElement('li');
27              li.innerHTML = this.value;
28              this.value = '';
29              oUl.appendChild(li);
30            }
31        };
32    </script>
33    </body>
34    </html>
```

运行结果如图 10.13 所示。

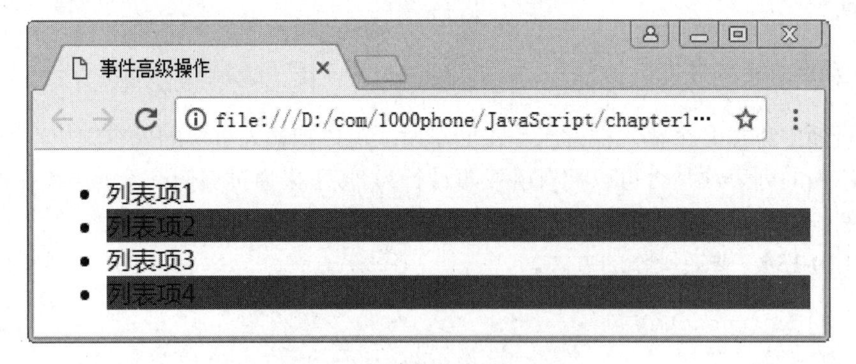

图 10.13　例 10-15 的运行结果

可以看到，当单击新添加的列表项时，并不会触发事件操作，因为代码有执行顺序。当执行到新添加列表项时，事件已经执行完毕。因此，新添加的列表项不会触发事件操作。

接下来通过案例演示事件代理操作的方式，具体如例 10-16 所示。

【例 10-16】 事件代理操作的方式。

```
1    <!doctype html>
2    <html>
3    <head>
```

```
4   <meta charset="utf-8">
5   <title>事件高级操作</title>
6   </head>
7   <body>
8       <ul id="ul1">
9           <li>列表项 1</li>
10          <li>列表项 2</li>
11          <li>列表项 3</li>
12          <li>列表项 4</li>
13          <li>新的列表项 1</li>
14          <li>新的列表项 2</li>
15      </ul>
16  <script>
17      var oInput = document.getElementById('input1');
18      var oUl = document.getElementById('ul1');
19      var aLi = document.getElementsByTagName('li');
20      oUl.onclick = function(ev){
21          var target = ev.target;
22          if(target.nodeName.toLowerCase() == 'li' ){
23              target.style.background = 'red';
24          }
25      };
26      oInput.onkeydown = function(ev){
27          if(ev.keyCode == 13){
28            var li = document.createElement('li');
29            li.innerHTML = this.value;
30            this.value = '';
31            oUl.appendChild(li);
32          }
33      };
34  </script>
35  </body>
36  </html>
```

运行结果如图 10.14 所示。

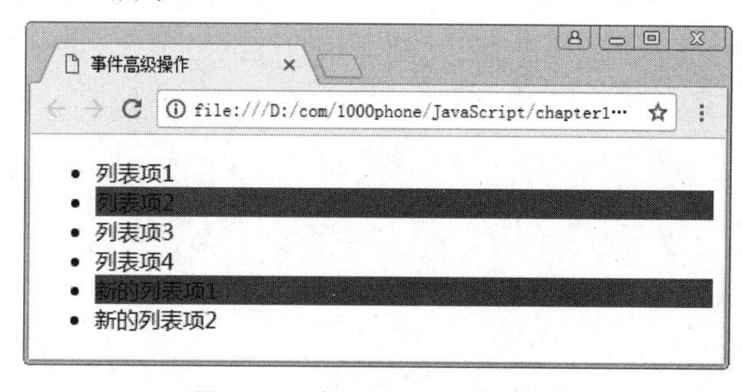

图 10.14　例 10-16 的运行结果

当单击新的列表项时，可以用于事件操作。因为事件添加在父元素<ul>标签身上，与是否新添加列表项并无关系，所以新添加的也可以触发事件操作，即事件代理的动态绑定操作。

10.3 实际运用

视频讲解

10.3.1 拖曳元素

实现拖曳元素效果，如图 10.15 所示。

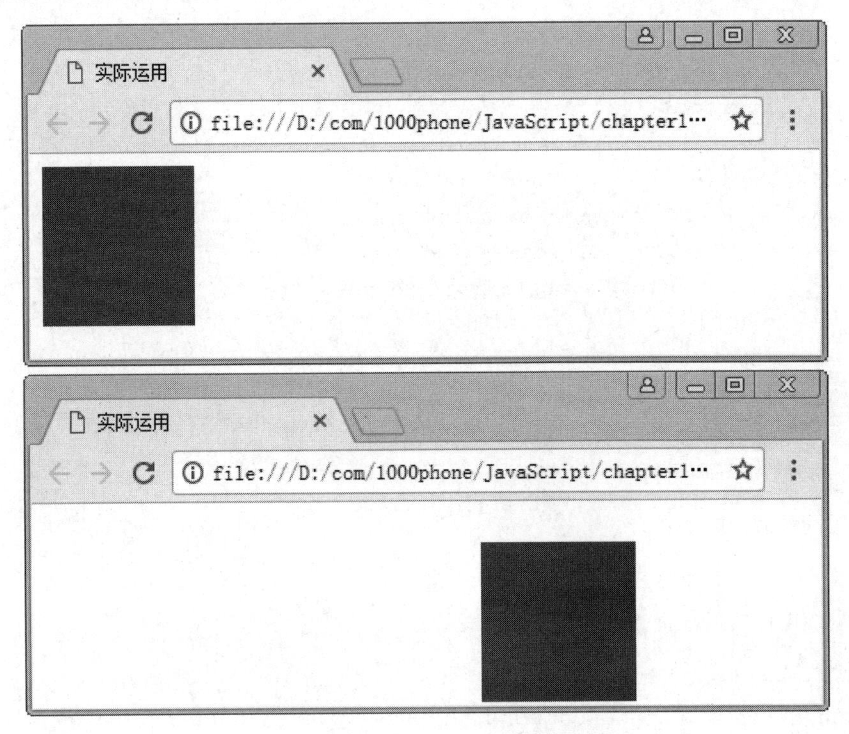

图 10.15 拖曳元素效果

当拖动鼠标时，可以将方块移动；当抬起鼠标按键时，方块停止到当前的位置。还可以继续对方块进行下一次的拖曳操作。接下来通过案例演示，具体如例 10-17 所示。

【例 10-17】 拖曳元素。

```
1    <!doctype html>
2    <html>
3    <head>
4    <meta charset="utf-8">
5    <title>实际运用</title>
6    <style>
```

```
7        #div1{ width:100px; height:100px; background:red;
8            position:absolute;}
9    </style>
10   </head>
11   <body>
12       <div id="div1"></div>
13   <script>
14       var oDiv = document.getElementById('div1');
15       var disX = 0;
16       var disY = 0;
17       oDiv.onmousedown = function(ev){
18           // 按下存储鼠标到元素的距离
19           disX = ev.pageX - oDiv.offsetLeft;
20           disY = ev.pageY - oDiv.offsetTop;
21           document.onmousemove = function(ev){
22             // 拖动元素
23             oDiv.style.left = ev.clientX - disX + 'px';
24             oDiv.style.top = ev.clientY - disY + 'px';
25           };
26           document.onmouseup = function(){
27             // 取消事件，停止拖曳
28             document.onmousemove = null;
29             document.onmouseup = null;
30           };
31       };
32   </script>
33   </body>
34   </html>
```

首先拖曳操作需要三大事件，分别为 onmousedown、onmousemove、onmouseup。注意添加的位置，只有当鼠标按下后才可以进行拖曳移动。因此，将 onmousemove 和 onmouseup 添加到 onmousedown 事件中。

移动和抬起事件需要添加到 document 文档，因为 onmousemove 是连续多次触发的事件，每次触发之间有时间间隔。如果鼠标在这个时间间隔内离开方块，方块就会脱离鼠标，从而停止。所以把操作元素设置成 document 文档时，无论如何移动都不会脱离 document，快速拖曳时，鼠标不会离开方块。

拖曳的原理也是很简单的，首先在按下鼠标左键时，存储鼠标与当前方法的距离，分别存为变量 disX 和 disY。当拖曳移动时，当前鼠标的坐标分别减去这两个变量的值，得到的差值即为移动中的 left 值和 top 值，这样元素就可以一起移动。

当鼠标抬起时，触发 onmouseup 事件，需要在事件中添加取消事件操作，使元素可以停下来。再次操作时，可以重新进行添加。

10.3.2 输入框提示信息

下面需要实现输入框提示信息的展示效果，如图 10.16 所示。

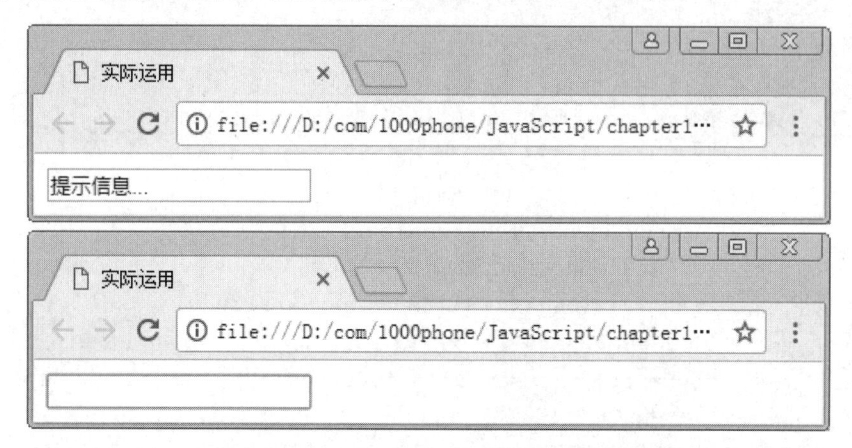

图 10.16 输入框提示信息的展示效果

提示文字效果可以用标签的 placeholder 属性实现，也可以用 JavaScript 实现。当用户单击输入框时，提示信息消失；当输入框内容为空且移开光标时，提示信息又还原。接下来通过案例演示，具体如例 10-18 所示。

【例 10-18】 输入框提示信息。

```
1   <!doctype html>
2   <html>
3   <head>
4   <meta charset="utf-8">
5   <title>实际运用</title>
6   </head>
7   <body>
8        <input id="input1" type="text" value="提示信息...">
9   <script>
10     var oInput = document.getElementById('input1');
11     var onoff = true;
12     oInput.onfocus = function(){     // 获取光标触发事件
13          if(onoff){
14            this.value = '';
15            onoff = false;
16          }
17     };
18     oInput.onblur = function(){      // 失去光标触发事件
19          if(this.value == ''){
20              this.value = '提示信息...';
```

```
21              onoff = true;
22          }
23      };
24  </script>
25  </body>
26  </html>
```

例中，首先利用光标移入事件和光标移开事件，即 onfocus 和 onblur。再通过 onoff 变量判断何时返回提示信息。

10.3.3 自定义右键菜单

下面需要实现自定义右键菜单展示，如图 10.17 所示。

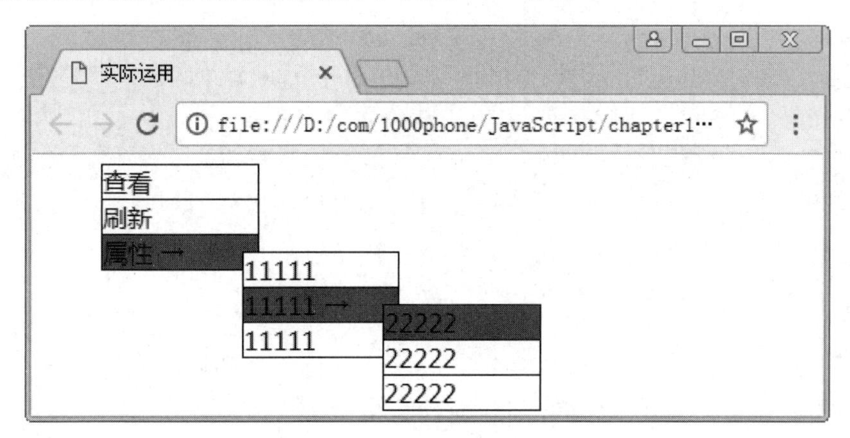

图 10.17 自定义右键菜单展示

当单击右键时，不会弹出浏览器默认的菜单，而是自定义的右键菜单，通过这种方式来满足个性化的需求。接下来通过案例演示，具体如例 10-19 所示。

【例 10-19】 自定义右键菜单。

```
1   <!doctype html>
2   <html>
3   <head>
4   <meta charset="utf-8">
5   <title>实际运用</title>
6   <style>
7       *{ margin:0; padding:0;}
8       ul{ width:100px; border:1px #000 solid; border-bottom:none
9           background:white; position:absolute; left:90px;
10          top:10px; z-index:11; display:none;}
11      li{ list-style:none; border-bottom:1px #000 solid; position:
        relative;}
```

```
12      li.active{ background:red;}
13  </style>
14  </head>
15  <body>
16      <ul id="ul1">
17           <li>查看</li>
18          <li>刷新</li>
19   ];
20      </ul>
21  <script>
22      var oUl = document.getElementById('ul1');
23      var aLi = oUl.getElementsByTagName('li');
24      document.oncontextmenu = function(ev){
25          ev.preventDefault();
26            oUl.style.display = 'block';
27            oUl.style.left = ev.clientX + 'px';
28            oUl.style.top = ev.clientY + 'px';
29            return false;
30      };
31      for(var i=0;i<aLi.length;i++){
32            aLi[i].onmouseover = function(){
33              this.className = 'active';
34              var childUl = this.getElementsByTagName('ul')[0];
35              if(childUl){                       // 判断是否存在子菜单
36                  childUl.style.display = 'block';
37              }
38            };
39            aLi[i].onmouseout = function(){
40              this.className = '';
41              var childUl = this.getElementsByTagName('ul')[0];
42              if(childUl){                       // 判断是否存在子菜单
43                 childUl.style.display = 'none';
44              }
45            };
46      }
47      aLi[1].onclick = function(){
48            window.location.reload();         // 刷新浏览器
49      };
50  </script>
51  </body>
52  </html>
```

当单击鼠标右键时，会触发 oncontextmenu 事件，即右键事件。当鼠标移入时，查看当前列表项是否存在子列表，如果存在，则会显示子列表。

10.3.4 滑轮滚动页面

下面需要实现滑动鼠标滚轮展示效果，如图 10.18 所示。

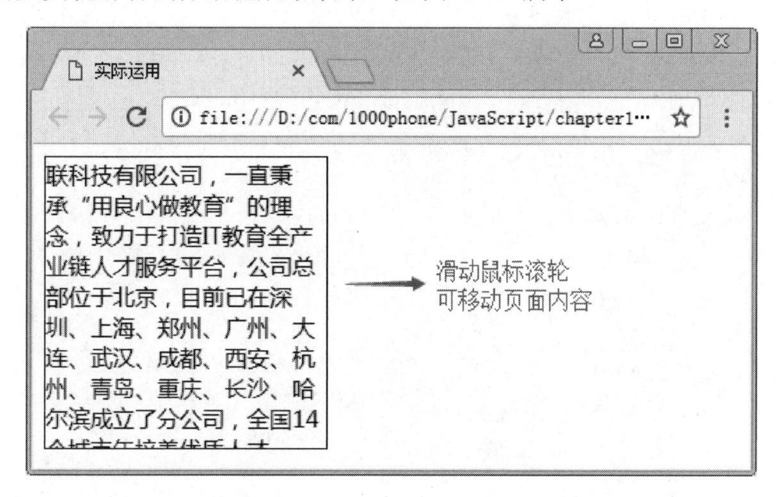

图 10.18 滑动鼠标滚轮展示效果

当鼠标在页面上进行上下移动时，可以改变页面显示的内容区域，且对内容的范围限制。接下来通过案例演示，具体如例 10-20 所示。

【例 10-20】 滑轮滚动页面。

```
1   <!doctype html>
2   <html>
3   <head>
4   <meta charset="utf-8">
5   <title>实际运用</title>
6   <style>
7       #div1{ width:200px; height:200px; border:1px black solid;
8            overflow:hidden; position:relative;}
9       #div2{ position:absolute; top:0;}
10  </style>
11  </head>
12  <body>
13      <div id="div1">
14           <div id="div2">
15               千锋教育隶属于北京千锋互联科技有限公司，一直秉承“用良心做教育”的
                 理念，致力于打造 IT 教育全产业链人才服务平台，公司总部位于北京，目
                 前已在深圳、上海、郑州、广州、大连、武汉、成都、西安、杭州、青岛、
                 重庆、长沙、哈尔滨成立了分公司，全国 14 个城市年培养优质人才 20000
```

```
                 余人，同期在校学员 5000 余人，合作院校超 500 所，合作企业超 10000
                 家，每年有数十万名学员受益于千锋教育组织的技术研讨会、技术培训课、
                 网络公开课及免费教学视频。
16          </div>
17      </div>
18  <script>
19      var div1 = document.getElementById('div1');
20      var div2 = document.getElementById('div2');
21      var T = 0;
22      div1.onmousewheel = function(ev){
23          if(ev.wheelDelta<0){            // 滚轮向上滚动
24            T = div2.offsetTop - 10;
25          }
26          else{                           // 滚轮向下滚动
27            T = div2.offsetTop + 10;
28          }
29          if(T>0){                        // 限制滚轮距离
30            T = 0;
31          }
32          else if(T < div1.offsetHeight - div2.offsetHeight){
33            T = div1.offsetHeight - div2.offsetHeight
34          }
35          div2.style.top = T + 'px';
36          ev.preventDefault();
37      };
38  </script>
39  </body>
40  </html>
```

当滑动鼠标滚轮时，触发 onmousewheel 事件，即鼠标滚轮事件。通过 event 对象的 wheelDelta 属性来判断滚动方向，得到一个滚动的数值。数值返回负值，则表示当前是向下滚动的；数值返回正数，则表示当前是向上滚动的。

10.4 本章小结

通过本章的学习，希望读者能够了解 event 对象，包括 event 对象的常见属性，如鼠标的坐标、键盘的键值、事件流、默认事件等；理解事件的一些高级用法，例如，事件的绑定写法、事件的取消写法、事件代理等。通过实际运用的案例，能够更好地掌握 JavaScript 语言的事件操作。

10.5 习　　题

1. 填空题

（1）event 对象下表示键盘键值的属性为________。

（2）addEventListener 方法的三个参数分别为________、________、________。

（3）事件流的三个阶段为________、________、________。

（4）事件代理的两点好处为________、________。

（5）event 对象下阻止事件冒泡的属性为________。

2. 选择题

（1）preventDefault 属性用于表示（　　）。

A. 阻止冒泡　　B. 阻止默认事件

C. 阻止事件流　　D. 阻止捕获

（2）下面表示右键事件的是（　　）。

A. onclick　　B. onmousedown

C. onmousewheel　　D. oncontextmenu

（3）event 对象下的 target 属性表示（　　）。

A. 事件源　　B. 事件目标

C. 事件对象　　D. 事件流

（4）Enter 键对应的键盘键值为（　　）。

A. 11　　B. 12

C. 13　　D. 14

（5）pageX 表示到（　　）的左距离。

A. 浏览器窗口　　B. 文档

C. 有定位的祖先节点　　D. body

3. 思考题

（1）请简述什么是事件代理。

（2）请简述 clientX 与 pageX 的区别。

第11章 chapter 11

JSON 对象与 AJAX 技术

本章学习目标

- 理解 JSON 数据格式的含义和相关方法；
- 了解异步数据交互原理和 AJAX 技术的使用；
- 利用 JSON 和 AJAX 实现前后端数据交互。

本章中将学习 JSON 与 AJAX 技术，它们是 JavaScript 语言与后端通信的接口方式。

11.1 JSON 对象

视频讲解

在本章中对 JSON 对象和 AJAX 技术分别进行讲解。利用 JSON 对象可以显示前台的数据和完成一些键值对的设置。AJAX 技术通过异步无刷新的方式，完成对前后端数据交互，提高用户使用体验。

11.1.1 JSON 简介

JSON 格式（JavaScript Object Notation 的缩写）是一种用于数据交换的文本格式，2001 年由 Douglas Crockford 提出，目的是取代烦琐的 XML 格式。

与 XML 格式相比，JSON 格式有书写简单和一目了然两个显著优点，符合 JavaScript 原生语法，可以由解释引擎直接处理，不用另外添加解析代码。因此，JSON 能迅速地被接受，目前已经成为各大网站交换数据的标准格式，并被写入 ECMAScript 5，成为标准的一部分。

JSON 对象的语法格式如下：

```
var json = { 属性名 : 属性值 };
```

JSON 对象的语法格式与对象自变量相似，但 JSON 对值的类型和格式有严格的规定，而对象自变量则没有限制。具体 JSON 规定如下：

（1）复合类型的值只能是数组或对象，不能是函数、正则表达式对象、日期对象。

（2）简单类型的值只有字符串、数值（必须以十进制表示）、布尔值和 null（不能使用 NaN、Infinity、-Infinity 和 undefined）四种。

（3）字符串必须使用双引号表示，不能使用单引号。

（4）对象的键名必须放在双引号中。

（5）数组或对象最后一个成员的后面，不能加逗号。

下面列举一些合格的 JSON 值，具体示例代码如下：

```
["one", "two", "three"]
{ "one": 1, "two": 2, "three": 3 }
{"names": ["张三", "李四"] }
[ { "name": "张三"}, {"name": "李四"} ]
```

接下来列举一些不合格的 JSON 值，具体示例代码如下：

```
{ name: "张三", 'age': 32 }                        // 属性名必须使用双引号
[32, 64, 128, 0xFFF]                               // 不能使用十六进制值
{ "name": "张三", "age": undefined }               // 不能使用 undefined
{ "name": "张三",
  "birthday": new Date('Fri, 26 Aug 2011 07:13:10 GMT'),
  "getName": function() {
      return this.name;
  }
} // 不能使用函数和日期对象
```

注意，空数组和空对象都是合格的 JSON 值，null 本身也是一个合格的 JSON 值。

由于 JSON 对象没有 length 长度，因此，不能使用 for 循环操作。可以使用 for in 循环，找到 JSON 对象中的多组属性名和属性值。接下来通过案例演示，具体如例 11-1 所示。

【例 11-1】 使用 for…in 循环，找到 JSON 对象中的多组属性名和属性值。

```
1   <!doctype html>
2   <html>
3   <head>
4   <meta charset="utf-8">
5   <title>JSON 对象</title>
6   <script>
7       var json = {
8           "name" : "hello",
9           "age" : "20",
10          "job" : "it"
11      };
12      for(var attr in json){
13          console.log( attr );               // 打印出 json 中的所有属性名
14      }
15  </script>
16  </head>
```

```
17  <body>
18  </body>
19  </html>
```

调试结果如图 11.1 所示。

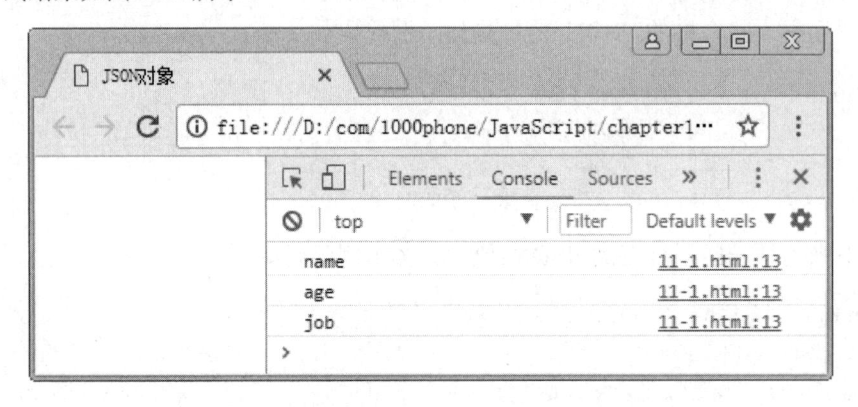

图 11.1　例 11-1 的调试结果

在例 11-1 中，定义一个 JSON 对象，然后通过 JSON.stringify()方法对其进行解析，转换成字符串格式的 JSON 数据。

输出 JSON 对象的属性值，只需要通过属性操作的点运算符或者中括号方式即可。接下来通过案例演示，具体如例 11-2 所示。

【例 11-2】 输出 JSON 对象的属性值。

```
1   <!doctype html>
2   <html>
3   <head>
4   <meta charset="utf-8">
5   <title>JSON 对象</title>
6   <script>
7       var json = {
8           "name" : "hello",
9           "age" : "20",
10          "job" : "it"
11      };
12      for(var attr in json){
13          console.log( json[attr] );      // 打印出 json 中的所有属性值
14      }
15  </script>
16  </head>
17  <body>
18  </body>
19  </html>
```

调试结果如图 11.2 所示。

图 11.2 例 11-2 的调试结果

在例 11-2 中，首先定义一个 JSON 对象，并附上初始数据，name、age、job。然后通过 for…in 循环对 JSON 对象的每一组值进行输出，如图 11.2 所示。

11.1.2 JSON 应用

一般情况下，后端程序返回到前端的数据，多数为 JSON 格式。利用 JSON 数据渲染页面内容，是前端开发必备技能之一。接下来通过案例演示如何渲染 HTML 页面结构，具体如例 11-3 所示。

【例 11-3】 如何渲染 HTML 页面结构。

```
1   <!doctype html>
2   <html>
3   <head>
4   <meta charset="utf-8">
5   <title>JSON 对象</title>
6   <style>
7   *{ margin:0; padding:0;}
8   #ul1{ width:300px; margin:20px auto;}
9   li{ list-style:none; width:300px; height:auto; overflow:hidden;}
10  li h3{ width:100%; height:30px; line-height:30px; background:#0CF;}
11  li p{ padding:20px;}
12  li span{ float:right;}
13  </style>
14  </head>
15  <body>
16  <ul id="ul1"></ul>
17  <script>
18  var data = [
19  { title : '千锋七大门派火力全开' , content : '2018 年 1 月 31 日，千锋教育全
    栈项目大赛决赛在中关村鼎好大厦隆重举行。此次全栈项目大赛自立项以来，受到了广大学
    员和老师以及社会企业的高度关注。学员参与积极度空前高涨，报名踊跃。',link:'http://
```

```
    legal.firefox.news.cn/15/0426/06/TE76OVDAYZ0K3RS1.htmlhttps://bai
    jiahao.baidu.com/s?id=1591184172814874955&wfr=spider&for=pc', date :
    '2018.02.01' },
20  { title : '千锋人工智能和 HTML5' , content : '人工智能与 HTML5 的关系', link :
    'http://news.ctocio.com.cn/478/14556478.shtml' , date :
    '2018.7.27' },
21  { title : '千锋为你介绍百度 AI 大会' , content : 'Python 与人工智能学科', link :
    'http://www.qianjia.com/html/2018-07/06_297297.html' , date :
    '2018.7.6' }
22  ];
23  var oUl = document.getElementById('ul1');
24  var str = '';
25  for(var i=0;i<data.length;i++){    // 多组 JSON 进行数据拼接
26  str +=  '<li>' +
27  '<h3><a href="' +data[i].link+ '">'+ data[i].title +'</a></h3>' +
28  '<p>'+ data[i].content +'</p>' +
29  '<span>'+ data[i].date +'</span>' +
30  '</li>';
31  }
32  oUl.innerHTML = str;
33  </script>
34  </body>
35  </html>
```

运行结果如图 11.3 所示。

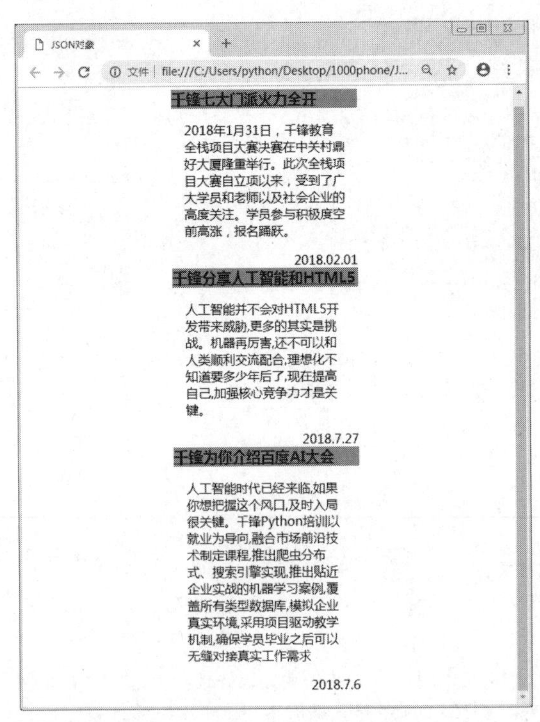

图 11.3　例 11-3 的运行结果

在例 11-3 中，首先定义好初始的 JSON 数据。通过对数据的循环便利，生成列表标签，并添加到一个 str 临时变量上，然后一次性的赋值给列表的容器，从而展示到页面中，显示效果如图 11.3 所示。

除渲染页面外，还可以利用 JSON 的特性进行一些其他的操作。接下来通过案例演示为元素添加多个样式设置，具体如例 11-4 所示。

【例 11-4】 为元素添加多个样式设置。

```
1   <!doctype html>
2   <html>
3   <head>
4   <meta charset="utf-8">
5   <title>JSON 对象</title>
6   </head>
7   <body>
8        <div id="div1"></div>
9   <script>
10      function setStyle(id , json){
11          var obj = document.getElementById(id);
12          for(var attr in json){          // 通过 JSON 设置元素样式
13              obj.style[attr] = json[attr];
14          }
15      }
16      setStyle( 'div1' , { width : '100px' , height : '50px' , background :
        'red' } );
17  </script>
18  </body>
19  </html>
```

运行结果如图 11.4 所示。

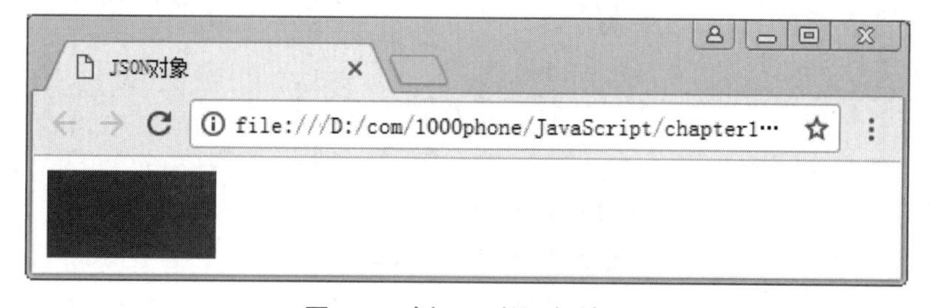

图 11.4 例 11-4 的运行结果

在例 11-4 中，在 HTML 结构中设置一个空的<div>标签，然后通过 JSON 方式传入样式的数据。在封装函数 setStyle 中对 JSON 数据进行遍历，将每组样式值添加到<div>标签上。

11.1.3 JSON 相关方法

后端返回的 JSON 数据，一般情况下为字符串格式的 JSON 数据，前端获取数据后不能直接进行处理，因此需要转化为真正的 JSON 对象。在 JSON 对象中提供了两种转化的相关方法。

1. JSON.parse()

JSON.parse()方法用于将 JSON 字符串转化为对象。接下来通过案例演示，具体如例 11-5 所示。

【例 11-5】 JSON.parse()方法的使用。

```
1   <!doctype html>
2   <html>
3   <head>
4   <meta charset="utf-8">
5   <title>JSON 对象</title>
6   <script>
7       var str = '{"name":"hello","age":"30"}';
8       var json = JSON.parse(str);         // JSON 字符串，转成 JSON 对象
9       console.log(json);
10  </script>
11  </head>
12  <body>
13  </body>
14  </html>
```

调试结果如图 11.5 所示。

图 11.5 例 11-5 的调试结果

JSON.parse()方法用于将 JSON 字符串转化为对象。需要注意，JSON.parse()方法转换的字符串，必须是严格的 JSON 格式。如果是其他字符串字符，则不能进行转换，且报错。这是 JSON.parse()方法比 eval()方法更安全的地方。

2. JSON.stringify()

JSON.stringify()方法用于将值转为字符串。该字符串符合 JSON 格式，且可以被 JSON.parse()方法还原。接下来通过案例演示 JSON.stringify()方法，具体如例 11-6 所示。

【例 11-6】 JSON.stringify()方法的使用。

```
1   <!doctype html>
2   <html>
3   <head>
4   <meta charset="utf-8">
5   <title>JSON对象</title>
6   <script>
7       var json = {"name":"hello","age":"30"};
8       var str = JSON.stringify(json);      // json对象转成JSON字符串
9       console.log(str);
10  </script>
11  </head>
12  <body>
13  </body>
14  </html>
```

运行结果如图 11.6 所示。

图 11.6　例 11-6 的运行结果

在例 11-6 中，定义一个 JSON 对象，然后通过 JSON.stringify()方法对其进行解析，转换成字符串格式的 JSON 数据。

11.2　AJAX 技术

视频讲解

11.2.1　AJAX 简介

AJAX 即“Asynchronous JavaScript And XML”（异步 JavaScript 和 XML），是指一种创建交互式网页应用的网页开发技术。AJAX 不是一种新的编程语言，而是使用现有标准的新方法。AJAX 可以在不重新加载整个页面情况下与服务器交换数据。异步交互的方式是用户单击后无须刷新页面也能获取新数据。使用 AJAX，用户可以创建具有快速响应、动态灵活的 Web 用户界面。

XML 是一种古老的数据交互格式，目前多数情况下会使用 JSON 数据格式替换 XML 数据格式，所以 AJAX 可以看作是异步 JavaScript 和 JSON 形式。

同步模式和异步模式的区别如下。

1．同步模式

当 JavaScript 代码加载到当前 AJAX 时，会把页面里所有的代码停止加载，页面处于假死状态；当 AJAX 执行完毕后，继续运行，其他代码页面假死状态解除。JavaScript 语言是单线程机制，所谓单线程就是按次序执行，执行完一个任务再执行下一个。对于浏览器来说，即无法在渲染页面的同时执行代码。单线程机制的优点是实现较为简单，运行环境相对简单。缺点是如果中间有任务需要过长响应时间，经常会导致页面加载错误或浏览器无响应的状况。这即是同步模式。

2．异步模式

异步可以在 AJAX 代码运行时运行其他代码。当 AJAX 发送请求后，等待 server 端返回的过程中，前台会继续执行 AJAX 块后面的脚本，直到 server 端返回正确的结果，再去执行 success，即此时执行两个线程，AJAX 块发出的请求和 AJAX 块后面的脚本。

AJAX 技术是提升网站性能和用户体验的重要手段，其优势如下：

（1）无刷新更新数据；

（2）异步与服务器通信；

（3）基于标准被广泛支持；

（4）界面与应用分离；

（5）节省带宽。

11.2.2 AJAX 的运行环境

传统前后端是实现交互，一般会将信息通过 form 表单的方法提交给后台，然后由后台程序从数据库中查询数据并返回前台页面。接下来，本书以 WAMP 为例对 AJAX 的运行环境进行详细讲解。

1．环境搭建

前后端交互必须在服务器环境下进行，请求的 URL 地址不能以 file 标识开始，必须以 http 或 https 标识作为开始。搭建服务器有很多方法，推荐一款集成化的工具 WAMP。它是 Windows + Apache + MySQL + PHP 的一个组合，只需一键安装。安装开始如图 11.7 所示，其配置安装只需不断单击 Next 按钮，直到如图 11.8 所示，单击 Install 等待安装即可。

启动工具，单击工具如图 11.9 所示，当单击 Localhost 按钮时，即可打开服务器环境；当单击 phpMyAdmin 按钮时，会进入数据库管理界面；当单击“www 目录(W)”按钮时，可以把项目文件放入其中，这样就可以在服务器环境下访问到这些页面。

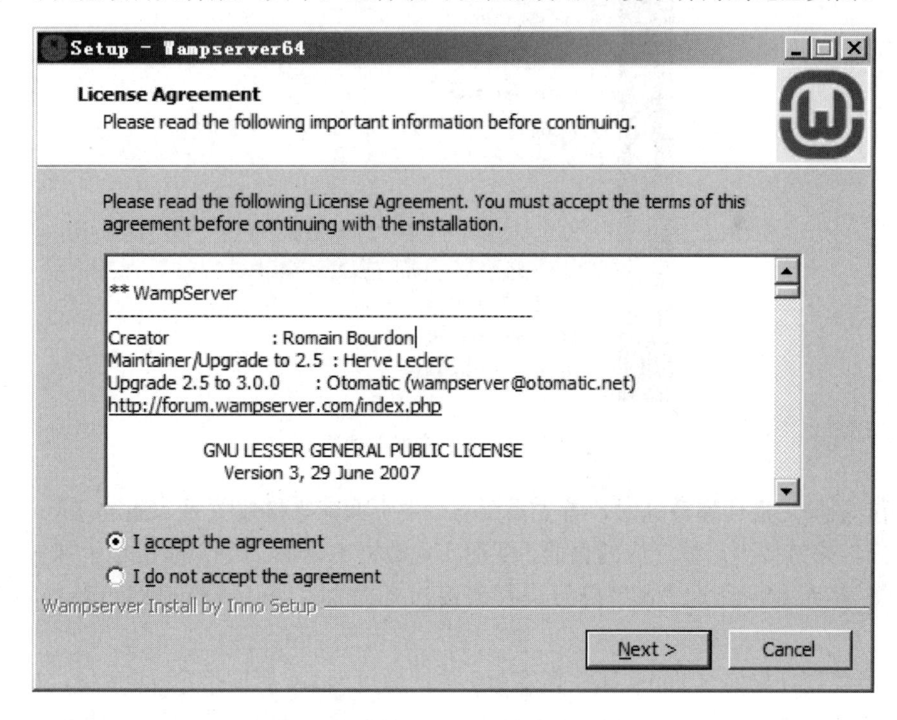

图 11.7 WAMP 工具安装过程展示

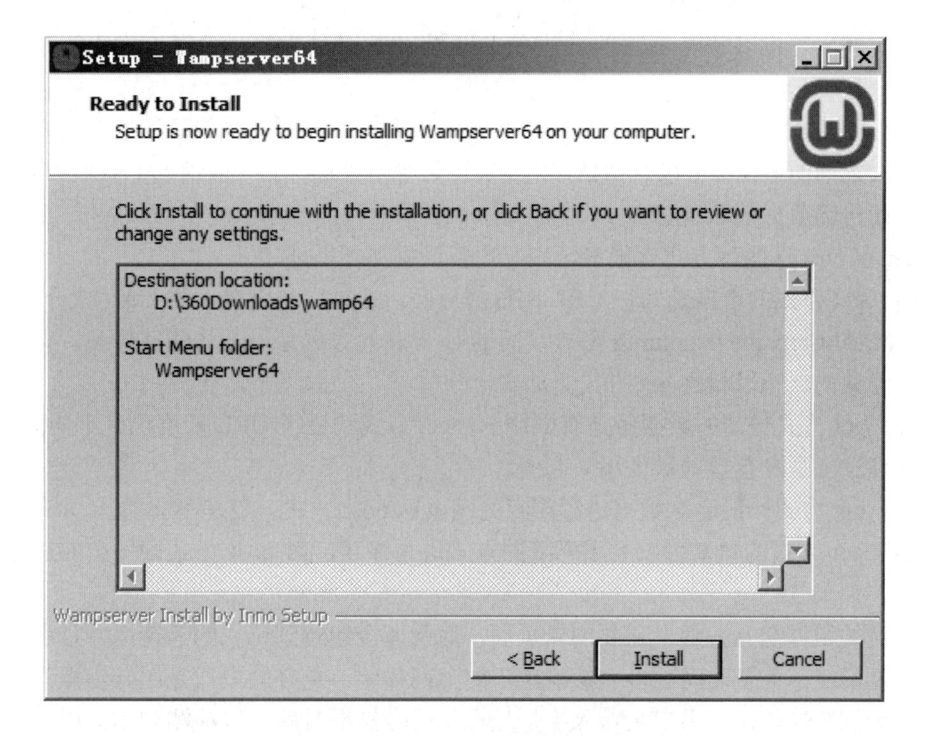

图 11.8 WAMP 工具安装过程展示

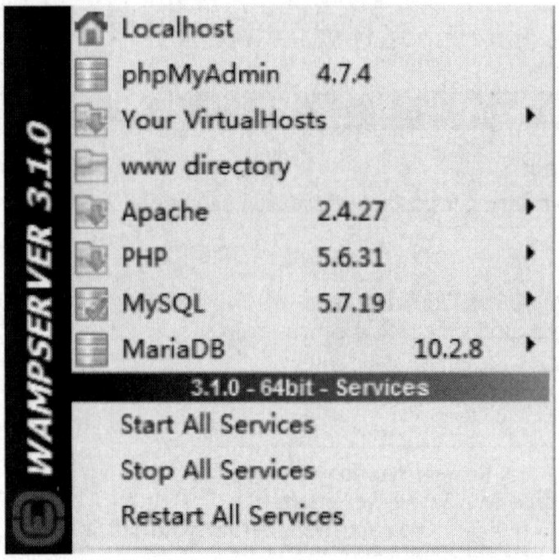

图 11.9 WAMP 安装成功展示

当前端向后端传递数据时，首先需要与后端页面建立链接关系，通过 form 表单的 action 属性来链接到后端对应的页面，从而实现数据的传递。数据的格式为“key=value”的方式，多组数据通过“&”符号进行链接，格式为“key1=value1&key2=value2”的方式。

在表单控件里通过 name 属性指定 key 值，通过 value 属性指定 value 值，如上面示例中的数据具体情况为 username=xiaoming，reg.php 页面就可以根据 key 值 username 匹配对应的 value 值 xiaoming。

通过代码还可以发现，在 form 表单上设置 method 属性为 post 值，它表示数据传输的方式。

常见的数据传输方式有 get 和 post 两种。数据传输方式就是前后端通信的方式，就像人与人之间的通信，可以有微信、电话、短信等多种选择。一般情况下获取数据用 get 方式，而传输数据用 post 方式。

get 和 post 这两种方式有很多区别，主要区别如下所述。

（1）get 方式的数据是写在 URL 网址的后面，通过问号链接，如 http:// localhost/11/1demo.html?username=xiaoming 形式，而 post 方式的数据是通过传输体传递，传输体对用户是隐藏的，所以相比 get 方式更加安全一些。

（2）get 方式传递的数据量是有限制的，get 方式的最大 URL 长度也是不同的。post 方式在理论上是没有数据量大小限制的。

（3）get 方式一般会对数据进行缓存处理，而 post 方式一般是不会的。

（4）get 方式的数据可以利用书签的方式进行保存，而 post 方式则不会被进行长期保存。

传统的数据交互方式，需要刷新页面，而网速会影响到请求的等待，并且可能导致用户重复提交，花费时间过多，影响用户的上网体验。更好的方式是用异步操作，对页面进行无刷新操作，当用户名输入完，光标移开数据框时就可以检测到当前用户名是否已经被注册，这样就可以避免用户盲目地单击“注册”按钮，从而改善用户上网体验，大大提升网站的性能。

在介绍搭建开发环境的方法之后，接下来对 WAMP 涉及的 PHP 语言和 MySQL 数据库进行讲解。

2．PHP 基础

PHP 是“PHP: Hypertext Preprocessor”的首字母缩写，是一种被广泛使用的开源脚本语言。PHP 脚本在服务器上执行，PHP 没有成本，可供免费下载和使用。

PHP 是一门令人惊叹的流行语言，它强大到足以成为在网络上最大的博客系统的核心（WordPress），它强大到足以运行最大的社交网络（Facebook），而它的易用程度足以成为初学者的首选。

PHP 文件的默认文件扩展名是“.php”。PHP 脚本可放置于文档中的任何位置。PHP 脚本以 <?php 开头，以?>结尾。下面示例演示 PHP 脚本编写“Hello World”，具体示例代码如下：

```
1  <?php
2         // 此处是 PHP 代码
3         echo "Hello World!";
4  ?>
```

示例中，包含使用内建 PHP 函数“Hello World echo”，在网页上输出文本 "Hello World!" 的 PHP 脚本。当 AJAX 通过 URL 请求 PHP 文件时，若请求成功，则返回"Hello World!"数据，并将数据赋值给 xhr.responseText 属性。

3．MySQL 基础

关系型数据库（Relational Database Management System，MySQL），所谓的“关系型”可以理解为“表格”，关系型数据库由一个或数个表格组成，如图 11.10 所示为一个表格。

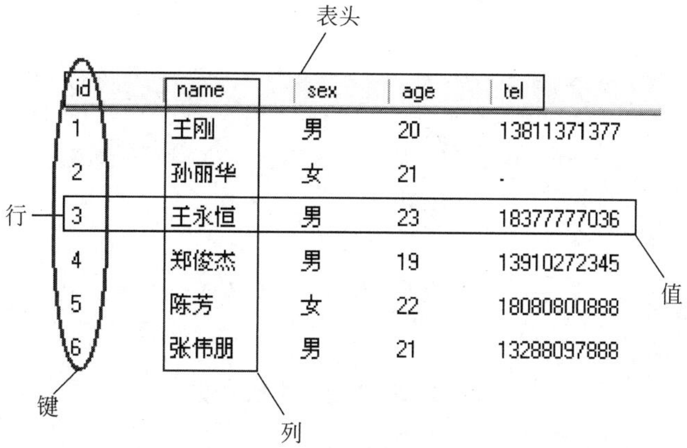

表头

id	name	sex	age	tel
1	王刚	男	20	13811371377
2	孙丽华	女	21	.
3	王永恒	男	23	18377777036
4	郑俊杰	男	19	13910272345
5	陈芳	女	22	18080800888
6	张伟朋	男	21	13288097888

行　键　列　值

某班级学生信息

图 11.10　MySQL 数据表

MySQL 数据表中的内容及含义，如表 11.1 所示。

表 11.1　数据表内容及含义

内　容	描　述
表头（header）	每一列的名称
列（row）	具有相同数据类型数据的集合
行（col）	每一行用来描述某个人或物的具体信息
值（value）	行的具体信息，每个值必须与该列的数据类型相同
键（key）	表中用来识别某个特定的人或物的方法，键的值在当前列中具有唯一性

可以在 phpmyadmin 可视化工具中新建数据库、表和相关的字段，如图 11.11 和图 11.12 所示。

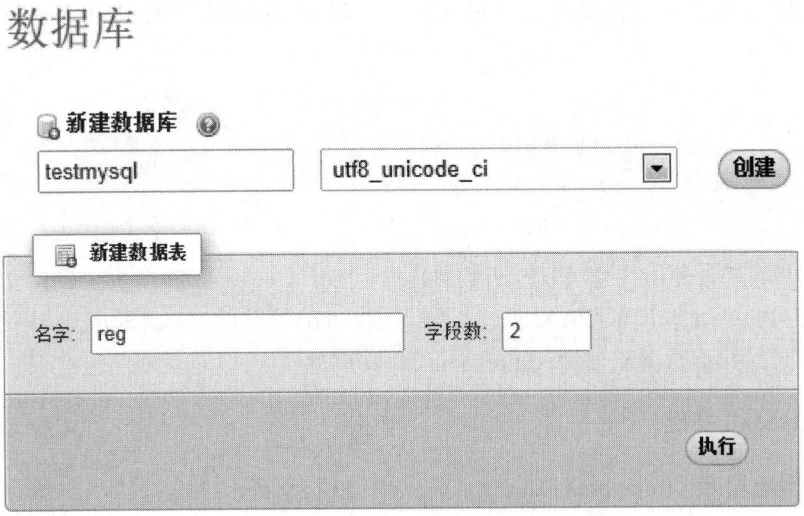

图 11.11　创建数据库和表

图 11.12　创建表中的字段

通过插入按钮在数据库中添加一些初始化的数据，如图 11.13 所示。

id 是主键且值唯一，可以自动生成，不用添加。下面演示 PHP 是如何链接数据库和对数据库数据进行增删改查的相关操作，具体示例代码如下：

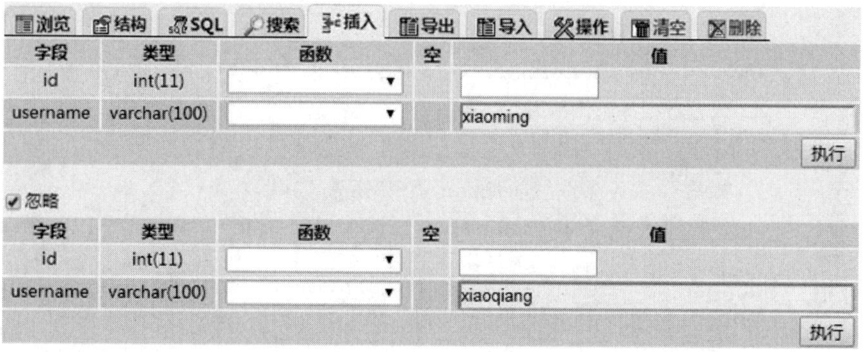

浏览 结构 SQL 搜索 插入 导出 导入 操作 清空 删除

字段	类型	函数	空	值
id	int(11)			
username	varchar(100)			xiaoming

执行

忽略

字段	类型	函数	空	值
id	int(11)			
username	varchar(100)			xiaoqiang

执行

图 11.13　添加初始数据到数据库

```
1   <?php
2       header("Content-type: text/html; charset=utf-8");
3       $con = mysqli_connect('localhost','root','','testmysql');
4       mysqli_query($con,'set names utf8');
5       $sql_R = "select * from reg";
6       $sql_C = "insert into reg(username) values(xiaoqian)";
7       $sql_D = "delete from reg where username = xiaoming";
8       $sql_U = "update reg set username = xiaofeng where id = 2";
9   ?>
```

下面列出常用的 SQL 语句。

（1）查询语句，其语法格式如下：

```
select * from 表 where 字段 = 值
```

（2）添加语句，其语法格式如下：

```
insert into 表(字段) values(值)
```

（3）删除语句，其语法格式如下：

```
delete from 表 where 字段 = 值
```

（4）更新语句，其语法格式如下：

```
update 表 set 字段 = 新值 where id = $id
```

可以利用查询的方式检测注册的用户名是否已经在数据库中存在。如果存在，则返回已存在标识；如果不存在，则返回不存在标识。通过 AJAX 返回到前台把提示信息展示给使用的用户。具体如下：

后台文件 user.php

```
1   <?php
2       // 设置 PHP 页面编码为 utf-8
3       header("Content-type: text/html; charset=utf-8");
```

```
4        // 连接 MySQL 数据库
5        $con = mysqli_connect('localhost','root','','testmysql');
6        // 设置数据库查询编码
7        mysqli_query($con,'set names utf8');
8        // 根据 where 条件，查询 reg 表中对应的数据
9        $sql = "select * from reg where username = '$_POST [username]'";
10       // 执行 sql 语句
11       $query = mysqli_query($con,$sql);
12       // 判断查询是否成功，并且返回是否查询到结果
13       if( $query && mysqli_num_rows($query) ){
14           echo '不能注册';
15       }
16       else{
17           echo '可以注册';
18       }
19   ?>
```

示例中的$sql 只是 SQL 语句，需要 mysqli_query()方法执行相应的 SQL 语句，通过返回值和个数判定当前输入的用户名是否已经被注册。

在 PHP 中，除返回对应结果，有时还需要把数据库中的数据全部以 JSON 的格式输出到页面，需要 PHP 的 fetch 相关的语法实现。接下来通过案例演示，具体如例 11-7 所示。

【例 11-7】 将数据库中的数据全部以 JSON 的格式输出到页面。

```
1    <?php
2        header("Content-type: text/html; charset=utf-8");
3        $con = mysqli_connect('localhost','root','','testmysql');
4        mysqli_query($con,'set names utf8');
5        $sql = "select * from reg";
6        $query = mysqli_query($con,$sql);
7        // 对查询结果进行遍历
8        while( $row = mysqli_fetch_assoc($query) ){
9            $arr[] = $row;
10       }
11       // 返回 JSON 格式的数据
12       echo json_encode($arr);
13   ?>
```

运行结果如图 11.14 所示。

例 11-7 中，利用 mysqli_fetch_assoc()方法读取数据库中的多条数据，并保存到数据$arr 中，再通过 json_encode()方法，把数组转成 JSON 对象，从而返回到前台。

图 11.14 例 11-7 的运行结果

11.2.3 AJAX 执行步骤

在开始使用 AJAX 之前，首先编写一个注册页面，具体如例 11-8 所示。

【例 11-8】 传统前后端交互实现网站中的注册页面。

```
1   <!doctype html>
2   <html>
3   <head>
4   <meta charset="utf-8">
5   <title>AJAX 技术</title>
6   </head>
7   <body>
8       <form action="user.php" method="post">
9           用户名：<input type="text" name="username">
10           <input type="submit" value="注册">
11      </form>
12  </body>
13  </html>
```

运行结果如图 11.15 所示。

图 11.15 例 11-8 的运行结果

在例 11-8 中，定义了一个 form 表单，提交方式为 post，提交的地址为 reg.php。当单击“注册”按钮时，完成传统的数据传输操作。

接下来详细介绍 AJAX 技术的执行步骤和基本语法。

1．创建 AJAX 对象

XMLHttpRequest 是 AJAX 的基础，所有现代浏览器均支持 XMLHttpRequest 对象，

XMLHttpRequest 用于在后台与服务器交换数据，可以在不重新加载整个网页的情况下，对网页的某部分进行更新，具体示例代码如下：

```
1   <script>
2        var xhr = new XMLHttpRequest();
3   </script>
```

2．发出 HTTP 请求

通过 xhr 对象下的 open()方法发起 HTTP 请求，具体示例代码如下：

```
1   <script>
2        xhr.open('GET','user.php',true);
3   </script>
```

open 方法接收三个参数，第一个参数为请求的方式，第二个参数为请求的地址，第三个参数为是否异步的布尔值。

3．接收服务器传回的数据

通过 xhr 对象下的 onreadystatechange 事件监听数据请求的整个过程，具体示例代码如下：

```
1   <script>
2       xhr.onreadystatechange = function(){
3            if(xhr.readyState == 4){            // 请求状态
4              if(xhr.status == 200){            // HTTP 状态码
5                  console.log(xhr.responseText);
6              }
7            }
8       };
9   </script>
```

在整个监听过程中，通过 readyState 属性判断当前 AJAX 执行到的阶段。readyState 是只读属性，用整数和对应的常量表示当前 XMLHttpRequest 请求所处的状态。其对应关系如表 11.2 所示。

表 11.2　readyState 属性值与 XMLHttpRequest 请求状态对应关系

readyState 属性值	XMLHttpRequest 请求状态
0	对象已建立，尚未初始化（未调用 open 方法）
1	对象已建立，尚未调用 send 方法
2	send 方法已调用，但是当前的状态以及 http 状态未知
3	代表已经加载完成，send 数据已被调用，请求已经开始
4	数据接收完毕，此时可以通过 responseBody 和 responseText 获取完整的响应数据

当 xhr 对象的 readyState 属性为 4 时，表示整个 AJAX 响应完毕，可以返回数据到

前端。在发送前端页面的过程中需要通过HTTP传输，在传输中需要利用xhr对象的status属性判断当前HTTP的状态码，因为可能成功请求到数据，也有可能因为某些原因请求不到数据，具体状态码如表11.3所示。

表 11.3 HTTP 状态码对应访问情况

HTTP 状态码	访 问 情 况
200 (OK)	访问正常
301 (Moved Permanently)	永久移动
302 (Move Temporarily)	暂时移动
304 (Not Modified)	未修改
307 (Temporary Redirect)	暂时重定向
401 (Unauthorized)	未授权
403 (Forbidden)	禁止访问
404 (Not Found)	未发现指定网址
500 (Internal Server Error)	服务器发生错误

后端返回的数据，在AJAX中可以通过xhr对象下的responseText进行接收。

4. 传输数据

通过xhr对象下的send()方法传输数据，可以将前端的数据发送给后端，具体示例代码如下：

```
1   <script>
2       xhr.setRequestHeader('Content-Type','application/x-www-form-
        urlencoded');
3       xhr.send('username=xiaoming');
4   </script>
```

post方式通过send()方法进行传递数据，get方式也可以获取URL网址后通过添加查询字符串的方式进行数据传递。因此，get方式下的send()方法不需要写任何数据，填充null即可。另外，post传递数据时，需要设置传输setRequestHeader()方法的调用，因为post默认传递的方式并不是字符串串联化的数据格式，所以需要指定。

下面列出使用get方式传输数据的后台文件代码。具体如下：

后台文件reg.php

```
1   <?php
2       // 设置 PHP 页面编码为 utf-8
3       header("Content-type: text/html; charset=utf-8");
4       // 连接 MySQL 数据库
5       $con = mysqli_connect('localhost','root','','testmysql');
6       // 设置数据库查询编码
7       mysqli_query($con,'set names utf8');
8       // 根据 where 条件，查询 reg 表中对应的数据
```

```
9       $sql = "select * from reg where username = '$_GET[username]'";
10      // 执行 sql 语句
11      $query = mysqli_query($con,$sql);
12      // 判断查询是否成功，并且返回是否查询到结果
13      if( $query && mysqli_num_rows($query) ){
14          echo '不能注册';
15      }
16      else{
17          echo '可以注册';
18      }
19  ?>
```

接下来通过案例演示通过 AJAX 技术改善后的注册应用，具体如例 11-9 所示。

【例 11-9】 通过 AJAX 技术改善后的注册应用。

```
1   <style>
2       #div1{ display:none;}
3   </style>
4   <body>
5       <form action="reg.php" method="post">
6           用户名：<input id="input1" type="text" name="username">
7          <input type="submit" value="注册">
8       </form>
9       <div id="div1"></div>
10  </body>
11  <script>
12      var input1 = document.getElementById('input1');
13      var div1 = document.getElementById('div1');
14      input1.onblur = function(){
15          var val = this.value;
16          // 1.创建一个 xhr 对象
17          var xhr = new XMLHttpRequest();
18          // 2.连接请求数据的地址
19          // true 表示异步，false 表示同步
20          xhr.open('GET','user.php?username='+val,true);
21          // 3.监听数据的获取
22          xhr.onreadystatechange = function(){
23            if(xhr.readyState == 4){
24                if(xhr.status == 200){
25                  // xhr.responseText : 得到后端返回的数据
26                  div1.style.display = 'block';
27                  div1.innerHTML = xhr.responseText;
28                }
29            }
30          };
```

```
31            // 4.发送数据
32            xhr.send(null);
33        };
34    </script>
```

运行结果如图 11.16 所示。

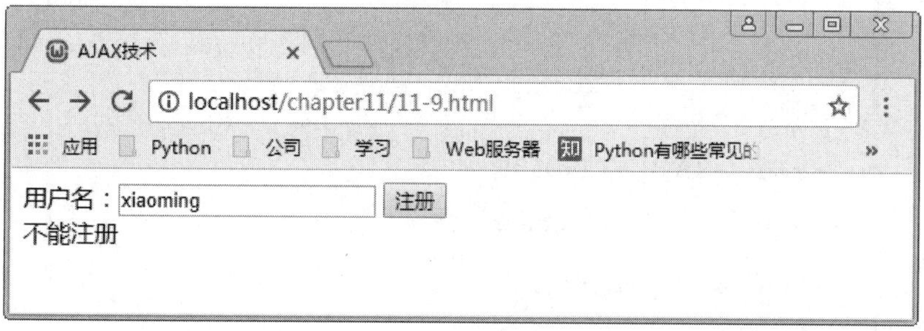

（a）

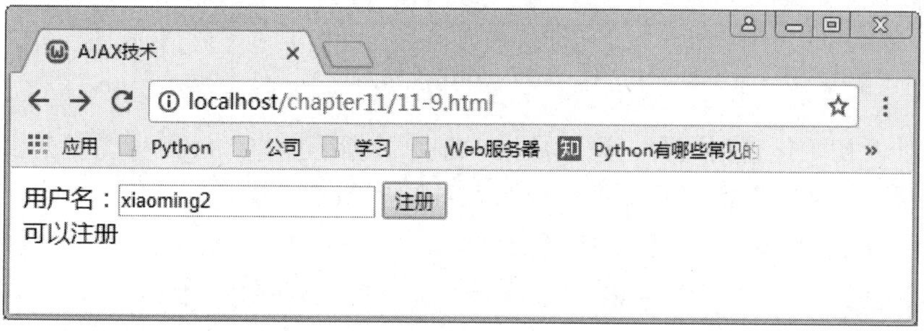

（b）

图 11.16　例 11-9 的 AJAX 版本注册展示

可以看到，当鼠标移开输入框时，可以检测到用户名是否已经被注册，实现无刷新（异步刷新）的前后端数据交互，从而大大提升用户对网站的体验以及缩短访问时间。

11.3　实际运用

视频讲解

下面利用 JSON 对象和 AJAX 技术实现两个小实例。

11.3.1　AJAX 留言板

下面需要实现 AJAX 留言板，效果如图 11.17 所示。

当输入完用户姓名和留言内容后，单击“留言”按钮，会在无刷新的情况下添加数据到留言板中。单击“加载更多”按钮时，可以在列表的后面追加留言展示内容。当单击“X”操作时，会删除对应的留言内容。

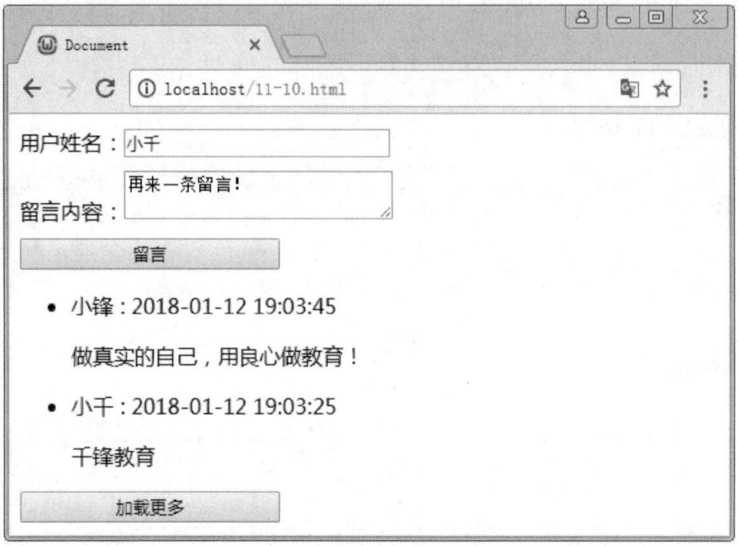

图 11.17 AJAX 留言板

本例涉及初始化查询数据、添加数据、删除数据等操作，还需实现分页和留言时间的处理。接下来通过案例演示，具体如例 11-10 所示。

【例 11-10】 实现分页和留言时间的处理。

```
1   <!DOCTYPE html>
2   <html lang="en">
3   <head>
4       <meta charset="UTF-8">
5       <title>Document</title>
6   <style>
7        #message div{ margin-top:10px;}
8        textarea,input{ width:200px;}
9   </style>
10  <body>
11     <div id="message">
12          <div>
13            用户姓名：<input type="text">
14         </div>
15         <div>
16            留言内容：<textarea></textarea>
17         </div>
18         <div>
19         <input type="button" value="留言">
20         </div>
21     </div>
```

```
22      <ul id="list">
23      </ul>
24      <input type="button" value="加载更多" id="moreBtn">
25  </body>
26  <script>
27      var list = document.getElementById('list');
28      var listLi = list.getElementsByTagName('li');
29      var listEm = list.getElementsByTagName('em');
30      var moreBtn = document.getElementById('moreBtn');
31      var message = document.getElementById('message');
32      var messUser = message.querySelector('input[type=text]');
33      var messText = message.querySelector('textarea');
34      var messBtn = message.querySelector('input[type=button]');
35      var iPage = 0;
36       // 初始化数据
37      getAjax('./initMessage.php','',function(data){
38           var json = JSON.parse(data);
39           getData(json);
40           removeEm();
41      });
42      moreBtn.onclick = function(){
43           iPage++;
44           // 请求分页数据
45           getAjax('./pageMessage.php','page='+iPage,function(data){
46              if(data){
47              var json = JSON.parse(data);
48              getData(json);
49              removeEm();
50             }
51             else{
52                 moreBtn.style.display = 'none';
53             }
54           });
55      };
56      messBtn.onclick = function(){
57           if( !messUser.value || !messText.value ){
58             return;
59           }
60           // 添加新数据到数据库
61       postAjax('./addMessage.php','username='+messUser.value+
         '&text='+messText.value,function(data){
62              var json = JSON.parse(data);
63              if(json.code == 1){
64                var li = document.createElement('li');
```

```
65              li.innerHTML = '
66              <span>${messUser.value}</span> : <span>刚刚</span> <em
                data-id="${json.id}"></em>
67              <p>${messText.value}</p>';
68              list.insertBefore(li,listLi[0]);
69              removeEm();
70             }
71          });
72      };
73      // 渲染数据到页面
74      function getData(json){
75          for(var i=0;i<json.length;i++){
76            var li = document.createElement('li');
77            li.innerHTML = `
78            <span>${json[i].username}</span> : <span>${json[i].date}
              </span> <em data-id="${json[i].id}"></em>
79           <p>${json[i].text}</p>`;
80           list.appendChild(li);
81          }
82      }
83      // 删除指定的数据
84      function removeEm(){
85          for(var i=0;i<listEm.length;i++){
86             listEm[i].onclick = function(){
87               var id = this.dataset.id;
88               var This = this;
89               postAjax('./removeMessage.php','id='+id,
                 function(data){
90                 var json = JSON.parse(data);
91                 if(json.code == 1){
92                     list.removeChild( This.parentNode );
93                 }
94               });
95            };
96          }
97      }
98       // 封装 Ajax 的 GET 请求
99      function getAjax(url,data,cbFn){
100         var xhr = new XMLHttpRequest();
101         xhr.open('GET',url+'?'+data,true);
102         xhr.onreadystatechange = function(){
103           if(xhr.readyState == 4){
104              if(xhr.status == 200){
105                cbFn(xhr.responseText);
```

```
106                 }
107              }
108           };
109         xhr.send(null);
110     }
111  // 封装Ajax的POST请求
112   function postAjax(url,data,cbFn){
113         var xhr = new XMLHttpRequest();
114         xhr.open('POST',url,true);
115         xhr.onreadystatechange = function(){
116            if(xhr.readyState == 4){
117               if(xhr.status == 200){
118                 cbFn(xhr.responseText);
119               }
120            }
121      };
122      xhr.setRequestHeader('Content-Type', 'application/x-www-
         form-urlencoded');
123      xhr.send(data);
124      }
125 </script>
126 </html>
```

留言板布局比较简单，涉及表单和列表展示等控件。初始化列表、加载更多数据、添加和删除数据等功能都是通过Ajax实现。具体就是调用对应的后台接口，将后台返回的JSON数据进行解析，然后将解析完的结果通过JavaScript语句渲染后再呈现至页面上。本例涉及数据库连接、初始化查询数据、添加数据、删除数据等操作，还需实现分页和留言时间的处理。接下来分别列出后台相关的php文件。

连接数据库connect.php：

```
1   <?php
2         // 当前php页面的编码
3         header('Content-Type:text/html; charset=utf-8');
4        // 链接数据库
5         $con = mysqli_connect('localhost','root','','mdb');
6        // 指定往数据库添加数据的编码
7       mysqli_query($con,'set names utf8');
8   ?>
```

初始化列表数据initMessage.php：

```
1   <?php
2         require_once('connect.php');
3         // sql查询语句，取message表中前三条数据
4         $sql = "select * from message order by date desc limit 0 , 3";
```

```
5        $query = mysqli_query($con,$sql);
6        // 判断数据库查询结果，是否存在
7        if($query && mysqli_num_rows($query)){
8            // 读取每一条数据的详细信息
9            while($row = mysqli_fetch_assoc($query)){
10             $arr[] = $row;
11           }
12           // 把数据转换成 JSON 格式输出给前台
13           echo json_encode($arr);
14       }
15   ?>
```

拉取分页数据 pageMessage.php：

```
1    <?php
2        $page = $_REQUEST['page'];
3        $len = 3;
4        $index = $page * $len;
5        $con = mysqli_connect('localhost','root','root','testmysql');
6        $sql = "select * from reg limit $index , $len";
7        $query = mysqli_query($con,$sql);
8        if($query && mysqli_num_rows($query)){
9            while($row = mysqli_fetch_assoc($query)){
10             $arr[] = $row;
11           }
12           echo json_encode($arr);
13       }
14   ?>
```

添加留言板数据 addMessage.php：

```
1    <?php
2        $username = $_REQUEST['username'];
3        $text = $_REQUEST['text'];
4        $sql = "insert into message(username,text) values('$username',
        '$text')";
5        $query = mysqli_query($con,$sql);
6        if($query){
7            echo '{"code":"1","id" : "'.mysqli_insert_id($con).'"}';
8        }
9        else{
10           echo '{"code":"0"}';
11       }
12   ?>
```

删除留言板数据 removeMessage.php：

```
1   <?php
2         $id = $_REQUEST['id'];
3         $sql = "delete from message where id = $id";
4          $con = mysqli_connect('localhost','root','root','testmysql');
5         $query = mysqli_query($con,$sql);
6         if($query){
7             echo '{"code":"1"}';
8         }
9         else{
10            echo '{"code":"0"}';
11        }
12  ?>
```

下面展示下后台数据库的创建表、表中创建字段、数据添加等功能演示操作。

创建表如图 11.18 所示。

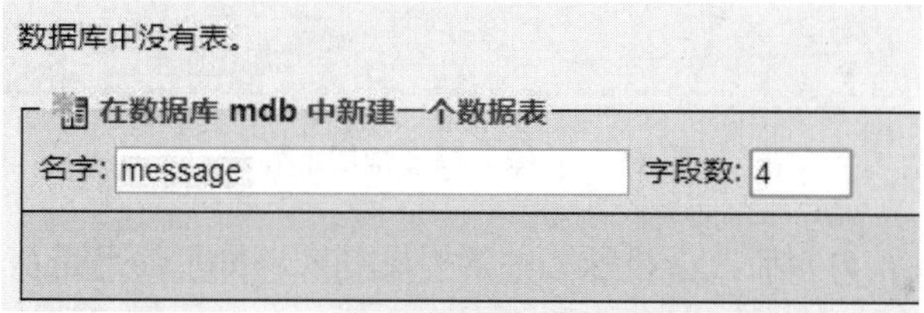

数据库中没有表。

在数据库 mdb 中新建一个数据表

名字: message 字段数: 4

图 11.18 创建表

在完成创建表以后，需要在表中创建案例所需字段，如图 11.19 所示。

名字	类型	长度/值	默认	排序规则
id	INT	11	无	
username	VARCHAR	200	无	utf8_unicode_ci
text	VARCHAR	200	无	utf8_unicode_ci
date	TIMESTAMP		CURRENT_TIME	

图 11.19 创建字段

MySQL 数据库中的留言表，如图 11.20 所示。

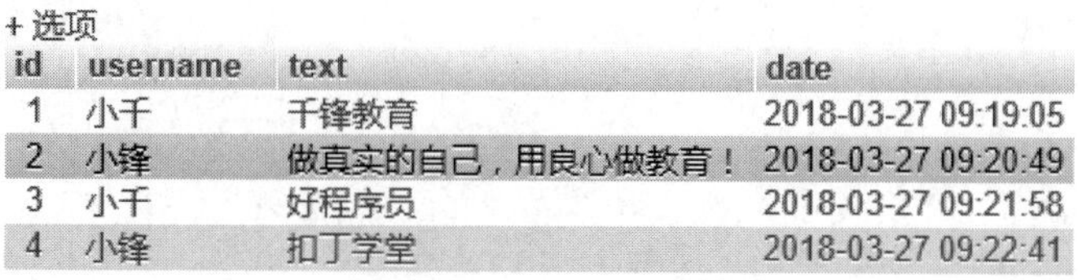

+ 选项

id	username	text	date
1	小千	千锋教育	2018-03-27 09:19:05
2	小锋	做真实的自己，用良心做教育！	2018-03-27 09:20:49
3	小千	好程序员	2018-03-27 09:21:58
4	小锋	扣丁学堂	2018-03-27 09:22:41

图 11.20 数据库留言表

日期通过添加字段时设置，属于 MySQL 自带功能。至此制作好一个用户体验度极高的、简易的留言板。

11.3.2 百度搜索提示

下面需要实现百度搜索提示列表，如图 11.21 所示。

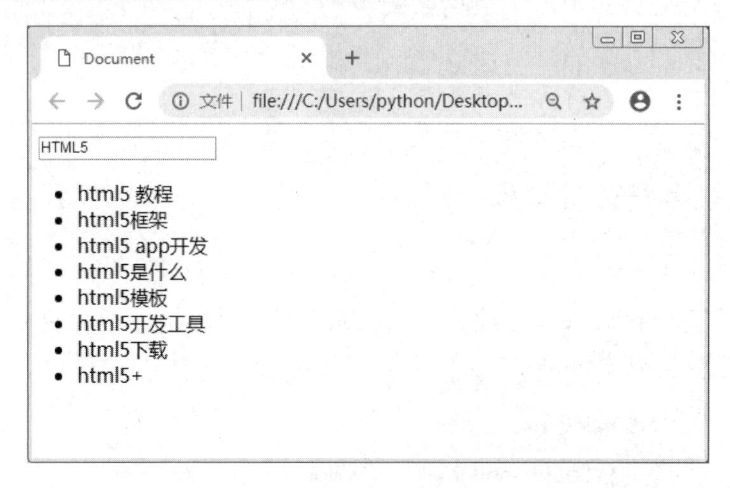

图 11.21 输入框搜索提示列表

在输入框中输入内容后，会显示相关的提示列表，提示信息是从百度网站获取的。需要注意，百度网站与本地服务并不属于同一个域，所以涉及跨域的问题。需要通过一些手段解决跨域问题，从而得到其他网站上的相关数据信息。

跨域是指浏览器不能执行其他网站的脚本。它由浏览器的同源策略造成，是浏览器对 JavaScript 施加的安全限制。所谓同源是指在域名、协议、端口均相同的条件下，才可以访问数据。

解决跨域问题的方法有很多种，例如，JSONP、CORS、服务器代理等操作，这里只介绍 JSONP。JSONP 利用创建<script>标签解决跨域问题，因为<script>标签通过 src 属性可以引用任何网站的 url，利用此实现跨域的数据请求。

具体方案操作如下：

```
1    <!DOCTYPE html>
2    <html lang="en">
3    <head>
4        <meta charset="UTF-8">
5        <title>Document</title>
6    </head>
7    <body>
8    <input type="text" id="input1">
```

```
9   <ul id="list">
10  </ul>
11  <script>
12  var input1 = document.getElementById('input1');
13  var list = document.getElementById('list');
14  var timer = null;
15  input1.oninput = function(){
16      var This = this;
17      clearTimeout(timer);
18      timer = setTimeout(function(){
19          list.innerHTML = '';
20      createScript('https:// sp0.baidu.com/5a1Fazu8AA54nxGko9WTAnF6hhy/
        su?wd='+This.value+'&sugmode=2&json=1&p=3&sid=1465_21090_18560_
        17001_22159&req=2&bs=html5&pbs=html5&csor=5&pwd=html5&cb=
        search&_=1505311854869',function(data){
21          for(var i=0;i<data.s.length;i++){
22              var li = document.createElement('li');
23              li.innerHTML = data.s[i];
24              list.appendChild(li);
25          }
26      });
27      },300);
28  };
29  function createScript(url,fn){
30      // 创建 script 标签
31      var script = document.createElement('script');
32      var reg = /cb=([^&]+)/;
33      script.src = url;
34      // 获取函数名，并挂载到全局的 window 对象上
35      var cbName = url.match(reg)[1];
36      window[cbName] = fn;
37      document.body.appendChild(script);
38      script.onload = function(){
39          document.body.removeChild(script);
40          delete window[cbName];
41      };
42  }
43  </script>
44  </body>
45  <html>
```

上述示例中，需要创建一个回调函数，并且指定其函数名，所以动态地通过网址进行设置，如 cb=search。服务器端也需要对应的调用 search()方法，并将数据添加到参数中，完成跨域请求数据的操作。

11.4 本章小结

通过本章的介绍，希望读者能够掌握 AJAX 执行的步骤，理解程序运行的异步与同步的含义，了解请求方式 GET 与 POST 的区别和跨域 JSONP 的操作与实现。为了更好地了解 AJAX 技术，还需要了解简单的 PHP 与 MySQL 的知识。了解服务器和数据库，其中包括数据库的链接、增删改查、返回 JSON 数据等相关操作。通过实例 AJAX 留言板样例，体会前后端交互的整个流程。

11.5 习　　题

1．填空题

（1）JSON 格式是一种用于________的文本格式。

（2）JSON 对象下提供了两个方法分别为________、________。

（3）AJAX 即“________”（异步 JavaScript 和 XML），是指一种创建交互式网页应用的网页开发技术。

（4）AJAX 中的 open 方法的三个参数分别表示________、________、________。

（5）JSONP 是利用创建________标签解决跨域问题的。

2．选择题

（1）以下表示正确的 PHP 格式为（　　）。

A．<??>　　B．<?php?>
C．<##>　　D．<#php#>

（2）状态码返回 404 表示（　　）。

A．永久移动　　B．未授权
C．未发现指定网址　　D．服务器发生错误

（3）“select * from 表 where 字段 = 值”语句表示（　　）。

A．查询　　B．添加
C．删除　　D．更新

（4）MySQL 用于表示（　　）。

A．后台语言　　B．前台语言
C．服务器　　D．数据库

（5）下面不属于跨域解决方案的是（　　）。
A．JSONP　　B．CORS
C．COOKIE　　D．反向代理

3．思考题

（1）请简述同步模式与异步模式的区别。
（2）请简述AJAX技术的优势有哪些。

第12章 chapter 12

面向对象

本章学习目标

- 掌握面向对象编程的概念及如何创建面向对象；
- 掌握面向对象高级用法、继承、多态等概念；
- 了解 Object 对象及面向对象中的设计模式。

面向对象程序设计是模拟如何组成现实世界而产生的一种编程方法，是对事物的功能抽象与数据抽象，并将解决问题的过程看成一个分类演绎过程的设计模式。其中，对象与类是面向对象程序设计的基本概念。本章将从面向对象基础、面向对象高级和 Object 对象介绍 JavaScript 中的面向对象部分的内容，理解编程的高级思想，进而实现更加复杂的前端功能。

12.1 面向对象基础

视频讲解

12.1.1 面向对象简介

1. 面向对象编程的概念

在现实世界中，随处可见的一种事物就是对象，对象是事物存在的实体，如学生、汽车等。人类解决问题的方式总是将复杂的事物简单化，于是就会思考这些对象都是由哪些部分组成的。通常将对象划分为两个部分，即静态部分与动态部分。静态部分就是不能动的部分，被称为“属性”，任何对象都会具备其自身属性，如一个人，其属性包括高矮、胖瘦、年龄、性别等。动态部分是指“运动”之后才能展示的部分。在程序中，它被称为方法，用于描述对象的行为特征。例如，面向对象思想可以将真实的人类抽象成一类具有与人相同属性的对象，如转身、微笑、说话、奔跑等行为（动态部分）。开发者可以通过探讨对象的属性和观察对象的行为了解对象。

在计算机世界中，面向对象程序设计的思想要以对象的角度思考问题，首先要将现实世界的实体抽象为对象，然后考虑这个对象具备的属性和行为。例如，现在有一名足球运动员想要将球射进对方球门，下面试着以面向对象的思想解决这一实际问题。具体步骤如下所述。

首先可以从这一问题中抽象出对象，这里抽象出的对象为一名足球运动员。

然后识别对象的属性。对象具备的属性都是静态属性，如足球运动员有一个鼻子、两条腿等，对象的属性如图 12.1 所示。

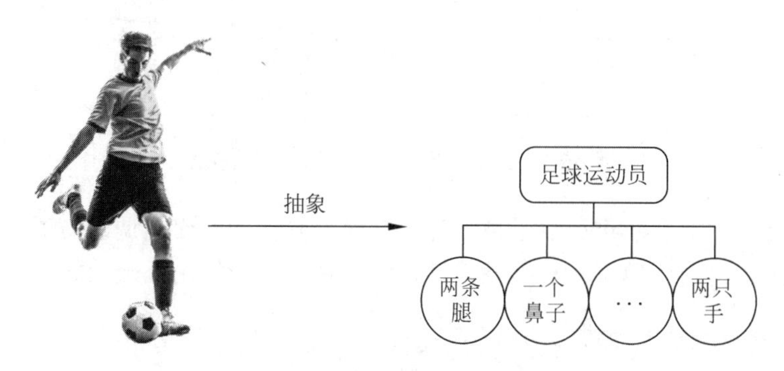

图 12.1　识别对象的属性

接着识别这个对象的动态行为，即足球运动员的动作，如跳跃、转身等，行为都是对象基于其属性而具有的动作，这些行为如图 12.2 所示。

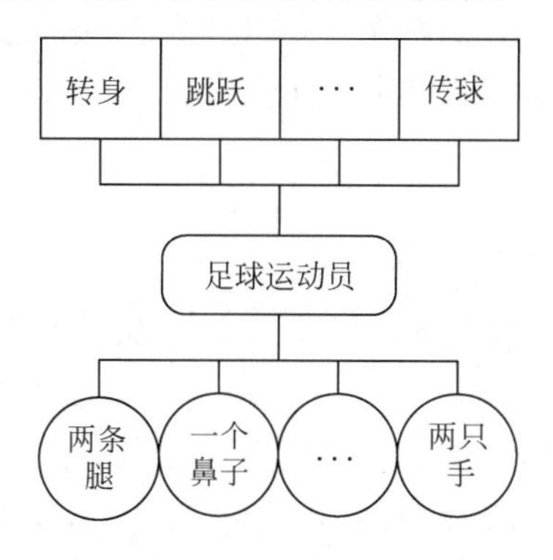

图 12.2　识别对象具有的行为

识别出对象的属性和行为后，对象就被定义完成了，然后根据足球运动员具有的特性来制定要射进对方球门的具体方案，从而解决问题。

究其本质，所有的足球运动员都具有以上的属性和行为，可以将这些属性和行为封装起来以描述足球运动员这类人。由此可见，类实质上就是封装对象属性和行为的载体，而对象则是类抽象出来的一个实例。这是进行面向对象程序设计的核心思想，即把具体事物的共同特征抽象成实体概念，有了这些抽象出来的实体概念，就可以在编程语言的支持下创建类。因此，类是那些实体的一种模型，具体如图 12.3 所示。

在图 12.3 中，通过面向对象程序设计的思想可以将现实世界中的具体事物抽象化，并可以把实体概念与编程语言中的类、对象进行一一映射。

2．面向对象编程的目的

（1）重用性：对代码进行重用性设计，针对相同功能可以重复地使用程序。

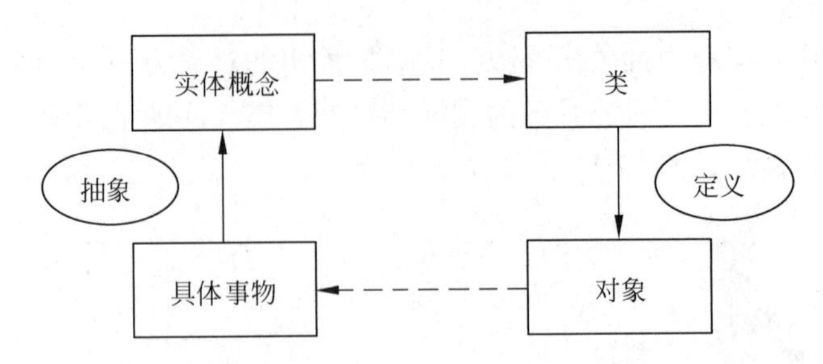

图 12.3　现实世界与编程语言的对应关系

（2）灵活性：对代码进行灵活性设计，针对差异性功能作出调整与适配。

（3）扩展性：对代码进行扩展性设计，针对功能变化作出添加或删除的改进。

3．面向对象编程的特性

（1）封装性：封装是一种信息隐蔽技术，使用户只能查看到对象的外特性，而对象的内特性对用户是隐蔽的。封装的目的在于把对象的设计者和对象的使用者分开，而使用者不必知晓行为实现的细节，只需用设计者提供的消息来访问该对象。

（2）继承性：复用一些原有的功能，同时可修改和扩充。

（3）多态性：对象根据所接收的消息而做出动作。同一消息被不同的对象接收时可产生完全不同的行为。

4．面向对象的组成

在 JavaScript 中通过为对象添加变量的方式实现属性的设置，通过为对象添加函数的方式实现方法的设置。

在 JavaScript 中可以通过{}的方式定义空对象，称为创建对象自变量。对象自变量从形态上与第 11 章中介绍的 JSON 对象非常相似，二者区别在第 11 章中已经介绍，这里不再赘述。

下面列举为对象添加属性和方法，具体示例代码如下：

```
1   <script>
2       var obj = {
3           name : "hello",              // 属性
4           showName : function(){       // 方法
5             return this.name;
6           }
7       };
8       console.log( obj.showName() );   // 'hello'
9   </script>
```

可以通过创建出的 obj 对象调用其属性和方法。可以发现，一般情况下对象的属性在调用时不加小括号，因为此时是变量。而对象的方法在调用时加小括号，因为此时是函数。

12.1.2 创建面向对象

12.1.1 节中介绍的创建对象的方式只是一种简单的形式。真正的对象需要通过类或者构造函数进行创建。

在面向对象编程中，通过“类”创建对象，类相当于模具。根据传递的数据创建对象，而且可以重复地创建对象。如制作饼干模具就可以看作是一个饼干类，当使用圆形模具，制作的饼干都是圆形，使用方形模具时，制作的饼干都是方形。

在 ECMAScript 6 之前的语法中是没有类的概念的，但可以利用构造函数代替类来创建对象。

构造函数与普通函数的区别是在调用时构造函数需要通过 new 关键字调用。构造函数中的 this 会指向创建出来的对象，且具备隐式返回操作。具体示例代码如下：

```
1  <script>
2      function Person(name){
3          this.name = name;                          // 属性
4          this.showName = function(){                // 方法
5            return this.name;
6          };
7      }
8      var obj = new Person('hello');
9      console.log( obj.showName() );                 // 'hello'
10 </script>
```

需要注意，在定义构造函数时，一般首字母需要大写，因为真正使用类时需要大写，所以默认按照首字母大写方式定义。

利用构造函数可以创建多个对象，下面判断两个对象的方法是否相等，具体示例代码如下：

```
1  <script>
2      function Person(name){
3          this.name = name;                                  // 属性
4          this.showName = function(){                        // 方法
5            return this.name;
6          };
7      }
8      var obj1 = new Person('hi');
9      var obj2 = new Person('hi');
10     console.log(obj1.showName == obj2.showName);         // false
11 </script>
```

返回结构为 false。虽然是同一个函数，但比较时不相等，在对象中是正常的情况，并不是值相同就一定相等，具体示例代码如下：

```
1   <script>
2       var arr1 = [];
3       var arr2 = [];
4       var obj1 = {};
5       var obj2 = {};
6       var func1 = function(){};
7       var func2 = function(){};
8       console.log( arr1 == arr2 );          // false
9       console.log( obj1 == obj2 );          // false
10      console.log( func1 == func2 );        // false
11  </script>
```

上面的执行结果都是 false，原因是对象比较时，值与引用必须都相同才返回 true。

下面介绍引用的概念，当定义一个变量时，会将变量写入计算机的内存中，生成一个值和值的引用地址。当比较两个变量时，基本类型和对象类型是不一样的。具体体现在比较方式上，如果基本类型值相同即认为两个变量相等，而引用可以不同；对象类型必需值和引用值都相同时，才会认为两个变量相等。

可以把一个对象赋值给另外一个对象，两者的值和引用都相同。具体示例代码如下：

```
1   <script>
2       var arr1 = [];
3       var arr2 = arr1;
4       console.log( arr1 == arr2 );          // true
5   </script>
```

但是这种方式操作，会出现当其中的一个对象改变时，另一个对象也会改变的问题，因为引用是相同的，所以其中一个修改，另一个也会被修改。具体示例代码如下：

```
1   <script>
2       var arr1 = [1,2];
3       var arr2 = arr1;
4       arr2.push(3,4);
5       console.log(arr1);                    // [1, 2, 3, 4]
6   </script>
```

在 JavaScript 中可以实现对象的复制操作，即将一个对象复制给另一个对象，而二者互相不影响。具体实现方法如下：

```
1   <script>
2       function copy(obj){                   // 复制方法
3           var result = {};
4           for(var attr in obj){
5             result[attr] = obj[attr];
6           }
7           return result;
```

```
8       }
9       var obj = {name : "hello"};
10      var obj2 = copy(obj);
11      obj2.name = 'hi';
12      console.log(obj);                          // {name : "hello"}
13  </script>
```

示例中，利用 for…in 循环语句，可以得到对象里面的子项，子项的类型为基本类型。因此，进行赋值时，不会出现引用的问题，即可复制出一个新的对象。但是此方式只能实现浅复制，因为当子项也是对象时，会出现引用的问题，具体示例代码如下：

```
1   <script>
2       function copy(obj){                        // 复制方法
3           var result = {};
4           for(var attr in obj){
5             result[attr] = obj[attr];
6           }
7           return result;
8       }
9       var obj = {name : {age : 20}};
10      var obj2 = copy(obj);
11      obj2.name.age = 30;
12      console.log(obj);                          // {name : {age : 30}}
13  </script>
```

此时需要对对象进行深复制，深复制就是将对象进行深层次地复制，利用 JavaScript 中的递归方式实现。具体示例代码如下：

```
1   <script>
2       function deepCopy(obj){                    // 深复制
3           var result = {};
4           for(var attr in obj){
5             if(typeof obj[attr] == 'object'){
6              result[attr] = deepCopy(obj[attr]);
7              }
8             else{
9              result[attr] = obj[attr];
10            }
11          }
12          return result;
13      }
14      var obj = {name : {age : 20}};
15      var obj2 = deepCopy(obj);
16      obj2.name.age = 30;
```

```
17      console.log(obj);                    // {name : {age : 20}}
18  </script>
```

当调用两个构造函数时，会创建两个独立的对象，这两个对象的值是相同的，但引用地址不同。所以，对象的两个方法比较时返回 false。

12.1.3 原型与原型链

在面向对象中通过构造函数的 prototype 属性得到原型对象，在 prototype 对象中添加的方法在内存中只存在一份，这样对象通过原型链就可以查找到这个方法，具体示例代码如下：

```
1   <script>
2       function Person(name){
3           this.name = name;
4       }
5       Person.prototype.showName = function(){
6           return this.name;
7       };
8       var obj = new Person('hello');
9       console.log( obj.showName() );
10  </script>
```

连接对象与原型对象之间的纽带是原型链。与作用域链类似，查找过程也是按照就近原则执行。如果在其范围内找不到相关的方法，就会通过原型链层向外查找，原型链的最外层为 Object.prototype。Object 属于 JavaScript 中提供的一个内置的构造函数，所有对象的原型链最外层都是 Object.prototype。

在 JavaScript 中，可以利用__proto__私有属性找到对应的原型对象，具体示例代码如下：

```
1   <script>
2       function Person(name){
3           this.name = name;
4       }
5       Person.prototype.showName = function(){
6           return this.name;
7       };
8       var obj = new Person('hello');
9       console.log(obj.__proto__ == Person.prototype); // true
10      console.log(Person.prototype.__proto__ == Object.prototype);
                                                      // true
11  </script>
```

对象属性的写法通常可分为两种：一种写法是通过构造函数编写属性，然后再使用构造函数，创建的实例对象中的该属性，这两个属性都是同一个属性；另一种写法是在定义实例对象时添加属性，但因命名空间不同，不同对象创建的相同名字的属性是不同的。下面示例展示的是通过构造函数定义属性的方法，其基本格式如下：

```
function 构造函数(){
    this.属性;
}
构造函数.原型.方法;
var 对象 = new 构造函数();
对象.属性;
对象.方法();
```

接下来通过案例演示使用面向对象编程实现一个拖曳的效果，具体如例 12-1 所示。

【例 12-1】 使用面向对象编程实现一个拖曳的效果。

```
1   <!doctype html>
2   <html>
3   <head>
4   <meta charset="utf-8">
5   <title>面向对象基础</title>
6   <style>
7       #div1{ width:100px; height:100px; background:red;
8            position:absolute;}
9       #div2{ width:100px; height:100px; background:yellow;
10           position:absolute;}
11  </style>
12  </head>
13  <body>
14      <div id="div1"></div>
15      <div id="div2"></div>
16  <script>
17      function Drag(id){
18           this.disX = 0;
19           this.disY = 0;
20           this.elem = document.getElementById(id);
21      }
22      Drag.prototype.init = function(){
23           var This = this;
24           this.elem.onmousedown = function(ev){
25             This.fnDown(ev);
26             document.onmousemove = function(ev){
27                 This.fnMove(ev);
28             };
29             document.onmouseup = function(){
30                 This.fnUp();
31             };
```

```
32            return false;
33          };
34      };
35      Drag.prototype.fnDown = function(ev){       // 拖曳按下
36          this.disX = ev.pageX - this.elem.offsetLeft;
37          this.disY = ev.pageY - this.elem.offsetTop;
38      };
39      Drag.prototype.fnMove = function(ev){       // 拖曳移动
40          this.elem.style.left = ev.pageX - this.disX + 'px';
41          this.elem.style.top = ev.pageY - this.disY + 'px';
42      };
43      Drag.prototype.fnUp = function(){           // 拖曳抬起
44          document.onmousemove = null;
45          document.onmouseup = null;
46      };
47      var d1 = new Drag('div1');
48      d1.init();
49      var d2 = new Drag('div2');
50      d2.init();
51  </script>
52  </body>
53  </html>
```

运行结果如图 12.4 所示。

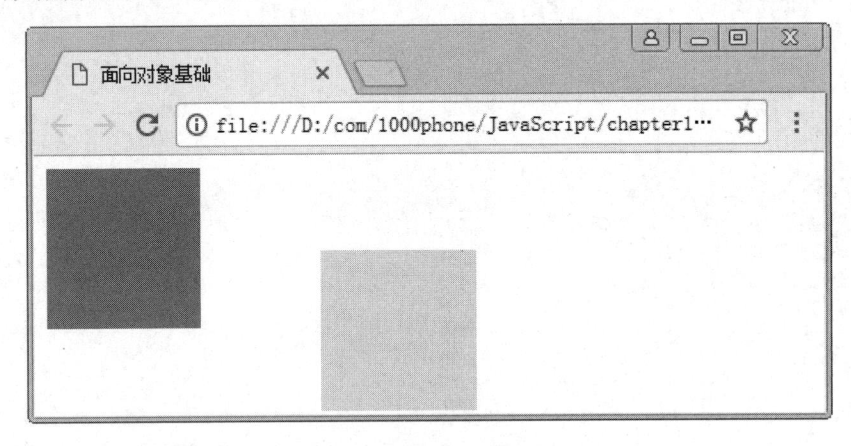

图 12.4　例 12-1 的运行结果

在例 12-1 中，在 HTML 文件中定义两个<div>块元素。创建一个 Drag 构造函数，并定义 disX、disY 和 elem 三个属性，分别表示鼠标按下的位置到方块的距离和当前方块元素对象。在原型下，分别添加初始化方法、按下方法、移动方法和抬起方法，具体实现原理就是拖曳的基本原理。

可以利用创建对象的方式，产生多个可拖曳的元素。

12.2 面向对象高级

视频讲解

12.2.1 系统对象与包装对象

1. 系统对象

JavaScript 语言本身就是基于面向对象的程序，其中最大的对象为 window 对象。内置了很多系统对象，如数组、时间、正则等。如数组系统对象，该对象具有内置属性和方法，具体示例代码如下：

```
1   <script>
2       var arr = new Array();
3       arr.push();
4       arr.sort();
5   </script>
```

new Array()方法与中括号方法创建数组相似，中括号创建数组是 new 方式的简写。因此，Array()方法其实是数组对象所对应的构造函数。内置方法如 push()、sort()等都是添加在 Array.prototype 原型对象下的方法，这样可以通过对 Array.prototype 原型对象进行扩展方法的操作，扩展出来的新方法可以被所有的数组对象使用，具体示例代码如下：

```
1   <script>
2       Array.prototype.size = function(){
3           return this.length;
4       };
5       var arr = ['a','b','c'];
6       console.log( arr.size() );          // 3
7   </script>
```

注意，不要轻易去修改系统对象中已经存在的方法，否则会覆盖已经存在的方法，具体示例代码如下：

```
1   <script>
2       Array.prototype.push = function(){};
3       var arr = ['a','b','c'];
4       arr.push('d');
5       console.log(arr);                // ["a", "b", "c"]
6   </script>
```

示例中的 push()方法被重写，当调用 push()方法时，不会起到任何作用，因此要避免对系统对象的方法进行原型的修改。

2. 包装对象

包装对象是专门针对基本类型而言的。基本类型如字符串、数字、布尔值等都具备对应的包装对象。可以通过包装对象获取提供的属性与方法。具体示例代码如下：

```
1   <script>
2       var str = 'hello';
3       str.charAt(1);                          // 'e'
4       str.indexOf('e');                       // 1
5   </script>
```

如 charAt()、indexOf() 等方法可以通过变量 str 得到，但 str 是字符串类型，并不是对象类型，这些字符串相关的方法在 JavaScript 语言中也是添加在原型对象下的。字符串不是直接操作字符串方法，而是通过对应的包装对象间接得到，如字符串对应的包装对象为 new String()，布尔值对应的包装对象为 new Boolean()，数字对应的包装对象为 new Number()。因此，为 String.prototype 原型对象添加方法时，可以使字符串类型获得新方法，具体示例代码如下：

```
1   <script>
2       String.prototype.size = function(){
3           return this.length;
4       };
5       var str = 'hello';
6       console.log( str.size() );              // 5
7   </script>
```

12.2.2 面向对象相关语法

在 JavaScript 中提供了许多与面向对象相关的语法，可以帮助大家进行面向对象的开发。

1. constructor

原型对象下唯一默认自带的属性，用于查看对象的构造函数。具体示例代码如下：

```
1   <script>
2       function Foo(){}
3       var f = new Foo();
4       console.log( f.constructor == Foo );    // true
5   </script>
```

可以查看到创建当前对象属性的构造方法，默认自带属性，建议不要修改原型对象，constructor 属性可能会被修改。具体示例代码如下：

```
1   <script>
```

```
2       function Foo(){}
3       Foo.prototype = {};
4       var f = new Foo();
5       console.log( f.constructor == Foo );     // false
6       console.log( f.constructor == Object ); // true
7   </script>
```

例中指向不是当前构造函数，而是 Object 这个对象。当操作原型对象时，需要修正 constructor 属性的指向。具体示例代码如下：

```
1   <script>
2       function Foo(){}
3       Foo.prototype = {
4           constructor : Foo
5       };
6       var f = new Foo();
7       console.log( f.constructor == Foo );     // true
8       console.log( f.constructor == Object ); // false
9   </script>
```

2．instanceof

instanceof 是运算符，语法格式为左边是实例对象，右边是构造函数。它会检查右边构造函数的原型对象，是否在左边对象的原型链上。具体示例代码如下：

```
1   <script>
2       function Foo(){}
3       function Bar(){}
4       Foo.prototype = Bar.prototype;
5       var f = new Foo();
6       console.log( f instanceof Bar );         // true
7       console.log( f instanceof Object );      // true
8   </script>
```

由于 Object.prototype 对象属于原型链的最外层对象，因此，所有的对象 instanceof Object 都会返回 true。

3．in 与 for…in

in 运算符返回布尔值，表示对象是否具有某个属性。for…in 循环可获得对象的所有可枚举属性。具体示例代码如下：

```
1   <script>
2       function Foo(){
3           this.name = 'hello';
4       }
```

```
5       var obj = new Foo();
6       console.log( 'name' in obj );         // true
7       for(var attr in obj){
8           console.log( attr );              // 'name'
9       }
10  </script>
```

有些属性不能使用枚举，例如，constructor 属性不可以通过 for…in 方式得到。

12.2.3 继承

继承，即复用一些原有的功能，同时又可修改和扩充功能。在面向对象中需要两个构造函数，一个构造函数用来实现父类，另一个构造函数用来实现子类。子类通过继承的方法得到父类下的属性和方法。子类此时拥有了父类的操作，从而达到复用目的。继承的方法有多种，本节介绍三种常用的继承方法。

1. 复制继承

可以使用复制的方法实现继承，其实现方法如下：

```
1   <script>
2       function Foo(){                   // 父类
3           this.name = 'hello';
4       }
5       Foo.prototype.showName = function(){
6           console.log(this.name);
7       };
8       function Bar(){                   // 子类
9           Foo.call(this);
10          this.age = 20;
11      }
12      extend(Bar,Foo);
13      Bar.prototype.showAge = function(){
14          console.log(this.age);
15      };
16      function extend(subs,sups){
17          for(var attr in sups.prototype){
18           subs.prototype[attr] = sups.prototype[attr];
19          }
20      }
21      var obj1 = new Foo();
22      var obj2 = new Bar();
23      obj1.showName();                  // 'hello'
24  </script>
```

可以看到，属性的继承通过在子类的构造函数中直接调用父类的构造函数实现，但要注意修正 this 指向。方法的继承通过 for…in 循环的操作实现，对象之间不存在引用关系，因此，修改子类的方法并不会影响到父类的方法。

2．类式继承

下面是类式继承的实现方式，具体示例代码如下：

```
1   <script>
2   function Foo(){
3       this.name = 'hello';
4   }
5   Foo.prototype.showName = function(){
6       console.log(this.name);
7   };
8   function Bar(){
9       Foo.call(this);
10      this.age = 20;
11  }
12  extend(Bar,Foo);
13  Bar.prototype.showAge = function(){
14      console.log(this.age);
15  };
16  function extend(subs,sups){
17      var F = function(){};
18      F.prototype = sups.prototype;
19      subs.prototype = new F();
20      subs.prototype.constructor = subs;
21  }
22  var obj1 = new Foo();
23  var obj2 = new Bar();
24  obj1.showName();          // 'hello'
25  </script>
```

由上述示例可以看出，属性的继承还是通过在构造函数中直接调用的方式来实现。但是方法的继承是通过创建一个新的 Func 函数实现的，通过原型链的方法把父类的方法与子类的方法联系到一起。

3．非构造函数继承

非构造函数的方式，是直接通过两个对象进行继承，前面介绍过的浅复制和深复制都属于非构造函数的方式。下面介绍另外一种实现非构造函数继承的方法。具体示例代码如下：

```
1   <script>
```

```
2       var foo = {
3           name : 'hello'
4       };
5       var bar = extend(foo);
6       function extend(sups){
7          function F() {}
8           F.prototype = sups;
9          return new F();
10      }
11      console.log(bar.name);              // 'hello'
12  </script>
```

这种方法利用原型的特点实现，一般也可以把这种方式叫作原型继承。

12.2.4 多态

前面介绍过多态，即对象根据所接收的消息而产生的行为。同一消息被不同的对象接收时产生完全不同的行为。一般情况下继承和多态是一起使用的。

多态实质是子类改写父类中的方法，同样的方法在子类和父类中调用时就会产生完全不同的行为。具体示例代码如下：

```
1   <script>
2       function Foo(){                        // 父类
3           this.name = 'hello';
4       }
5       Foo.prototype.showName = function(){
6           console.log(this.name);
7       };
8       function Bar(){                        // 子类
9           Foo.call(this);
10          this.age = 20;
11      }
12      extend(Bar,Foo);
13      Bar.prototype.showName = function(){
14          console.log('子类中的名字：'+this.name);
15      };
16      function extend(subs,sups){
17          for(var attr in sups.prototype){
18            subs.prototype[attr] = sups.prototype[attr];
19          }
20      }
21      var obj1 = new Foo();
22      var obj2 = new Bar();
23      obj2.showName();                       // '子类中的名字：hello'
```

```
24  </script>
```

前面利用面向对象的操作，实现拖曳的效果，利用继承和多态，可以实现一个继承的拖曳操作。接下来通过案例演示，具体如例 12-2 所示。

【例 12-2】 利用继承和多态，实现一个集成的拖曳操作。

```
1   <!doctype html>
2   <html>
3   <head>
4   <meta charset="utf-8">
5   <title>面向对象高级</title>
6   <style>
7       #div1{ width: 100px; height: 100px; background: red;
8             position: absolute; z-index: 10; }
9       #div2{ width: 100px; height: 100px; background: yellow;
10            position: absolute; z-index: 9; }
11  </style>
12  </head>
13  <body>
14      <div id="div1"></div>
15      <div id="div2"></div>
16  <script>
17      function Drag(id){              // 父类
18           this.disX = 0;
19           this.disY = 0;
20           this.elem = document.getElementById(id);
21      }
22      Drag.prototype.init = function(){
23           var This = this;
24           this.elem.onmousedown = function(ev){
25            This.fnDown(ev);
26            document.onmousemove = function(ev){
27                This.fnMove(ev);
28            };
29            document.onmouseup = function(){
30                This.fnUp();
31            };
32            return false;
33           };
34      };
35      Drag.prototype.fnDown = function(ev){
36           this.disX = ev.pageX - this.elem.offsetLeft;
37           this.disY = ev.pageY - this.elem.offsetTop;
38      };
```

```
39    Drag.prototype.fnMove = function(ev){
40        this.elem.style.left = ev.pageX - this.disX + 'px';
41        this.elem.style.top = ev.pageY - this.disY + 'px';
42    };
43    Drag.prototype.fnUp = function(){
44        document.onmousemove = null;
45        document.onmouseup = null;
46    };
47    function ChildDrag(id){                         // 子类
48        Drag.call(this,id);                         // 属性的继承
49    }
50    extend(ChildDrag , Drag);                       // 方法的继承
51    ChildDrag.prototype.fnMove = function(ev){      // 重构 fnMove 方法
52        var L = ev.pageX - this.disX;
53        var T = ev.pageY - this.disY;
54        if(L < 0){
55          L = 0;
56        }
57        else if(L > window.innerWidth - this.elem.offsetWidth){
58          L = window.innerWidth - this.elem.offsetWidth;
59        }
60        if(T < 0){
61          T = 0;
62        }
63        else if(T > window.innerHeight - this.elem.offsetHeight){
64          T = window.innerHeight - this.elem.offsetHeight;
65        }
66        this.elem.style.left = L + 'px';
67        this.elem.style.top = T + 'px';
68    };
69    var d1 = new Drag('div1');
70    d1.init();
71    var d2 = new ChildDrag('div2');
72    d2.init();
73    function extend(subs,sups){
74        for(var attr in sups.prototype){
75          subs.prototype[attr] = sups.prototype[attr];
76        }
77    }
78 </script>
79 </body>
80 </html>
```

运行结果如图 12.5 所示。

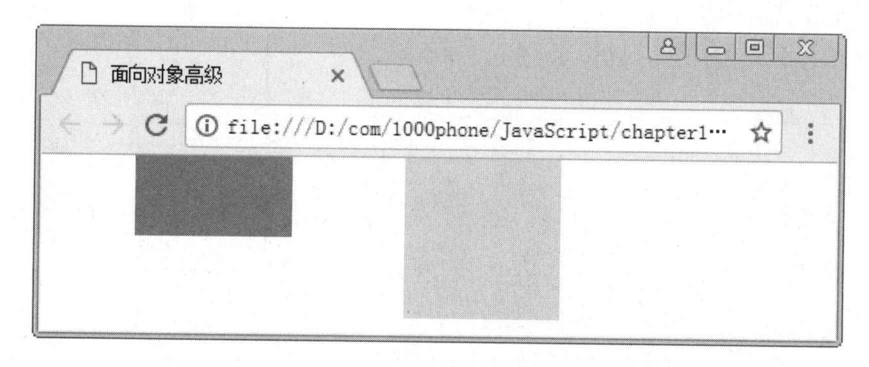

图 12.5 例 12-2 的运行结果

在例 12-2 中，HTML 结构为两个 div 标签，一个红色方块和一个黄色方块。创建两个构造函数，一个为父类构造函数，即 Drag；另一个为子类构造函数，即 ChildDrag。让子类继承父类，通过 extend 封装函数，即对象的复制操作。然后子类重写父类的 fnMove 方法，对黄色方法进行拖曳范围的限制，从而完成面向对象中继承的实现。

12.3 Object 对象详解

视频讲解

12.3.1 Object.defineProperty()

原型链的最外层为 Object.prototype 原型对象，在 Object 对象下有很多内置的属性和方法，这些属性和方法可以让读者更好地理解对象的组成，以及理解对象内部的一些操作模式。

Object.defineProperty()方法将在被操作对象上进行属性添加或属性修改动作，最后将修改后的操作对象返回给调用此方法的函数，即在 JavaScript 内部中已经配置了对象中使用的属性或方法，但有时需要重新修改其内部的配置，才能得到自定义对象的属性。

下面列出 Object.defineProperty()方法中的相关参数，其语法格式如下：

```
Object.defineProperty(对象,属性,描述);
```

其中，第一个参数为操作的对象，第二个参数为要控制的对象属性，第三个参数是属性的配置信息，即对这个属性的描述。

描述信息分为两大类，即数据描述符和存储描述符，如表 12.1 所示。其中 configurable 和 enumerable 的配置信息是共享的。

表 12.1 数据描述符和存储描述符

数据描述符		存取描述符	
value	该属性对应的值	get	给属性提供 getter 的方法
writable	值是否可修改	set	给属性提供 setter 的方法
configurable	属性是否可修改	configurable	属性是否可修改
enumerable	属性是否可枚举	enumerable	属性是否可枚举

下面演示默认的操作，具体示例代码如下：

```
1   <script>
2       var obj = {
3           name : 'hello'
4       };
5       Object.defineProperty(obj, 'age', {
6           value : 20
7       });
8       console.log( obj.age );       // 20
9       obj.age = 30;                 // 默认不能修改值
10      delete obj.age;               // 默认不能修改属性
11      console.log(obj.age);         // 20
12      for(var attr in obj){
13          console.log(attr);        // 默认枚举不到 age
14      }
15  </script>
```

默认情况下，属性值不能修改，当设置 writable 属性为 true 时，可以修改对象的属性值。具体示例代码如下：

```
1   <script>
2       var obj = {
3           name : 'hello'
4       };
5       Object.defineProperty(obj, 'age', {
6           value : 20,
7           writable : true
8       });
9       console.log( obj.age );       // 20
10      obj.age = 30;
11      console.log(obj.age);         // 30
12  </script>
```

默认情况下，对象属性不能修改属性。当设置 configurable 属性为 true 时，可以修改对象的属性。具体示例代码如下：

```
1   <script>
2       var obj = {
3           name : 'hello'
4       };
5       Object.defineProperty(obj, 'age', {
6           value : 20,
7           writable : true,
8           configurable : true
9       });
```

```
10      console.log(obj.age);        // 20
11      delete obj.age;
12      console.log(obj.age);        // undefined
13  </script>
```

默认情况下，不能对属性进行枚举操作。当设置 enumerable 属性为 true 时，可以对对象的属性进行枚举操作。具体示例代码如下：

```
1   <script>
2       var obj = {
3           name : 'hello'
4       };
5       Object.defineProperty(obj, 'age', {
6           value : 20,
7           writable : true,
8           configurable : true,
9           enumerable : true
10      });
11      for(var attr in obj){
12          console.log(attr);       // name、age
13      }
14  </script>
```

存取描述符通过 getter 和 setter 的方式进行获取和设置，可以触发回调函数。在获取和设置时触发自定义的代码。具体示例代码如下：

```
1   <script>
2       var obj = {
3           name : 'hello'
4       };
5       var age = 20;
6       Object.defineProperty(obj, 'age', {
7           get : function(){
8             console.log('触发获取操作');
9             return age;
10          },
11          set : function(val){
12            console.log('触发设置操作');
13            age = val;
14          },
15          configurable : true,
16          enumerable : true
17      });
18      obj.age;                    // '触发获取操作'
19      obj.age = 30;               // '触发设置操作'
20  </script>
```

Object.defineProperty()方法相关的语法，如表 12.2 所示。

表 12.2　Object.defineProperty()方法相关语法

方　法	描　述
Object.defineProperties()	在一个对象上定义多个新的属性或修改现有属性，并返回该对象
Object.getOwnPropertyDescriptor()	获取一个对象上自身属性的描述符
Object.getOwnPropertyDescriptors()	获取一个对象的所有自身属性的描述符
Object.seal()	禁止对象配置，描述符中 configurable 设置为 false
Object.isSealed()	判断对象是否被禁止对象配置操作
Object.freeze()	冻结对象，描述符中 writable 设置为 false，configurable 设置为 false
Object.isFrozen()	判断对象是否被冻结
Object.preventExtensions()	禁止对象扩展，只是不能添加新的属性，但是可以删除已有的属性
Object.isExtensible()	判断对象是否可以扩展

利用 Object.defineProperties()方法，可同时设置多个属性描述。具体示例代码如下：

```
1    <script>
2        var obj = {
3             name : 'hello'
4        };
5        Object.defineProperties(obj, {
6             'age' : {
7               value : 20,
8               writable : true
9             },
10            'job' : {
11              value : 'it',
12              writable : true
13            }
14       });
15       console.log(obj);            //{name: "hello", age: 20, job: "it"}
16   </script>
```

利用 Object.getOwnPropertyDescriptor()方法可以打印出当前指定属性的描述符信息。具体示例代码如下：

```
1    <script>
2        var obj = {
3             name : 'hello'
4        };
5        console.log( Object.getOwnPropertyDescriptor(obj, 'age') );
6        /*{
```

```
7             value: 20,
8             writable: true,
9             enumerable: false,
10            configurable: false
11        }*/
12    </script>
```

利用 Object.getOwnPropertyDescriptors()方法可以打印出所有属性的描述符信息。具体示例代码如下：

```
1    <script>
2        var obj = {
3             name : 'hello'
4        };
5        console.log( Object.getOwnPropertyDescriptors(obj) );
6        /*{
7             age : {
8               value: 20,
9               writable: true,
10              enumerable: false,
11              configurable: false
12            },
13            job : {
14              value: 'it',
15              writable: true,
16              enumerable: false,
17              configurable: false
18            },
19            name : {
20              value: 'hello',
21              writable: true,
22              enumerable: true,
23              configurable: true
24            }
25       }*/
26   </script>
```

需要注意 getOwnPropertyDescriptor()和 getOwnPropertyDescriptors()方法获取不到原型链上的属性描述符。具体示例代码如下：

```
1    <script>
2        function Foo(){
3             this.name = 'hello'
4        }
5        Foo.prototype.age = 20;
```

```
6       var obj = new Foo();
7       console.log( Object.getOwnPropertyDescriptors(obj) );
8       /*{
9           name : {
10            value: 'hello',
11            writable: true,
12            enumerable: true,
13            configurable: true
14          }
15      }*/
16  </script>
```

Object.seal()方法表示禁止对象配置，描述符中 configurable 设置为 false。

Object.isSealed()方法表示判断对象是否被禁止对象配置操作。具体示例代码如下：

```
1   <script>
2       var obj = {
3           name : 'hello'
4       };
5       Object.seal(obj);
6       console.log(Object.isSealed(obj));   // true
7       console.log( Object.getOwnPropertyDescriptor(obj, 'name') );
8       /*{
9           value: 'hello',
10          writable: true,
11          enumerable: true,
12          configurable: false
13      }*/
14  </script>
```

Object.freeze()方法表示冻结对象，描述符中将 writable 设置为 false，configurable 设置为 false。Object.isFrozen()方法表示判断对象是否被冻结。具体示例代码如下：

```
1   <script>
2       var obj = {
3           name : 'hello'
4       };
5       Object.freeze(obj);
6       console.log(Object.isFrozen(obj));
7       console.log(Object.getOwnPropertyDescriptor(obj, 'name'));
8       /*{
9           value: 'hello',
10          writable: false,
11          enumerable: true,
12          configurable: false
```

```
13    }*/
14  </script>
```

Object.preventExtensions()方法表示禁止对象扩展，不能添加新的属性，但可以删除已有属性。Object.isExtensible()方法表示判断对象是否可以扩展。具体示例代码如下：

```
1   <script>
2       var obj = {
3           name : 'hello'
4       };
5       Object.preventExtensions(obj);
6       console.log( Object.isExtensible(obj) );   // false
7       console.log( Object.getOwnPropertyDescriptor(obj, 'name') );
8       /*{
9           value: "hello",
10          writable: true,
11          enumerable: true,
12          configurable: true
13      }*/
14      obj.age = 20;
15      console.log(obj);   // {name : "hello"}
16  </script>
```

12.3.2 Object 静态方法

静态方法是在面向对象中指添加到构造函数下面的方法，而实例方法指添加到原型对象下的方法。这两种形式在实际调用时，有很大差别。当调用静态方法时，直接引用构造函数调用相关的方法，而实例方法需要创建对象后调用相关的方法。

在 Object 对象下的静态方法，如表 12.3 所示。

表 12.3　Object 对象下的静态方法

方　法	描　述
Object.keys()	返回自身属性的一个数组，不包括原型链上的属性
Object.values()	返回自身值的一个数组，不包括原型链上的属性
Object.entries()	返回带有属性和值的复合数组，不包括原型链上的属性
Object.getOwnPropertyNames()	跟 Object.keys()的区别是可以得到不能枚举的属性
Object.assign()	只是浅复制，不能进行深复制（原型链上的属性不能复制，不能枚举的也不能复制）
Object.create()	以参数作为原型对象，返回创建的实例对象
Object.is()	方法确定两个值是否是相同的值，可以解决+0、−0、NaN 比较的方式
Object.getPrototypeOf()	获取对象的原型对象
Object.setPrototypeOf()	设置对象的原型对象

Object.keys()、Object.values() 、Object.entries()分别返回自身属性的数组、自身值的数组、带有属性和值的复合数组。具体示例代码如下：

```
1   <script>
2      function Foo(){
3           this.name = 'hello';
4      }
5      Foo.prototype.job = 'it';
6      var obj = new Foo();
7      Object.defineProperty(obj, 'age', {
8           value : 20,
9           writable : true,
10          enumerable : false
11     })
12     console.log( Object.keys(obj) );              // ["name"]
13     console.log( Object.values(obj) );            // ["hello"]
14     console.log( Object.entries(obj) );           //["name","hello"]
15     console.log( Object.getOwnPropertyNames(obj) );
                                                     // ["name", "age"]
16  </script>
```

注意不包括原型链上的属性，Object.keys()与 Object.getOwnPropertyNames()区别在于是否可以获取不能枚举的属性。

Object.assign() 用来实现浅复制操作，而利用 Object.create()可实现继承操作，以参数作为原型对象，返回创建的新的实例对象。具体示例代码如下：

```
1   <script>
2      var obj = {
3           name  : 'hello'
4      };
5      var newObj = {};
6      Object.assign(newObj , obj);
7      console.log( newObj.name );                   // 'hello'
8      var newObj2 = Object.create(obj);
9      console.log( newObj2.name );                  // 'hello'
10  </script>
```

newObj.name 返回 newObj 对象自身克隆到的 name 属性值，而 newObj2.name 返回 newObj2 对象原型对象上的 name 属性值。

Object.is()方法用于确定两个值是否相同。可以解决 JavaScript 之前版本中语法不严谨的问题。具体示例代码如下：

```
1   <script>
2      console.log(Object.is(NaN,NaN));          // true
3      console.log(Object.is(+0,-0));            // false
```

```
4   </script>
```

NaN 与 NaN、+0 与-0 在 JavaScript 双等运算符下，返回值不正确，是由语言不够严谨造成的。Object.is()返回的结果更加规范与严谨。

Object.getPrototypeOf()和 Object.setPrototypeOf()对原型对象进行获取和设置。功能类似于前面介绍过的__proto__属性，但__proto__属于内部私有属性，不建议使用。而 get 和 set 两种方式是 Object 对象提供给用户使用的两个方法。具体示例代码如下：

```
1   <script>
2       function Foo(){}
3       var obj = new Foo();
4       console.log( Object.getPrototypeOf(obj) == Foo.prototype );
                                                        // true
5       Object.setPrototypeOf(obj, Array.prototype);
6       console.log( Object.getPrototypeOf(obj) == Array.prototype );
                                                        // true
7   </script>
```

12.3.3　Object 实例方法

Object 对象下的实例方法，如表 12.4 所示。

表 12.4　Object 对象下的实例方法

方　法	描　述
hasOwnProperty()	判断某个属性是否为当前对象自身下的属性，还是来自原型对象下的属性
isPrototypeOf()	跟 instanceof 运算符用法类似，用来判断当前对象是否在指定的原型对象上
propertyIsEnumerable()	具备 hasOwnProperty()方法的功能外，并且对只能 for…in 枚举的属性返回 true
toString()	返回当前对象对应的字符串形式
valueOf()	返回当前对象对应的值

利用 hasOwnProperty()方法可以判断当前对象下的属性是属于对象自身的属性，还是来自原型对象下的属性。具体示例代码如下：

```
1   <script>
2       function Foo(){
3           this.name = 'hello';
4       }
5       Foo.prototype.age = 20;
6       var obj = new Foo();
7       console.log( obj.hasOwnProperty('name') );        // true
8       console.log( obj.hasOwnProperty('age') );         // false
```

```
9   </script>
```

isPrototypeOf()方法的作用与 instanceof 运算符作用相似，用来判断当前对象是否在指定的原型对象上。下面的代码是等价关系的。具体示例代码如下：

```
1   <script>
2       function Foo(){
3           this.name = 'hello';
4       }
5       Foo.prototype.age = 20;
6       var obj = new Foo();
7       console.log( obj instanceof Foo );                    // true
8       console.log( Foo.prototype.isPrototypeOf(obj) );     // true
9   </script>
```

propertyIsEnumerable() 方法是 hasOwnProperty() 方法的加强版，它不仅具备 hasOwnProperty()方法的功能，还可以对只能用 for…in 枚举的属性返回 true。具体示例代码如下：

```
1   <script>
2       function Foo(){
3           this.name = 'hello';
4       }
5       var obj = new Foo();
6       Object.defineProperty(obj, 'age', {
7           value : 20,
8           enumerable : false
9       });
10      console.log( obj.hasOwnProperty('age') );            // true
11      console.log( obj.propertyIsEnumerable('age') );      // false
12  </script>
```

toString()和 toValue()分别表示返回当前对象对应的字符串形式和返回当前对象对应的值。具体示例代码如下：

```
1   <script>
2       function Foo(){
3           this.name = 'hello';
4       }
5       var obj = new Foo();
6       console.log( obj.toString() );          // '[object Object]'
7       console.log( obj.valueOf() == obj );    // true
8   </script>
```

其实 valueOf()方法返回的是当前创建出来的对象，因此，与 obj 进行比较时，会返回 true。下面看下对象与数值进行运算操作时，会返回什么结果。具体示例代码如下：

```
1   <script>
2   function Foo(){
3       this.name = 'hello';
4   }
5   var obj = new Foo();
6   console.log( 1 + obj );              // '1[object Object]'
7   </script>
```

计算结果会返回字符串 1[object Object]值。在运算时，先调用 valueOf()方法。如果返回值为对象，继续调用 toString()。根据这个原理，改写 valueOf()方法，即可得到不同的结果。具体示例代码如下：

```
1   <script>
2       Object.prototype.valueOf = function(){
3           return 3;
4       };
5       function Foo(){
6           this.name = 'hello';
7       }
8       var obj = new Foo();
9       console.log( 1 + obj );         // 4
10  </script>
```

12.4 本章小结

在本章中针对面向对象编程进行了深入的学习，包括面向对象编程的概念，面向对象编程的好处以及面向对象的基本使用和高级使用。还学习了如何编写一个面向对象的程序设计，并配合继承或多态来完成复杂的开发。最后介绍了 Object 对象，它属于原型链的最外层对象，所有的对象都会或多或少的去继承一些相关的属性和方法，所以对于理解面向对象编程，Object 对象的学习也是非常重要的。

12.5 习　题

1．填空题

（1）使用面向对象方式进行编程的主要目的有________、________、________。

（2）面向对象编程具备哪些特性________、________、________。

（3）面向对象的组成包括________、________。

（4）Object.defineProperty()方法的三个参数分别表示________、________、________。

（5）Object.assign()方法只能进行________复制，不能进行________复制。

2．选择题

（1）原型对象是挂载到（　　）的下面。

A．对象　　B．构造函数

C．原型　　D．Object

（2）defineProperty()方法下的 configurable 配置表示（　　）。

A．值是否可修改　　B．属性是否可修改

C．值是否可枚举　　D．属性是否可枚举

（3）下列方法与原型链无关的是（　　）。

A．__proto__　　B．Object.getOwnPropertyNames()

C．Object.getPrototypeOf()　　D．Object.setPrototypeOf()

（4）构造函数间接的可以表示为（　　）。

A．模块　　B．包

C．类　　D．流

（5）下面不属于系统对象的是（　　）。

A．Array　　B．Object

C．undefined　　D．String

3．思考题

（1）请简述什么是原型链。

（2）请简述 toString()方法和 valueOf()方法的区别。

第 13 章 chapter 13

动画与算法

本章学习目标

- 掌握 JavaScript 动画的实现与使用；
- 掌握 JavaScript 算法的实现与使用。

在本章中将学习到 JavaScript 动画的实现，如匀速、加速和 tween 等，以及 JavaScript 编程中常见的算法学习，如递归、去重等。

13.1 JavaScript 动画

视频讲解

动画是网页中常见的特殊效果，例如轮播广告图、加载进度条等。在 CSS3 和一些 JavaScript 框架中（例如 jQuery 库）都提供了动画的实现方式，使得通过原生 JavaScript 也能够实现动画效果。

13.1.1 原理分析

动画主要利用 JavaScript 中的定时器 setInterval 实现，通过定时器不断地改变元素位置，实现动画效果，接下来通过案例演示，具体如例 13-1 所示。

【例 13-1】 通过定时器不断地改变元素位置，实现动画效果。

```
1   <!doctype html>
2   <html>
3   <head>
4   <meta charset="utf-8">
5   <title>JavaScript 动画</title>
6   <style>
7      #box{ width:100px; height:100px; background:red;
8          position:absolute; left:0; }
9   </style>
10  </head>
11  <body>
12   <input type="button" value="单击" id="btn">
```

```
13   <div id="box"></div>
14  <script>
15      var btn = document.getElementById('btn');
16      var box = document.getElementById('box');
17      var target = 300;                              // 移动的终点位置
18      var speed = 10;                                // 移动的速度
19      btn.onclick = function(){
20           var timer = setInterval(function(){
21             if(box.offsetLeft == target){         // 到达位置停止运动
22                clearInterval(timer);
23                box.style.left = target + 'px';
24             }
25             else{
26                 box.style.left = box.offsetLeft + speed + 'px';
27             }
28           },16);
29      };
30  </script>
31  </body>
32  </html>
```

运行结果如图 13.1 所示。

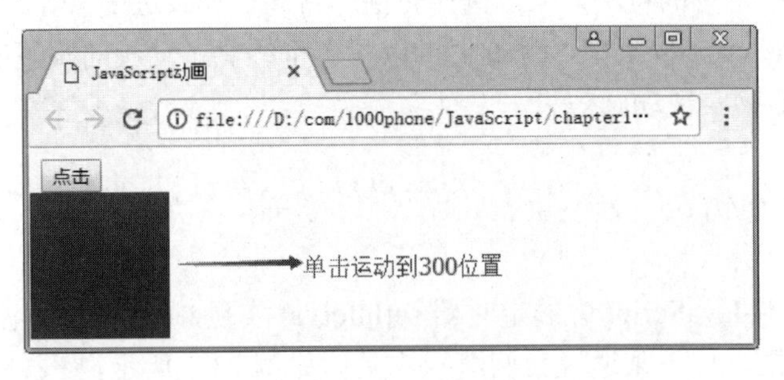

图 13.1　例 13-1 的运行结果

例 13-1 中，通过定义速度变量 speed 控制物体运动的快慢，这种方式对于目标点 target 变量的位置控制来说比较复杂，如从 300 的目标点到 301 的目标点，对于整体的代码改动会比较大，因此速度型的运动方式并不适合动画的实现。

在 CSS3 动画中采用的是一种时间的方式实现物体的运动，具体示例代码如下：

```
1   <style>
2       #box{ width:100px; height:100px; background:red;
3          position:absolute; left:0; transition:2s; }
4   </style>
5   <body>
6       <input type="button" value="单击" id="btn">
7       <div id="box"></div>
```

```
8    </body>
9    <script>
10       var btn = document.getElementById('btn');
11       var box = document.getElementById('box');
12       btn.onclick = function(){
13            box.stylc.lcft = '300px';
14       };
15   </script>
```

示例中，通过时间的方式指定动画的快慢（如 transition:2s）。当距离相同时，时间越小，运动的越快，反之亦然。时间方式的运动对于控制目标点的位置非常方便，只需要修改目标点的值即可，时间会重新分配。

JavaScript 中要想实现这种时间版的运动方式，必须涉及以下四个参数，具体如下。

1．current time

current time 表示为当前时间，一般用 t 作为简写标识，current time 参数需要通过 JavaScript 中的 new Date()时间对象得到，具体示例代码如下：

```
1    <script>
2        function now(){
3             return (new Date()).getTime();
4        }
5    </script>
```

now()函数返回当前日期到 1970 年 1 月 1 日的毫秒数，时间非常大，还需要作进一步处理，才能得到当前时间。

2．beginning value

beginning value 表示为初始值，一般用 b 作为简写标识，可以利用 getComputedStyle()方法获取当前初始值。具体示例代码如下：

```
1    <script>
2        function getCss(elem,attr){
3             if(elem.currentStyle){
4               return elem.currentStyle[attr];
5             }
6             else{
7               return window.getComputedStyle(elem)[attr];
8             }
9        }
10   </script>
```

3．change in value

change in value 表示为变化量，一般用 c 作为简写标识，可以利用目标点减去初始值得到变化量的值。

4．duration

duration 表示为总时间，一般用 d 作为简写标识，是用户自己指定的参数，因此不需要获取。

下面列举如何利用上述四个参数实现匀速运动的公式，具体示例代码如下：

```
t/d * c + b
```

假设总时间为 2s，初始点为 100，目标点为 200 时，通过公式可以发现，如果当前时间为 0.5s，物体运动到 125；如果当前时间为 1s，物体运动到 150；如果当前时间为 1.5s，物体运动到 175。即实现了匀速运动。接下来通过案例演示，具体如例 13-2 所示。

【例 13-2】 实现匀速运动。

```
1   <!doctype html>
2   <html>
3   <head>
4   <meta charset="utf-8">
5   <title>JavaScript 动画</title>
6   <style>
7       #box{ width:100px; height:100px; background:red;
8           position:absolute; left:100px; }
9   </style>
10  </head>
11  <body>
12      <input type="button" value="单击" id="btn">
13      <div id="box"></div>
14  <script>
15      var btn = document.getElementById('btn');
16      var box = document.getElementById('box');
17      var target = 200;             // 目标点
18      var t = 0;                    // 初始时间
19      var b = 100;                  // 起始点
20      var c = target - b;           // 移动距离
21      var d = 2000;                 // 总时间
22      btn.onclick = function(){
23            var startTime = now();
24            var timer = setInterval(function(){
25              var changeTime = now();
26              t = Math.min(changeTime - startTime,d);
27              if(t == d){
28                  clearInterval(timer);
29              }
30              box.style.left = t/d * c + b + 'px';
```

```
31            },16);
32        };
33        function now(){
34            return (new Date()).getTime();
35        }
36    </script>
37    </body>
38    </html>
```

13.1.2 运动框架

总时间、初始值和目标点都是确定的，下面封装运动框架，可以动态地操作相关的样式变化。具体示例代码如下：

```
1     <script>
2         var btn = document.getElementById('btn');
3         var box = document.getElementById('box');
4         btn.onclick = function(){
5              move(box,'left','300','2000');
6         };
7         // 封装运动函数
8         function move(elem,prop,target,time){
9              var t = 0;
10             var b = parseInt(getCss(elem,prop));
11             var c = target - b;
12             var d = time;
13             var startTime = now();
14             var timer = setInterval(function(){
15               var changeTime = now();
16               t = Math.min(changeTime - startTime,d);
17               if(t == d){
18                   clearInterval(timer);
19               }
20               elem.style[prop] = t/d * c + b + 'px';
21             },16);
22        }
23        // 获取当前时间的毫秒数
24        function now(){
25             return (new Date()).getTime();
26        }
27        // 获取终极样式
28        function getCss(elem,attr){
29             if(elem.currentStyle){
30               return elem.currentStyle[attr];
```

```
31            }
32            else{
33              return window.getComputedStyle(elem)[attr];
34            }
35        }
36    </script>
```

目前只能操作一个样式，下面利用 JSON 方式设置多个值，并通过 for…in 来枚举所有的属性和值，从而完成多值的运动。接下来通过案例演示，具体如例 13-3 所示。

【例 13-3】 实现多值的运动。

```
1   <!doctype html>
2   <html>
3   <head>
4   <meta charset="utf-8">
5   <title>JavaScript 动画</title>
6   <style>
7       #box{ width:100px; height:100px; background:red;
8           position:absolute; left:100px; }
9   </style>
10  </head>
11  <body>
12      <input type="button" value="单击" id="btn">
13      <div id="box"></div>
14  <script>
15      var btn = document.getElementById('btn');
16      var box = document.getElementById('box');
17      btn.onclick = function(){
18          // 多值同时运动
19          move(box,{top:300,left:300},'2000');
20      };
21      function move(elem,json,time){
22          var t = 0;
23          var objB = {};
24          var objC = {};
25          var d = time;
26          var startTime = now();
27          for(var prop in json){    // 获取多个值的初始值
28            objB[prop] = parseInt(getCss(elem,prop));
29            objC[prop] = json[prop] - objB[prop];
30          }
31          var timer = setInterval(function(){
32            var changeTime = now();
33            t = Math.min(changeTime - startTime,d);
```

```
34            if(t == d){
35                clearInterval(timer);
36            }
37            for(var prop in json){
38                elem.style[prop] = t/d * objC[prop] + objB[prop] + 'px';
39            }
40        },16);
41    }
42    function now(){
43        return (new Date()).getTime();
44    }
45    function getCss(elem,attr){
46        if(elem.currentStyle){
47          return elem.currentStyle[attr];
48        }
49        else{
50          return window.getComputedStyle(elem)[attr];
51        }
52    }
53 </script>
```

运行结果如图 13.2 所示。

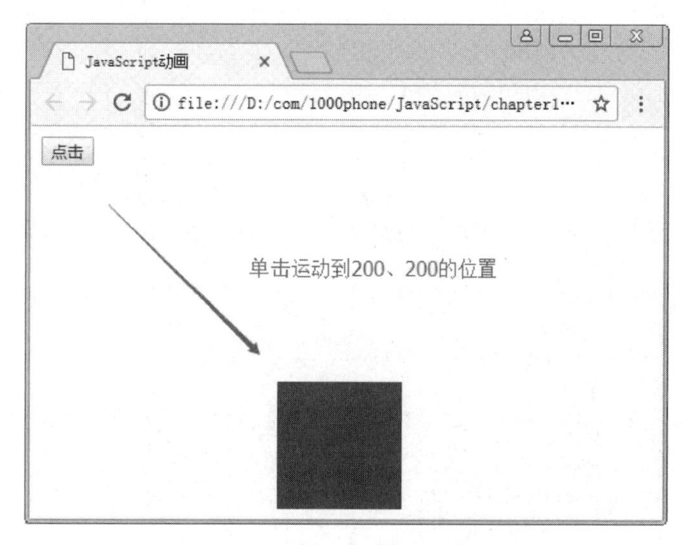

图 13.2　例 13-3 的运行结果

当单击按钮时，物体的 left 值和 top 值会同时运动，最终停止在指定的目标处。除多值运动外，还可以添加运动结束时的回调函数，即可以进行链式的运动，等一个运动结束后立即去执行下一个运动。具体示例代码如下：

```
1  <script>
2      var btn = document.getElementById('btn');
```

```
3      var box = document.getElementById('box');
4      btn.onclick = function(){
5          // 设置链式运动
6          move(box,{left:200},'2000',function(){
7            move(this,{top:200},'2000');
8          });
9      };
10     function move(elem,json,time,cbFn){
11         var t = 0;
12         var objB = {};
13         var objC = {};
14         var d = time;
15         var startTime = now();
16         for(var prop in json){
17           objB[prop] = parseInt(getCss(elem,prop));
18           objC[prop] = json[prop] - objB[prop];
19         }
20         var timer = setInterval(function(){
21           var changeTime = now();
22           t = Math.min(changeTime - startTime,d);
23           if(t == d){
24               clearInterval(timer);
25               if(cbFn){
26                 cbFn.call(elem);
27               }
28           }
29           for(var prop in json){
30               elem.style[prop] = t/d * objC[prop] + objB[prop] + 'px';
31           }
32         },16);
33     }
34      function now(){
35         return (new Date()).getTime();
36     }
37     function getCss(elem,attr){
38         if(elem.currentStyle){
39           return elem.currentStyle[attr];
40         }
41         else{
42           return window.getComputedStyle(elem)[attr];
43         }
44     }
45 </script>
```

当单击按钮时，物体先2s移动left值，再2s移动top值，从而实现链式运动的效果。

13.1.3 tween运动算法

在前面13.1.2节中只介绍了匀速运动的实现公式，其实还有其他的运动形式，如加速、减速、弹性等运动形式。其他运动形式的运动公式实现相比于匀速公式会稍微复杂一些，本小节只介绍一种运算算法，即tween算法。

tween算法源于flash的运动算法，在JavaScript中也可以利用tween算法得到其他运动形式。其算法实现如下：

```
1   <script>
2       var Tween = {
3           linear: function (t, b, c, d){              // 匀速
4            return c*t/d + b;
5           },
6           easeIn: function(t, b, c, d){               // 加速曲线
7            return c*(t/=d)*t + b;
8           },
9           easeOut: function(t, b, c, d){              // 减速曲线
10           return -c *(t/=d)*(t-2) + b;
11          },
12          easeBoth: function(t, b, c, d){             // 加速减速曲线
13           if ((t/=d/2) < 1) {
14               return c/2*t*t + b;
15           }
16           return -c/2 * ((--t)*(t-2) - 1) + b;
17          },
18          easeInStrong: function(t, b, c, d){         // 加加速曲线
19           return c*(t/=d)*t*t*t + b;
20          },
21          easeOutStrong: function(t, b, c, d){        // 减减速曲线
22           return -c * ((t=t/d-1)*t*t*t - 1) + b;
23          },
24          easeBothStrong: function(t, b, c, d){  // 加加速、减减速曲线
25           if ((t/=d/2) < 1) {
26               return c/2*t*t*t*t + b;
27           }
28           return -c/2 * ((t-=2)*t*t*t - 2) + b;
29          },
30          elasticIn: function(t, b, c, d, a, p){// 正弦衰减曲线（弹动渐入）
31           if (t === 0) {
32               return b;
33           }
```

```
34            if ( (t /= d) == 1 ) {
35                return b+c;
36            }
37            if (!p) {
38                p=d*0.3;
39            }
40            if (!a || a < Math.abs(c)) {
41                a = c;
42                var s = p/4;
43            } else {
44                var s = p/(2*Math.PI) * Math.asin (c/a);
45            }
46            return -(a*Math.pow(2,10*(t-=1)) * Math.sin( (t*d-s)*
              (2*Math.PI)/p )) + b;
47        },
48        elasticOut: function(t, b, c, d, a, p){// 正弦增强曲线（弹动渐出）
49            if (t === 0) {
50                return b;
51            }
52            if ( (t /= d) == 1 ) {
53                return b+c;
54            }
55            if (!p) {
56                p=d*0.3;
57            }
58            if (!a || a < Math.abs(c)) {
59                a = c;
60                var s = p / 4;
61            } else {
62                var s = p/(2*Math.PI) * Math.asin (c/a);
63            }
64            return a*Math.pow(2,-10*t) * Math.sin( (t*d-s)*(2*Math.PI)
              /p ) + c + b;
65        },
66        elasticBoth: function(t, b, c, d, a, p){
67            if (t === 0) {
68                return b;
69            }
70            if ( (t /= d/2) == 2 ) {
71                 return b+c;
72            }
73            if (!p) {
74                p = d*(0.3*1.5);
75            }
```

```
76            if ( !a || a < Math.abs(c) ) {
77                a = c;
78                var s = p/4;
79            }
80            else {
81                var s = p/(2*Math.PI) * Math.asin (c/a);
82            }
83            if (t < 1) {
84                return - 0.5*(a*Math.pow(2,10*(t-=1)) * Math.sin( (t*d-s)*
                  (2*Math.PI)/p)) + b;
85            }
86            return a*Math.pow(2,-10*(t-=1)) * Math.sin( (t*d-s)*
              (2*Math.PI)/p )*0.5 + c + b;
87        },
88        backIn: function(t, b, c, d, s){    // 回退加速（回退渐入）
89            if (typeof s == 'undefined') {
90                s = 1.70158;
91            }
92            return c*(t/=d)*t*((s+1)*t - s) + b;
93        },
94        backOut: function(t, b, c, d, s){
95            if (typeof s == 'undefined') {
96                s = 3.70158;                     // 回缩的距离
97            }
98            return c*((t=t/d-1)*t*((s+1)*t + s) + 1) + b;
99        },
100       backBoth: function(t, b, c, d, s){
101       if (typeof s == 'undefined') {
102        s = 1.70158;
103     }
104     if ((t /= d/2 ) < 1) {
105         return c/2*(t*t*(((s*=(1.525))+1)*t - s)) + b;
106     }
107     return c/2*((t-=2)*t*(((s*=(1.525))+1)*t + s) + 2) + b;
108   },
109   bounceIn: function(t, b, c, d){             // 弹球减振（弹球渐出）
110       return c - Tween['bounceOut'](d-t, 0, c, d) + b;
111   },
112   bounceOut: function(t, b, c, d){
113       if ((t/=d) < (1/2.75)) {
114           return c*(7.5625*t*t) + b;
115       } else if (t < (2/2.75)) {
116           return c*(7.5625*(t-=(1.5/2.75))*t + 0.75) + b;
117       } else if (t < (2.5/2.75)) {
```

```
118                return c*(7.5625*(t-=(2.25/2.75))*t + 0.9375) + b;
119            }
120            return c*(7.5625*(t-=(2.625/2.75))*t + 0.984375) + b;
121        },
122        bounceBoth: function(t, b, c, d){
123            if (t < d/2) {
124                return Tween['bounceIn'](t*2, 0, c, d) * 0.5 + b;
125            }
126            return Tween['bounceOut'](t*2-d, 0, c, d) * 0.5 + c*0.5 + b;
127        }
128 }
129 </script>
```

上述算法中可以看到，tween中也是使用t、b、c、d表示运动公式，可以直接把tween算法融入运动框架中。具体示例代码如下：

```
1   <script>
2      // 此处省略 tween 算法代码
3       var btn = document.getElementById('btn');
4       var box = document.getElementById('box');
5       btn.onclick = function(){
6            move(box,{left:200},'2000','elasticOut');
7       };
8       function move(elem,json,time,fx,cbFn){
9            var t = 0;
10           var objB = {};
11           var objC = {};
12           var d = time;
13           var startTime = now();
14           for(var prop in json){
15             objB[prop] = parseInt(getCss(elem,prop));
16             objC[prop] = json[prop] - objB[prop];
17           }
18           var timer = setInterval(function(){
19             var changeTime = now();
20             t = Math.min(changeTime - startTime,d);
21             if(t == d){
22                 clearInterval(timer);
23                 if(cbFn){
24                   cbFn.call(elem);
25                 }
26             }
27             for(var prop in json){
28                 var value = Tween[fx](t,objB[prop],objC[prop],d);
29                 elem.style[prop] = value + 'px';
```

```
30              }
31          },16);
32      }
33      function now(){
34          return (new Date()).getTime();
35      }
36      function getCss(elem,attr){
37          if(elem.currentStyle){
38            return elem.currentStyle[attr];
39          }
40          else{
41            return window.getComputedStyle(elem)[attr];
42          }
43      }
44  </script>
```

elasticOut 为弹动渐出效果，当单击按钮时，物体会在运动将要结束的位置进行弹动运动。当指定其他 tween 参数时，即可实现对应的运动形式。

由于代码量较大，每次执行动画时，需要将运动框架代码放到一个外部 JavaScript 文件中，开发时，引入 JavaScript 文件即可使用运动框架。

13.1.4　实战轮播图

利用运动框架可以轻松地实现如网站轮播图的动画效果，如图 13.3 所示。

图 13.3　轮播图效果展示图

轮播图实现的原理是改变轮播图片的整体 top 值，每隔一段时间改变图片高度的倍数，从而实现切换效果。接下来通过案例演示，具体如例 13-4 所示。

【例 13-4】 实战轮播图。

```
1   <!doctype html>
2   <html>
3   <head>
4   <meta charset="utf-8">
5   <title>JavaScript 动画</title>
6   <style>
7      body,ul,ol{margin:0;padding:0;}
8      li{ list-style:none;}
9      img{ border:none; vertical-align:top; }
10     #box{width:470px;height:150px; position:relative; margin:30px
        auto; overflow:hidden;}
11     ul{ width:470px; position:absolute;left:0; top:0; z-index:1;}
12     ul li{width:470px;}
13     ol{z-index:2; width:120px; position:absolute;right:10px; bottom:10px;}
14      ol li{ width:20px;height:20px; float:left;margin:0 2px; display:
        inline; background:#fff; color:#f60; line-height:20px; text-align:
        center;}
15     ol .active{ background:#f60; color:#fff;}
16  </style>
17  </head>
18  <body>
19     <div id="box">
20        <ul>
21        <li><img src="images/1.jpg" alt=""/></li>
22           <li><img src="images/2.jpg" alt=""/></li>
23           <li><img src="images/3.jpg" alt=""/></li>
24           <li><img src="images/4.jpg" alt=""/></li>
25           <li><img src="images/5.jpg" alt=""/></li>
26        </ul>
27        <ol>
28        <li class="active">1</li>
29           <li>2</li>
30           <li>3</li>
31           <li>4</li>
32           <li>5</li>
33        </ol>
34     </div>
35  <script src="move.js"></script>
36  <script>
37     var oUl = document.getElementsByTagName('ul')[0];
38     var aLiUl = oUl.getElementsByTagName('li');
39     var oOl = document.getElementsByTagName('ol')[0];
```

```
40      var aLiOl = oOl.getElementsByTagName('li');
41      var oBox = document.getElementById('box');
42      var timer = null;
43      var iNow = 0;
44      for(var i=0;i<aLiOl.length;i++){
45           aLiOl[i].index = i;                          // 设置索引值
46           aLiOl[i].onmouseover = function(){
47             for(var i=0;i<aLiOl.length;i++){          // 还原初始状态
48                 aLiOl[i].className = '';
49             }
50             this.className = 'active';                // 当前选中样式
51             // 上下移动容器
52             move(oUl,{top : - this.index * 150},500,'linear');
53             iNow = this.index;
54           };
55      }
56      oBox.onmouseover = function(){
57           clearInterval(timer);
58      };
59      oBox.onmouseout = function(){
60           timer = setInterval(change,3000);
61      };
62        // 轮播图自动播放
63      timer = setInterval(change,3000);
64      function change(){
65           if(iNow == aLiOl.length-1){
66             iNow = 0;
67           }
68           else{
69             iNow++;
70           }
71           for(var i=0;i<aLiOl.length;i++){
72             aLiOl[i].className = '';
73           }
74           aLiOl[iNow].className = 'active';
75           move(oUl,{top : - iNow * 150},500,'linear');
76      }
77  </script>
78  </body>
79  </html>
```

在例13-4中，首先对之前封装的move函数进行单独提取，放到一个外部的JavaScript文件中，即move.js，使用起来会更加方便。例中，HTML结构为一组无序的列表，用来表示轮播图片，还有一组有序的列表，用来表示轮播按钮。然后对轮播按钮添加鼠标移入事件，并对按钮样式进行切换。通过 move 函数来改变无序列表的 ul 标签的 top 值，从而实现轮播图片的效果。

13.2 JavaScript 算法

视频讲解

程序算法是对特定问题求解过程的描述，是指令的有限序列，每条指令可以完成一个或多个操作。通俗地讲，就是为解决某一特定问题而采取的具体有限的操作步骤。

13.2.1 递归

程序调用自身的编程方式称为递归。递归作为一种算法在程序设计语言中得到了广泛的应用。递归是一个过程或函数在其定义或说明中有直接或间接调用自身的一种方法，它通常可以把一个大型复杂的问题层层转化为一个与原问题相似的规模较小的问题来求解。递归策略可以通过极少的代码描述出解题过程中需要重复计算的过程，从而大大减少程序的代码量。

递归的能力在于用有限的语句来定义对象的无限集合。一般来说，递归需要有满足条件的边界条件、递归前进段和递归返回段。当边界条件不满足时，递归前进；当边界条件满足时，递归返回。

下面通过实例了解递归操作，如实现求阶乘的方法，可以利用递归算法实现。具体示例代码如下：

```
1   <script>
2       function foo(n){
3           if(n==1){                    // 递归停止条件
4            return n;
5           }
6           return n * foo(n-1);         // 递归调用自身
7       }
8       console.log( foo(5) );           // 120
9   </script>
```

5 的阶乘表示 1×2×3×4×5，返回结果为 120。可以把整体划分成两个数相乘，即 1×2×3×4 为一个数，5 为一个数。再把 1×2×3×4 划分成两个数相乘，即 1×2×3 为一个数，4 为一个数。以此类推，就可以通过相同的代码实现此功能，函数定义上就可以定义为 n×foo(n−1)，当递归再次调用时，就可以完成整个阶乘的实现，最终返回正确的结果。

在递归操作中，在函数体内调用函数自身。为了避免无限调用而出现死循环的情况，需要在满足一定条件时停止递归的调用。

下面通过递归的方式完成斐波那契数列的实现，斐波那契数列由 0 和 1 开始，之后的斐波那契数列系数就由之前的两数相加，以此类推得到后续的结果数列，具体示例代码如下：

```
1   <script>
2       function show(n){
3           if(n<=2){
4            return 1;
5           }
6           return show(n-2) + show(n-1);
7       }
8       console.log(show(7));       // 13
9   </script>
```

13.2.2 数组排序

所谓排序就是将一串记录按照其中的某个或某些关键字的大小递增或递减的排列的操作。排序算法就是如何使得记录按照要求排列的方法。排序算法在很多领域得到相当地重视，尤其是在大量数据的处理方面。

在前面讲解数组时，介绍过数组自带的排序方法，即 sort()方法。下面通过自定义的方式实现数组的排序，下面介绍两种数组排序算法。

1．冒泡排序

冒泡排序是计算机科学领域中一种较简单的排序算法。冒泡排序算法的运算顺序如下所述。

比较相邻的元素。如果第一个比第二个大，交换元素。

（1）对每一对相邻元素做同样的工作，从开始的第一对到结尾的最后一对。基于此，最后的元素应该会是最大的数。

（2）针对所有的元素重复以上的步骤，除最后一个。

（3）持续每次对越来越少的元素重复上面的步骤，直到没有任何一对数字需要比较。

接下来通过案例演示冒泡排序，具体如例 13-5 所示。

【例 13-5】 冒泡排序。

```
1   <!doctype html>
2   <html>
3   <head>
4   <meta charset="utf-8">
5   <title>JavaScript 动画</title>
6   </head>
7   <script>
8       function foo(arr){
9           for(var i=0;i<arr.length;i++){
10           for(var j=0;j<arr.length-i;j++){
```

```
11                toCom(j,j+1);
12            }
13          }
14          function toCom(one,two){
15            var tmp = '';
16            if( arr[one] > arr[two] ){          // 切换两个数字
17                tmp = arr[one];
18                arr[one] = arr[two];
19                arr[two] = tmp;
20            }
21          }
22          return arr;
23      }
24      console.log(foo([5,10,3,7,15,2]));        // [2, 3, 5, 7, 10, 15]
25  </script>
26  </body>
27  </html>
```

2．快速排序

快速排序是对冒泡排序的一种改进，并运用递归算法来实现。快速排序算法的运算流程如下所述。

（1）获得待排序数组 a。

（2）选取一个合适的数字 p（一般来说就选取数组或是子数组的第一个元素）作为排序基准。

（3）将待排序数组 a 中比基准 p 小的放在 p 的左边，将比基准 p 大的放在 p 的右边。

（4）从第（3）步获得的两个子数组 sub1 跟 sub2。

（5）判断 sub1 或 sub2 中是否只有一个元素，如果只有一个元素则返回此元素，否则就将 sub1（或是 sub2）返回到第（1）步中继续执行。

接下来通过案例演示快速排序，具体如例 13-6 所示。

【例 13-6】 快速排序。

```
1   <!doctype html>
2   <html>
3   <head>
4   <meta charset="utf-8">
5   <title>JavaScript 算法</title>
6   </head>
7   <script>
8       function foo(arr){
9           if(arr.length<=1){                    // 递归停止条件
10            return arr;
11          }
```

```
12          var index = Math.ceil(arr.length/2-1);
13          var num = arr[index];
14          var arrL = [];
15          var arrC = arr.splice(index,1);
16          var arrR = [];
17          for(var i=0;i<arr.length;i++){  // 分解为左、中、右、三部分数据
18            if( arr[i] < num ){
19                arrL.push(arr[i]);
20            }
21            else if( arr[i] > num ){
22                arrR.push(arr[i]);
23            }
24            else{
25                arrC.push(arr[i]);
26            }
27          }
28          return foo(arrL).concat(arrC, foo(arrR));   // 递归调用
29      }
30      console.log(foo([5,10,3,7,15,2]));  // [2, 3, 5, 7, 10, 15]
31  </script>
32  </body>
33  </html>
```

13.2.3 数组去重

在计算机中的“去重”一般是指排除重复项，数组去重指的是去除数组中重复的元素。下面介绍两种去重的实现方式。

1. 双重循环去重

把数组中的每一项添加到一个新的数组中，并且每次都要与新数组中的每一项进行比较，最终得到去重后的新数组。具体示例代码如下：

```
1   <script>
2       function foo(arr){
3           var result = [arr[0]];
4           for(var i=1;i<arr.length;i++){
5             if(toCom(arr[i])){                  // 比较数据是否唯一
6                 result.push(arr[i]);
7             }
8           }
9           function toCom(val){
10            for(var i=0;i<result.length;i++){
11                if(result[i] == val){       // 有相同数据返回 false
```

```
12                 return false;
13               }
14             }
15            return true;                         // 无相同数据返回 true
16          }
17          return result;
18      }
19      console.log(foo([5,10,5,3,10,2]));  // [5,10,3,2]
20  </script>
```

2．对象属性去重

利用对象属性名具有唯一性的特点，进行去重操作，调用一次循环操作即可，性能上会比双重循环有所提升。具体示例代码如下：

```
1   <script>
2       function foo(arr){
3           var result = [];
4           var json = {};
5           for(var i=0;i<arr.length;i++){
6             if(!json[arr[i]]){          // 利用属性名唯一性进行去重
7               result.push(arr[i]);
8               json[arr[i]] = 1;
9             }
10          }
11          return result;
12      }
13      console.log(foo([5,10,5,3,10,2]));  // [5,10,3,2]
14  </script>
```

13.2.4 求最大值和最小值

求集合中的最大值或最小值为常见的算法操作，让集合中的每项与参考变量进行比较。随着参考变量的变化，从而得到最大值或最小值。具体示例代码如下：

```
1   <script>
2       function foo(arr){
3           var number = arr[0];
4           for(var i=1;i<arr.length;i++){
5             if(arr[i] < number ){            // 判断后续数据是否有更小的值
6               number = arr[i];
7             }
8           }
9           return number;
```

```
10     }
11     console.log(foo([5,10,5,2,3,10]));  // 2
12 </script>
```

13.2.5 二分查找法

二分查找又称折半查找，优点是比较次数少，查找速度快，平均性能好，占用系统内存较少；其缺点是要求待查表必须为有序表，且插入删除困难。因此，折半查找方法适用于不经常变动而查找频繁的有序列表。二分查找法的运算流程如下所述。

（1）头尾区间索引设置。

（2）取中间索引比较头尾区间。

（3）根据比较大小进行重新赋值。

接下来通过案例演示正常查找和二分查找的对比，从执行的时间可以比较出二分查找的优势。具体如例 13-7 所示。

【例 13-7】 正常查找和二分查找对比，从执行时间比较出二分查找的优势。

```
1   <!doctype html>
2   <html>
3   <head>
4   <meta charset="utf-8">
5   <title>JavaScript 算法</title>
6   </head>
7   <body>
8   <script>
9       var num = 1000000;
10      var randomNum = Math.ceil(Math.random()*num);
11      var arr = [];
12      for(var i=1;i<=num;i++){
13           arr.push(i);
14      }
15      function foo1(arr,randomNum){    // 普通查找
16           console.time(1);
17           for(var i=0;i<arr.length;i++){
18             if( arr[i] == randomNum ){
19                 console.timeEnd(1);
20               return arr[i];
21             }
22           }
23      }
24      function foo2(arr,randomNum){    // 二分查找
25           console.time(2);
```

```
26          var first = 0;
27          var last = arr.length-1;
28          while( first <= last ){
29            var mIndex = Math.floor((first + last)/2);
30            if( randomNum < arr[mIndex] ){
31                last = mIndex - 1;
32            }
33            else if( randomNum > arr[mIndex] ){
34                first = mIndex + 1;
35            }
36            else{
37                console.timeEnd(2);
38                return arr[mIndex];
39            }
40          }
41      }
42      console.log(foo1(arr,randomNum));
43      console.log(foo2(arr,randomNum));
44  </script>
45  </body>
46  </html>
```

运行结果如图 13.4 所示。

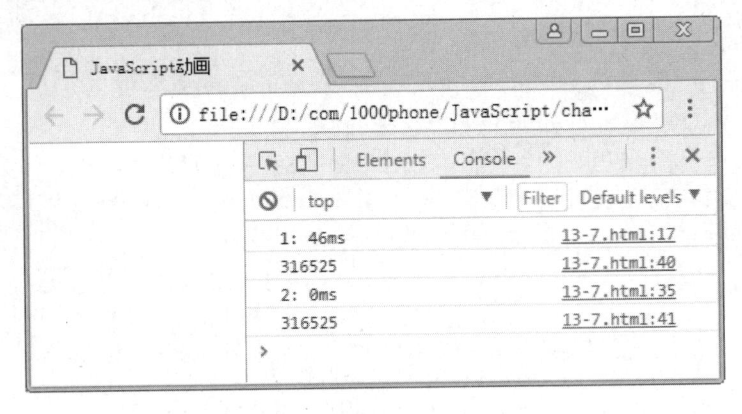

图 13.4　例 13-7 的运行结果

上例中可以看出，二分查找性能更好。通常情况下二分查找适合有顺序的结构，而普通查找适合无顺序的结构。

13.2.6　实战照片墙

下面利用简单算法实现拖曳切换照片墙的图片位置，效果如图 13.5 所示。

图 13.5　拖曳切换照片墙的图片位置的效果图

首先实现网页的布局和对图片的拖曳操作。具体代码如下：

```
1  <!doctype html>
2  <html>
3  <head>
4  <meta charset="utf-8">
5  <title>JavaScript 算法</title>
6  <style>
7     *{ margin:0; padding:0;}
8     #ul1{ width:660px; position:relative; margin:10px auto;}
9     li{ width:200px; height:150px; margin:10px; float:left;
10         list-style:none; }
11 </style>
12 </head>
13 <body>
14    <ul id="ul1">
15       <li><img src="photo/1.png"></li>
16       <li><img src="photo/2.png"></li>
17       <li><img src="photo/3.png"></li>
18       <li><img src="photo/4.png"></li>
19       <li><img src="photo/5.png"></li>
20       <li><img src="photo/1.png"></li>
21       <li><img src="photo/2.png"></li>
22       <li><img src="photo/3.png"></li>
23       <li><img src="photo/4.png"></li>
24    </ul>
```

```
25  <script>
26      var aLi = document.getElementsByTagName('li');
27      var izIndex = 2;
28      var arr = [];
29      for(var i=0;i<aLi.length;i++){
30          arr.push( [ aLi[i].offsetLeft , aLi[i].offsetTop ] );
31      }
32      for(var i=0;i<aLi.length;i++){              // 布局转换
33          aLi[i].style.position = 'absolute';
34          aLi[i].style.left = arr[i][0] + 'px';
35          aLi[i].style.top = arr[i][1] + 'px';
36          aLi[i].style.margin = 0;
37      }
38      for(var i=0;i<aLi.length;i++){
39          aLi[i].index = i;
40          drag(aLi[i]);                          // 对每个图片进行拖曳
41      }
42      function drag(obj){
43          var disX = 0;
44          var disY = 0;
45          obj.onmousedown = function(ev){
46            obj.style.zIndex = izIndex++;
47            disX = ev.clientX - obj.offsetLeft;
48            disY = ev.clientY - obj.offsetTop;
49            document.onmousemove = function(ev){
50                obj.style.left = ev.clientX - disX + 'px';
51                obj.style.top = ev.clientY - disY + 'px';
52            };
53            document.onmouseup = function(){
54                document.onmousemove = null;
55                document.onmouseup = null;
56            };
57            return false;
58          };
59      }
60  </script>
61  </body>
62  </html>
```

代码利用布局转换的思想，把浮动布局转换成定位布局。接下来被拖曳的图片要与其他图片进行碰撞检测，查看是否有接触。具体代码如下：

```
1   <script>
2       function pz(obj1,obj2){                    // 碰撞检测
3           var L1 = obj1.offsetLeft;
```

```
4            var R1 = obj1.offsetLeft + obj1.offsetWidth;
5            var T1 = obj1.offsetTop;
6            var B1 = obj1.offsetTop + obj1.offsetHeight;
7            var L2 = obj2.offsetLeft;
8            var R2 = obj2.offsetLeft + obj2.offsetWidth;
9            var T2 = obj2.offsetTop;
10           var B2 = obj2.offsetTop + obj2.offsetHeight;
11           if( R1<L2 || L1>R2 || B1<T2 || T1>B2 ){ // 没有碰撞
12             return false;
13           }
14           else{                                    // 有碰撞
15             return true;
16           }
17       }
18   </script>
```

利用勾股定理算法找到最近碰撞的元素，通过索引的方式切换两个图片的位置，最后再把运动加入进去，从而实现整个切换照片墙的效果。下面给出完整的 JavaScript 代码，具体如例 13-8 所示。

【例 13-8】 完成切换照片墙的效果。

```
1    <script>
2        var aLi = document.getElementsByTagName('li');
3        var izIndex = 2;
4        var arr = [];
5        for(var i=0;i<aLi.length;i++){
6            arr.push( [ aLi[i].offsetLeft , aLi[i].offsetTop ] );
7        }
8        for(var i=0;i<aLi.length;i++){              // 布局转换
9            aLi[i].style.position = 'absolute';
10           aLi[i].style.left = arr[i][0] + 'px';
11           aLi[i].style.top = arr[i][1] + 'px';
12           aLi[i].style.margin = 0;
13       }
14       for(var i=0;i<aLi.length;i++){              // 添加索引与拖曳元素
15           aLi[i].index = i;
16           drag(aLi[i]);
17       }
18       function drag(obj){                         // 拖曳方法的实现
19           var disX = 0;
20           var disY = 0;
21           obj.onmousedown = function(ev){
22             obj.style.zIndex = izIndex++;
23             disX = ev.clientX - obj.offsetLeft;
```

```
24          disY = ev.clientY - obj.offsetTop;
25          document.onmousemove = function(ev){
26             obj.style.left = ev.clientX - disX + 'px';
27             obj.style.top = ev.clientY - disY + 'px';
28             for(var i=0;i<aLi.length;i++){
29              aLi[i].style.border = '';
30             }
31             var nL = nearLi(obj);
32             if(nL){
33              nL.style.border = '2px red solid';
34             }
35          };
36          document.onmouseup = function(){
37             document.onmousemove = null;
38             document.onmouseup = null;
39             var nL = nearLi(obj);
40             var tmp = 0;
41             if(nL){
42              move( nL , { left : arr[obj.index][0] , top : arr[obj.
                index][1] } , 500 , 'elasticOut' );
43              move( obj , { left : arr[nL.index][0] , top : arr[nL.
                index][1] } , 500 , 'elasticOut' );
44              nL.style.border = '';
45              tmp = obj.index;
46              obj.index = nL.index;
47              nL.index = tmp;
48             }
49             else{
50              move( obj , { left : arr[obj.index][0] , top : arr[obj.
                index][1] }  , 500 , 'elasticOut' );
51             }
52          };
53          return false;
54        };
55     }
56     function nearLi(obj){                          // 找到最近的元素
57          var value = 9999;
58          var index = -1;
59          for(var i=0;i<aLi.length;i++){
60           if( pz(obj,aLi[i]) && obj!=aLi[i] ){
61              var c = jl(obj,aLi[i]);
62              if( c < value ){
63               value = c;
```

```
64                  index = i;
65                }
66              }
67          }
68          if(index != -1){
69            return aLi[index];
70          }
71          else{
72            return false;
73          }
74      }
75      function jl(obj1,obj2){                    // 两点之间的距离
76          var a = obj1.offsetLeft - obj2.offsetLeft;
77          var b = obj1.offsetTop - obj2.offsetTop;
78          return Math.sqrt(a*a + b*b);
79      }
80      function pz(obj1,obj2){                    // 碰撞检测
81          var L1 = obj1.offsetLeft;
82          var R1 = obj1.offsetLeft + obj1.offsetWidth;
83          var T1 = obj1.offsetTop;
84          var B1 = obj1.offsetTop + obj1.offsetHeight;
85          var L2 = obj2.offsetLeft;
86          var R2 = obj2.offsetLeft + obj2.offsetWidth;
87          var T2 = obj2.offsetTop;
88          var B2 = obj2.offsetTop + obj2.offsetHeight;
89          if( R1<L2 || L1>R2 || B1<T2 || T1>B2 ){
90            return false;
91          }
92          else{
93            return true;
94          }
95      }
96  </script>
```

13.3 本章小结

通过本章的学习，希望读者能够了解 JavaScript 动画和算法、运动和算法在实际项目中的运用。运动可以分为速度版运动和时间版运动，通过匀速公式实现融入 tween 算法，从而实现一个简易的运动框架。算法中包括递归、排序、去重、二分查找等经典算法。

13.4 习　　题

1．填空题

（1）动画的基本实现原理，主要利用 JavaScript 中的________实现的。

（2）运动过程中的当前时间是通过________获取的。

（3）tween 算法是一套来自于________的运动算法，后来在其他很多语言中都有实现。

（4）常见的数组排序方法有________、________。

（5）程序调用自身的编程技巧称为________。

2．选择题

（1）下面可以表示匀速公式的是（　　）。

A．c*t/d + b　　B．c*(t/=d)*t + b

C．−c *(t/=d)*(t−2) + b　　D．c*(t/=d)*t*t*t + b

（2）下列操作中不能用递归进行实现的是（　　）。

A．求阶乘　　B．斐波那契数列

C．冒泡排序　　D．快速排序

（3）setInterval 方法的时间单位为（　　）。

A．毫秒数　　B．秒数

C．分钟　　D．小时

（4）tween 算法中的 b 参数表示（　　）。

A．当前时间　　B．初始值

C．变化值　　D．总时间

（5）下面不属于数组操作的是（　　）。

A．排序　　B．递归

C．去重　　D．找最小值

3．思考题

（1）请简述什么是二分查找法。

（2）请简述递归的基本原理。

第 14 章 chapter 14

ECMAScript 6.0

本章学习目标

- 了解 ECMAScript 6.0 提供的新语法和新功能；
- 利用 ECMAScript 6.0 进行实际项目的开发。

14.1 ECMAScript 6.0 入门

视频讲解

14.1.1 ECMAScript 6.0 简介

1. ECMAScript 与 JavaScript 的关系

ECMAScript 是 JavaScript 的规格，JavaScript 是 ECMAScript 的一种实现，通常情况下两个词可以互换。

ES6 是 ECMAScript 6.0 的简称，JavaScript 语言的下一代标准。其目标是让 JavaScript 语言可以用于编写复杂的大型应用程序，成为企业级开发语言。

JavaScript 语言能够迅速发展的重要原因之一是其既可以作为客户端语言，又可以作为服务端语言。目前很多流行的框架已经采用 ECMAScript 6.0 语法进行编程，例如 Angular2、React、KOA 等框架。

2. ECMAScript 6.0 与 ES2015 的关系

有时也可以用 ES2015 来表示 ECMAScript 6.0。两种不同的表示方式，一种是通过版本来表示，另一种是通过年份来表示。ECMAScript 6.0 是一个泛指，包含 ECMAScript 2015、ECMAScript 2016、ECMAScript 2017 等。

3. ECMAScript 6.0 的环境搭建

虽然 ECMAScript 6.0 的大部分功能已经得到现代的浏览器的支持，但其小部分功能仍然没有得到支持。可以利用一些工具把 ECMAScript 6.0 转化成 ECMAScript 5.0 的语法，让浏览器支持此功能，可以达到通过测试的目的，如利用 gulp.js 加 babel.js 的方式。

gulp.js 是一个前端自动化工具，主要用于实现对代码的打包、压缩、转换等操作。gulp.js 工具基于 nodeJS 环境，因此需要先安装 nodeJS（服务器端 JS）和 npm（包管理工具）。

可以到 nodeJS 官网进行下载并安装。安装成功后，打开命令行窗口，并运行 node -v 和 npm -v。如果能打印出版本号，即说明 nodeJS 和 npm 已经安装成功，如图 14.1 所示。

```
管理员: C:\Windows\system32\cmd.exe
Microsoft Windows [版本 6.1.7601]
版权所有 (c) 2009 Microsoft Corporation。保留所有权利。

C:\Users\SKS>node -v
v9.3.0

C:\Users\SKS>npm -v
5.5.1

C:\Users\SKS>
```

图 14.1　node 和 npm 安装成功

安装好 node 和 npm 以后，即可以安装 gulp.js 工具。首先需要全局安装 gulp，即可以在全局的环境下调用 gulp 的一些命令。安装命令如下：

```
npm install --global gulp
```

接下来进入项目目录下，进行 gulp 工具的局部安装。安装命令如下：

```
npm install --save-dev gulp
```

当以上两条命令执行完毕后，如果可以通过 gulp-v 打印出版本信息，就说明安装已成功，如图 14.2 所示。

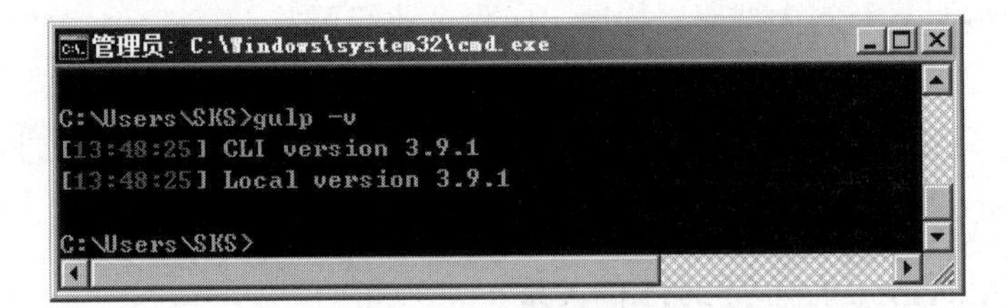

图 14.2　gulp 安装成功

gulp 的使用需要配置 gulpfile.js 文件，将需要执行的任务输入文件中，其中任务包括以下四种：

（1）task()设置任务；

（2）src()查找原始文件；

（3）pipe()连接后续操作；

（4）dest()生成任务后的文件。

然后通过 npm 包管理器下载 gulp-babel 模块，用于 ECMAScript 6.0 转 ECMAScript 5.0 的操作。命令如下：

```
npm install --save-dev gulp-babel babel-preset-env
```

下面配置一下 gulpfile.js 文件，当执行“gulp 任务名”时，就可以得到转化后的代码。gulpfile.js 文件如下：

```
1   var gulp = require('gulp');
2   var babel = require('gulp-babel');
3   gulp.task('babelTask', function() {          // 设置babel的任务
4        gulp.src('es6.js')
5          .pipe(babel({
6             presets: ['es2015']
7          }))
8          .pipe(gulp.dest('dist'));
9   });
```

通过 gulp babelTask 命令，可以把 es6.js 文件进行转换，并把转换结果生成到 dist 文件夹中，如图 14.3 所示。

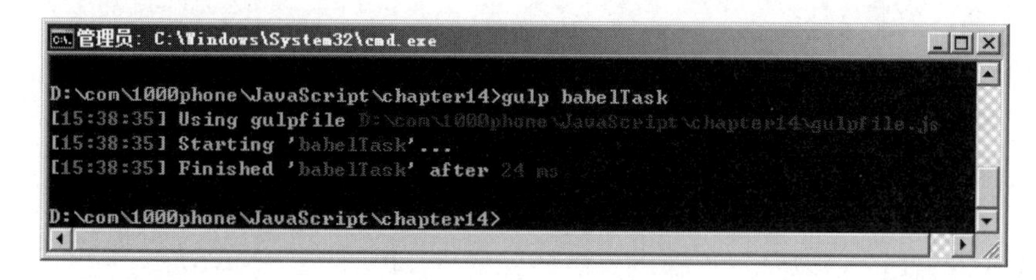

图 14.3　执行 gulp 任务

14.1.2　新增语法

ECMAScript 6.0 对之前的 JavaScript 语法进行了一些功能补充与扩展，具体分为变量、字符串、数值和数组。

1．变量

ECMAScript 6.0 提供两个新的变量语法，即 let 和 const。let 的使用方法与 var 相似，但 let 定义的变量具备块级作用域，下面列举与 var 定义变量的不同，具体示例代码如下：

```
1   <script>
2       {
3           var foo = 10;
4       }
5       console.log(foo);          // 10
6       {
7           let bar = 20;
8       }
```

```
9       console.log(bar);          // 报错
10  </script>
```

let 定义的变量具备块级作用域，只能在相应的块内起作用。利用 let 定义变量具备块级作用域的特点可以实现作用域的保存操作，具体示例代码如下：

```
1   <body>
2       <ul>
3            <li>111</li>
4          <li>111</li>
5          <li>111</li>
6          <li>111</li>
7   </ul>
8   </body>
9   <script>
10      var li = document.getElementsByTagName('li');
11      for(let i=0;i<li.length;i++){
12           li[i].onclick = function(){
13             alert(i);
14           };
15      }
16  </script>
```

当单击任意<li>标签时，会弹出对应的索引值，即 0、1、2……

const 用于定义常量，常量为不可修改的量，如果对其值进行修改会报错，一般用大写的方式来定义常量。具体示例代码如下：

```
1   <script>
2       const FOO = 'hello';
3       FOO = 'hi';              // 报错
4   </script>
```

2．字符串

ECMAScript 6.0 中提供了字符串模板的写法，对字符串拼接进行简化。字符串模板写法需要使用反引号引入字符串，并且通过${}方式来添加变量。具体示例代码如下：

```
1   <script>
2       var foo = 'world';
3       var bar = `hello ${foo} !!!`;
4       console.log(bar);   // 'hello world !!!'
5   </script>
```

除了字符串模板以外，还提供一些新的字符串方法。具体如下：

（1）includes()：判断是否包含相关的字符串，返回布尔值。具体示例代码如下：

```
1   <script>
```

```
2       var foo = 'hello world';
3       console.log(foo.includes('wor'));            // true
4   </script>
```

（2）startsWith()和 endsWith()：判断起始和结束位置，返回布尔值。具体示例代码如下：

```
1   <script>
2       var foo = 'hello world';
3       console.log(foo.startsWith('he'));           // true
4       console.log(foo.endsWith('he'));             // false
5   </script>
```

（3）repeat()：生成重复的字符串。具体示例代码如下：

```
1   <script>
2       var foo = 'hello world';
3       console.log( foo.repeat(3) ); // 'hello worldhello worldhello world'
4   </script>
```

3．数值

ECMAScript 6.0 中提供一些新的数值操作方法。具体如下：

（1）Number.isFinite()：判断是否是有限的数字，返回布尔值。具体示例代码如下：

```
1   <script>
2     console.log( Number.isFinite(25) );            // true
3     console.log( Number.isFinite(Infinity) );      // false
4   </script>
```

示例中的Infinity表示无穷大，通过Number.isFinite()方法会返回false。在ECMAScript 5.0 中提供了 isFinite()方法，它与 Number.isFinite()方法区别在于 inFinite()方法可以转换类型，具体示例代码如下：

```
1   <script>
2     console.log( isFinite('25') );                 // true
3     console.log( Number.isFinite('25') );          // false
4   </script>
```

（2）Number.isNaN()：判断是否是数字类型，返回布尔值。具体示例代码如下：

```
1   <script>
2     console.log( isNaN('hello') );                 // true
3     console.log( Number.isNaN('hello') );          // false
4   </script>
```

Number.isNaN()方法与 isNaN()方法相比，不会自动地进行类型转换，而 isNaN()方法会自动转换类型，因此 Number.isNaN()方法更加严谨。

（3）Number.isInteger()：判断是否是整数数值，返回布尔值。具体示例代码如下：

```
1   <script>
2     console.log( Number.isInteger(3) );  // true
3     console.log( Number.isInteger(3.1) );// false
4   </script>
```

（4）Number.EPSILON：返回一个非常小的常量，用于解决 JavaScript 小数精度问题。具体示例代码如下：

```
1   <script>
2     console.log( Number.EPSILON );        // 2.220446049250313e-16
3     console.log( 0.1 + 0.2 );             // 0.30000000000000004
4   </script>
```

在 JavaScript 中小数计算会存在精度问题，如 0.1 与 0.2 之和不等于 0.3，对于需要数值判断的情况下，可能会出现问题。利用 Number.EPSILON 常量可以解决小数精度的问题。具体示例代码如下：

```
1   <script>
2     function foo(num1,num2){
3           return Math.abs(num1-num2) < Number.EPSILON;
4     }
5     console.log( foo(0.1+0.2 , 0.3) );   // true
6   </script>
```

4．数组

ECMAScript 6.0 中提供了一些新的数组操作方法。

（1）Array.from()：能将伪数组或可迭代对象转换成数组对象。具体示例代码如下：

```
1   <script>
2     function show(){
3           Array.from(arguments).map(function(val){
4             console.log(val);
5           });
6     }
7     show(1,2,3,4);
8   </script>
```

通过 Array.from()方法将 arguments 转换成真正的数组，可以调用数组相关的方法，如 map()方法等。

（2）copyWithin()：在当前数组内部，将指定位置的成员复制到其他位置（会覆盖原有成员），然后返回当前数组。具体示例代码如下：

```
1   <script>
2     var arr = [1,2,3,4,5];
3     console.log( arr.copyWithin(2,3,4) );    // [1, 2, 4, 4, 5]
4   </script>
```

其中，第一个参数为要覆盖的起始位置；第二个参数为截取的起始位置；第三个参数为截取的结束位置（不包括结束位置元素）。例中把截取到的数值 4 覆盖掉原来 2 位置上的数值 3，得到数组[1, 2, 4, 4, 5]。

（3）find()和 findIndex()：查找数组中第一个满足条件的值和查找数组中第一个满足条件的索引值。具体示例代码如下：

```
1   <script>
2     var arr = [1,2,3,4,5];
3     var foo = arr.find(function(val){
4          return val > 3;
5     });
6     console.log(foo);                          // 4
7     var bar = arr.findIndex(function(val){
8          return val > 3;
9     });
10    console.log(bar);                          // 3
11  </script>
```

（4）fill()：使用给定值，填充一个数组。具体示例代码如下：

```
1   <script>
2     var arr = [1,2,3,4,5];
3     console.log( arr.fill(7,2) );              // [1, 2, 7, 7, 7]
4   </script>
```

第一个参数为要填充的元素，第二个参数为填充的起始位置。

（5）includes ()：表示某个数组是否包含给定的值，返回一个布尔值。具体示例代码如下：

```
1   <script>
2     var arr = [1,2,3,4,5];
3     console.log( arr.includes(3) );            // true
4   </script>
```

14.1.3 解构赋值

解构赋值是 ECMAScript 6.0 中提供的一种定义变量的模式，从数组和对象中提取相应的值进行操作。下面列出 ECMAScript 5.0 中定义变量的方法，具体示例代码如下：

```
1   <script>
2     var a = 1;
3     var b = 2;
4     var c = 3;
5   </script>
```

在 ECMAScript 6.0 中可以通过解构赋值的方式来定义变量，具体示例代码如下：

```
1   <script>
2     var [a,b,c] = [1,2,3];
3     console.log(a);           // 1
4     console.log(b);           // 2
5     console.log(c);           // 3
6   </script>
```

解构赋值的方式为数组的方式，下面看下结构赋值的对象方式，具体示例代码如下：

```
1   <script>
2     var {myName : a , myAge : b} = {myName : "hello" ,  myAge : "20"};
3     console.log( a );         // 'hello'
4     console.log( b );         // '20'
5   </script>
```

结构赋值也可以嵌套使用，例如数组方式跟对象方法混合设置，具体示例代码如下：

```
1   <script>
2     var [ a , {x} , b ] = [ 111, { x : 222 } , 333 ];
3     console.log(a);           // 111
4     console.log(x);           // 222
5     console.log(b);           // 333
6   </script>
```

结构赋值可以针对字符串类型，但是不支持数字类型和布尔值类型。具体示例代码如下：

```
1   <script>
2     var [foo] = 'hello';
3     var [bar] = 123;
4     var [baz] = true;
5     console.log(foo);         // h
6     console.log(bar);         // 报错
7     console.log(baz);         // 报错
8   </script>
```

只有具备 iterator 接口的类型才可以进行结构赋值，数字类型和布尔值类型不具备 iterator 接口。

14.1.4 rest 参数

rest 参数也称不定参数或剩余参数，形式为“...变量名”，用于获取函数或解构中的多余参数。具体示例代码如下：

```
1   <script>
2      var [a,b,...c] = [1,2,3,4,5];
3      console.log(a);                         // 1
4      console.log(b);                         // 2
5      console.log(c);                         // [3, 4, 5]
6   </script>
```

示例中，变量 c 会打印出[3,4,5]，即后续的剩余参数，rest 参数一定是出现在定义变量的最后，而不能出现在其他位置。

下面列出 rest 参数在函数中的使用，具体示例代码如下：

```
1   <script>
2      function foo(a,b,...c){
3             console.log(c);                  // [3, 4, 5]
4             console.log(foo.length);         // 2
5      }
6      foo(1,2,3,4,5);
7   </script>
```

注意函数的 length 属性返回函数形参的个数，但不包括 rest 参数。

14.1.5 箭头函数

箭头函数用于对函数进行简化操作，主要涉及的语法为箭头（=>）。下面列举了对比 ECMAScript 5.0 的写法，以便于理解箭头函数的写法。具体示例代码如下：

```
1   <script>
2      // ES5
3      var foo = function(x){
4             return x;
5      };
6      // ES6 箭头
7      var foo = x => x;
8      // ES5
9      var bar = function(x,y){
10            return x + y;
11     };
12     // ES6 箭头
```

```
13      var bar = (x,y) => x + y;
14      // ES5
15      var baz = function(x,y){
16            x = x*x;
17            y = y*y;
18            return x + y;
19      };
20      // ES6 箭头
21      var fun = (x,y) => {
22            x = x*x;
23            y = y*y;
24            return x + y;
25      };
26   </script>
```

下面示例演示匿名函数或回调函数如何改写为箭头函数。具体示例代码如下：

```
1    <script>
2      // ES5
3      setTimeout(function(){
4            console.log(123);
5      },1000);
6      // ES6 箭头
7      setTimeout(() => {
8            console.log(123);
9      },1000);
10   </script>
```

箭头函数与普通函数除在写法上有区别外，功能上也有一些需要注意的方面，下面分别进行讲解。

1．this 指向问题

箭头函数中的 this 不会受到任何影响，而且它还会指向外层的环境。具体示例代码如下：

```
1    <script>
2      document.onclick = function(){
3            setTimeout(() => {
4              console.log(this);         // document
5            },1000);
6      };
7    </script>
```

可以发现，当单击页面时，会打印出 this 为 document。此时，this 并没有受到定时器的影响，因为定时器采用箭头函数的设置，不会对 this 造成影响。

2．不能作为构造函数来使用

箭头函数作为构造函数来使用时会提示报错。

3．不能使用 arguments

箭头函数中不存在 arguments 对象，调用时会提示报错。

4．不能在 Generator 函数中使用

箭头函数中不能在 Generator 函数中使用，这里不作过多陈述，只需了解不可以使用箭头函数即可。

14.1.6 Symbol 类型

Symbol 类型是 ECMAScript 6.0 中提供的一种新的数据类型，表示独一无二的值。这种类型主要用于解决对象属性冲突问题。下面列举冲突的示例，具体示例代码如下：

```
1   <script>
2      var obj = {
3            myName : 'hello'
4      };
5      function foo(){
6            obj.myName = 'hi';
7            console.log(obj.myName);          // hi
8      }
9      foo();
10     console.log(obj.myName);                // hi
11  </script>
```

当函数内部对 obj 对象的 myName 属性进行设置时，会影响到其外面的 myName 属性。如果两个 myName 属性是由两个不同的开发人员设置的，此时就会产生冲突。

下面演示以 Symbol 类型解决冲突的问题，具体示例代码如下：

```
1   <script>
2      var obj = {
3            myName : 'hello'
4      };
5      function foo(){
6            var myName = Symbol();
7            obj[myName] = 'hi';
8            console.log(obj[myName]);         // hi
9      }
10     foo();
```

```
11     console.log(obj.myName);          // hello
12  </script>
```

通过 Symbol 对象定义的属性，只能在函数内部使用，而不能在外面被调用，可以防止对象属性的一个冲突。

14.2 ECMAScript 6.0 进阶

视频讲解

14.2.1 新增面向对象

在 ECMAScript 5.0 中通过构造函数创建对象，与传统的面向对象语言（例如 C++、Java）相比，具有很大差异，容易让初学者感到困惑。

ECMAScript 6.0 提供了更接近传统语言的写法，引入了 Class（类）这个概念，作为对象的模板。通过 class 关键字定义类。可以把 ECMAScript 6.0 中的类等价于 ECMAScript 5.0 中的构造函数，接下来用示例演示如何以 Class 方式创建对象，具体示例代码如下：

```
1   <script>
2     class Foo {
3          constructor(x,y){
4            this.x = x;
5            this.y = y;
6          }
7          sum(){
8            return this.x + this.y;
9          }
10    }
11    var obj = new Foo(2,3);
12    console.log( obj.sum() );     // 5
13  </script>
```

constructor()方法为固定语法格式，表示构造器，一般用于设置对象中的属性。sum()方法为自定义方法，表示添加到原型下的方法。创建对象的方式与 ECMAScript 5.0 当中的实现一样。

在 ECMAScript 6.0 中专门提供了一个 extends 语法，用于对象的继承操作。在继承时，子类的 this 需要指向父类中的 this。需要通过 super()方法来获取父类的 this，才可以继承中使用。具体示例代码如下：

```
1   <script>
2     class Foo {                    // 父类
3          constructor(x,y){
4            this.x = x;
5            this.y = y;
```

```
6           }
7           sum(){
8             return this.x + this.y;
9           }
10      }
11      class Bar extends Foo {         // 子类
12          constructor(x,y,z){
13            super(x,y);
14            this.z = z;
15          }
16          sum(){
17            return this.x + this.y + this.z;
18          }
19      }
20      var obj = new Bar(1,2,3);
21      console.log( obj.sum() );     // 6
22  </script>
```

注意，super()方法一定要写到 constructor()构造器的最前面，否则会报错。下面利用 ECMAScript 6.0 中的面向对象写法，实现拖曳和继承拖曳的效果。具体如例 14-1 所示。

【例 14-1】 利用 ECMAScript 6.0 中的面向对象写法，实现拖曳和继承拖曳的效果。

```
1   <!doctype html>
2   <html>
3   <head>
4   <meta charset="utf-8">
5   <title>ES6 进阶</title>
6   <style>
7     #div1{ width:100px; height:100px; background:red; position:absolute;}
8     #div2{ width:100px; height:100px; background:blue; position:absolute;}
9   </style>
10  </head>
11  <body>
12    <div id="div1"></div>
13    <div id="div2"></div>
14  <script>
15    var oDiv1 = document.getElementById('div1');
16    var oDiv2 = document.getElementById('div2');
17    class Drag{                  // 父类的拖曳
18        constructor(elem){
19          this.elem = elem;
20          this.disX = 0;
21          this.disY = 0;
22        }
```

```
23          drag(){
24           this.elem.onmousedown = (ev) => {
25               this.down(ev);
26           };
27          }
28          down(ev){
29           this.disX = ev.pageX - this.elem.offsetLeft;
30           this.disY = ev.pageY - this.elem.offsetTop;
31           document.onmousemove = (ev) => {
32               this.move(ev);
33           };
34           document.onmouseup = () => {
35               this.up();
36           };
37          }
38          move(ev){
39           this.elem.style.left = ev.pageX - this.disX + 'px';
40           this.elem.style.top = ev.pageY - this.disY + 'px';
41          }
42          up(){
43           document.onmousemove = null;
44           document.onmouseup = null;
45          }
46    }
47    class RangeDrag extends Drag {         // 子类的拖曳
48          constructor(elem){
49           super(elem);
50          }
51          move(ev){
52           var L = ev.pageX - this.disX;
53           var T = ev.pageY - this.disY;
54           if(L<0){
55               L = 0;
56           }
57           else if(L>document.documentElement.clientWidth - this.elem.
             offsetWidth){
58               L = document.documentElement.clientWidth - this.elem.
                 offsetWidth;
59           }
60           if(T<0){
61               T = 0;
62           }
63           else if(T>document.documentElement.clientHeight - this.
             elem.offsetHeight){
```

```
64                  T = document.documentElement.clientHeight - this.elem.
                    offsetHeight;
65              }
66              this.elem.style.left = L + 'px';
67              this.elem.style.top = T + 'px';
68          }
69      }
70      var d1 = new Drag(oDiv1);
71      d1.drag();
72      var d2 = new RangeDrag(oDiv2);
73      d2.drag();
74  </script>
75  </body>
76  </html>
```

运行结果如图 14.4 所示。

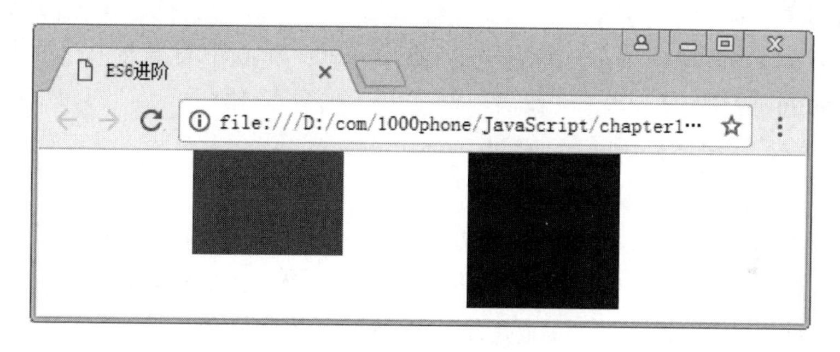

图 14.4　例 14-1 的运行结果

在例 14-1 中，首先定义两个类，分别为父类的 Drag 和子类的 RangeDrag，通过语法 extends 方式完成 RangeDrag 继承 Drag 的操作，并重新改写了父类中的 move()方法。

14.2.2　promise 规范

promise 规范是异步编程的一种解决方案，比传统的解决方案更合理、更强大。最早由社区提出和实现，ECMAScript 6.0 将其写进语言标准，提供 promise 对象。

首先了解传统的回调方式是如何解决异步问题的，例如，实现一个延迟定时器，而且每隔一段时间执行一个任务，具体示例代码如下：

```
1  <script>
2      function foo(time,cb){
3          setTimeout(function(){
4              console.log(time + '秒后执行:');
5              cb();
```

```
6            },time*1000);
7        }
8        foo(1,function(){
9              console.log('任务 1');
10             foo(2,function(){
11               console.log('任务 2');
12               foo(3,function(){
13                   console.log('任务 3');
14               });
15             });
16       });
17   </script>
```

示例中，过 1s 后执行任务 1，再过 2s 后执行任务 2，再过 3s 后执行任务 3。通过层层回调的方式来实现这种异步的执行，通常把这种层层嵌套的函数称为回调金字塔。但这种方式不利于阅读、后期维护也不方便。promise 规范就是用来将层层嵌套的函数改为按顺序书写的模式。

接下来介绍 promise 对象的基本使用，在 promise 对象中有三种状态，具体如下：

（1）pending 等待状态；

（2）resolved 解决状态；

（3）rejected 未解决状态。

只有异步操作的结果可以决定当前处于哪一种状态，任何其他操作都无法改变当前状态。一旦状态确定，就不会再变，无论何时都可以得到这个结果。

promise 对象的状态改变，只能是从 pending 状态到 resolved 状态和从 pending 状态到 rejected 状态。只要这两种情况发生，状态就会凝固，无法改变。当状态变成 resolved 时，会触发对应成功的回调函数。当状态变成 rejected 时，会触发对应失败的回调函数。

promise 对象可以将异步操作以同步操作的流程表达出来，避免层层嵌套的回调函数。此外，promise 对象提供统一的接口，使得控制异步操作更容易。具体示例代码如下：

```
1   <script>
2     function foo(time){
3           var promise = new Promise(function(resolve,reject){
4             setTimeout(function(){
5                 console.log(time + '秒后执行:');
6                 resolve();
7             },time*1000);
8           });
9        return promise;
10     }
11       // 按照顺序进行数据的打印
```

```
12    foo(1)
13        .then(function(){
14            console.log('任务1');
15            return foo(2);
16        })
17        .then(function(){
18            console.log('任务2');
19            return foo(3);
20        })
21        .then(function(){
22            console.log('任务3');
23        });
24 </script>
```

创建 promise 对象通过 new Promise()来实现，在回调函数中接收两个参数 resolve 和 reject，表示解决状态和未解决状态。then()方法可以设置状态对应的触发回调操作，第一个参数为成功时触发的回调，第二个参数为失败时触发的回调。通过 promise 对象和 then()方法，就可以实现顺序的写法，从而避免回调金字塔的产生。

14.2.3 for…of 循环

for…of 循环是 ECMAScript 6.0 中提供的新的遍历数据的方法。它比 ECMAScript 5.0 中提供的 for、for…in、forEach()等遍历方法都要简单，而且避免了 for…in、forEach()的所有缺陷。

学习 for…of 循环前，先来介绍 for…in 和 forEach()存在的缺陷，具体如下：

（1）当用 for…in 去遍历数组时，key 值为索引值，但得到的索引值类型为字符串类型，而不是数字类型。接下来通过案例来演示，具体如例 14-2 所示。

【例 14-2】 for…in 遍历数组，key 值为索引值，得到的索引值类型为字符串类型。

```
1  <!doctype html>
2  <html>
3  <head>
4  <meta charset="utf-8">
5  <title>ES6进阶</title>
6  <script>
7      var arr = ['a','b','c'];
8      for(var v in arr){
9          console.log(typeof v);      // 输出数组每一项
10         console.log(v);
11     }
```

```
12  </script>
13  </head>
14  <body>
15  </body>
16  </html>
```

运行结果如图 14.5 所示。

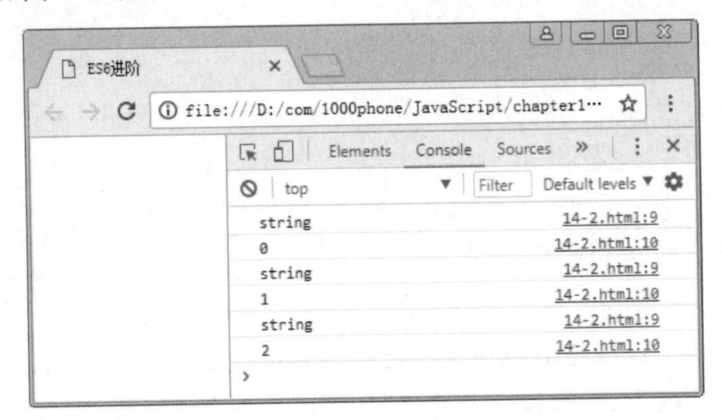

图 14.5 例 14-2 的运行结果

在例 14-2 中，定义一个数组 arr，并对其进行 for…in 遍历，打印出每次遍历得到的 key 值，即 v 分别为下标 0、1、2，但 for…in 获取的下标的类型是字符串类型。

（2）for…in 遍历是无序输出的，结果可能会有顺序问题。接下来通过案例来演示，具体如例 14-3 所示。

【例 14-3】 for…in 遍历结果可能会有顺序问题。

```
1   <!doctype html>
2   <html>
3   <head>
4   <meta charset="utf-8">
5   <title>ES6 进阶</title>
6   <script>
7     var obj = { name : "hello" , 11 : 22 , age : 100 };
8     for(var v in obj){
9           console.log(v);
10    }
11  </script>
12  </head>
13  <body>
14  </body>
15  </html>
```

运行结果如图 14.6 所示。

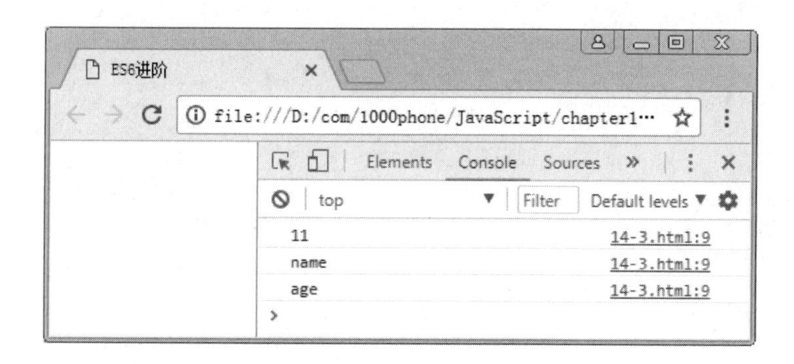

图 14.6 例 14-3 的运行结果

在例 14-3 中，定义一个对象 obj，并赋予一些初始值，通过 for…in 对 obj 对象进行遍历，打印出 key 值，即 v 值。可以发现输出的 key 与定义初始的 key 的顺序并不相同。

（3）for…in 可以遍历到可扩展的属性或方法，但有时并不需要获取这些可扩展的元素。接下来通过案例来演示，具体如例 14-4 所示。

【例 14-4】 for…in 可以遍历到可扩展的属性或方法，但有时并不需要获取这些可扩展元素。

```
1   <!doctype html>
2   <html>
3   <head>
4   <meta charset="utf-8">
5   <title>ES6 进阶</title>
6   <script>
7      var arr = ['a','b','c'];
8      arr.name = 'hello';
9      for(var v in arr){
10             console.log(v);
11     }
12  </script>
13  </head>
14  <body>
15  </body>
16  </html>
```

运行结果如图 14.7 所示。

在例 14-4 中，定义一个数组 arr，对 arr 数组添加一个值为 hello 的 name 属性。通过 for…in 进行遍历，可以看到不仅输出了初始值的 key，还输出了后添加的 name 属性。

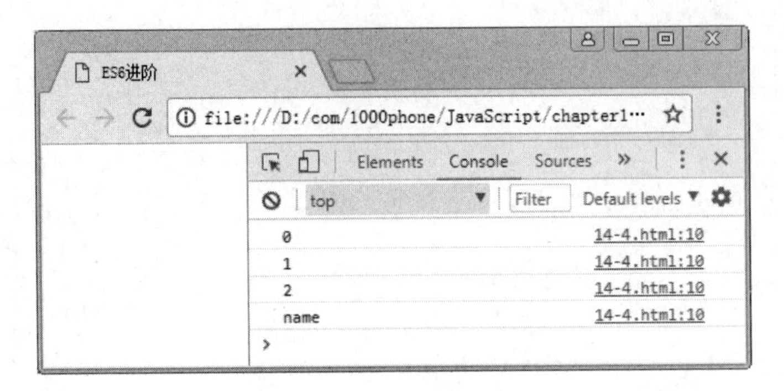

图 14.7 例 14-4 的运行结果

（4）forEach()遍历不能使用 break 和 continue 进行跳出操作，否则会报错，也不能使用 return 跳出操作。for…of 遍历可以避免这些问题，接下来通过案例来演示，具体如例 14-5 所示。

【例 14-5】 利用 for…of 遍历解决 forEach()遍历不能使用 break、continue 和 return 跳出操作的问题。

```
1   <!doctype html>
2   <html>
3   <head>
4   <meta charset="utf-8">
5   <title>ES6 进阶</title>
6   <script>
7      var arr = ['a','b','c'];
8      for(var v of arr){
9            console.log(v);
10     }
11  </script>
12  </head>
13  <body>
14  </body>
15  </html>
```

运行结果如图 14.8 所示。

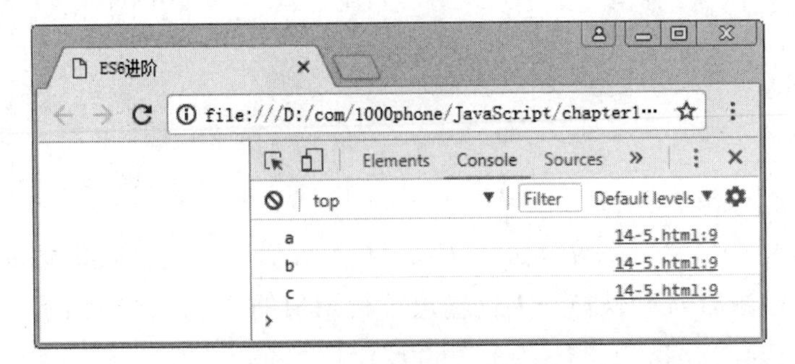

图 14.8 例 14-5 的运行结果

for…of 方法只能遍历部署 Symbol.iterator 属性的数据结构，如数组、字符串、set 类型和 map 类型等。在 14.2.4 节中将介绍 set 和 map 两个新的数据类型。因此当 for…of 去遍历对象时，会返回遍历错误，提示 Symbol.iterator 属性不存在。具体示例代码如下：

```
1   <script>
2     var obj = { name : "hello" , age : "100" };
3     for(var v of obj){  // 错误 : obj[Symbol.iterator] is not a function
4           console.log(v);
5     }
6   </script>
```

14.2.4　set 和 map 数据结构

1．set 数据结构

set 数据结构通过 new Set()方式来创建，set 方式没有 length 属性，用 size 属性表示数据集合的长度。具体示例代码如下：

```
1   <script>
2     var s = new Set(['a','b','c']);
3     console.log( s.length );            // undefined
4     console.log( s.size );              // 3
5   </script>
```

set 数据结构可通过 for…of 遍历到每一项，接下来通过案例来演示，具体如例 14-6 所示。

【例 14-6】 set 数据结构可以通过 for…of 遍历到每一项。

```
1   <!doctype html>
2   <html>
3   <head>
4   <meta charset="utf-8">
5   <title>ES6 进阶</title>
6   <script>
7     var s = new Set(['a','b','c']);
8     for(var v of s){
9           console.log(v);
10    }
11  </script>
12  </head>
13  <body>
14  </body>
15  </html>
```

运行结果如图 14.9 所示。

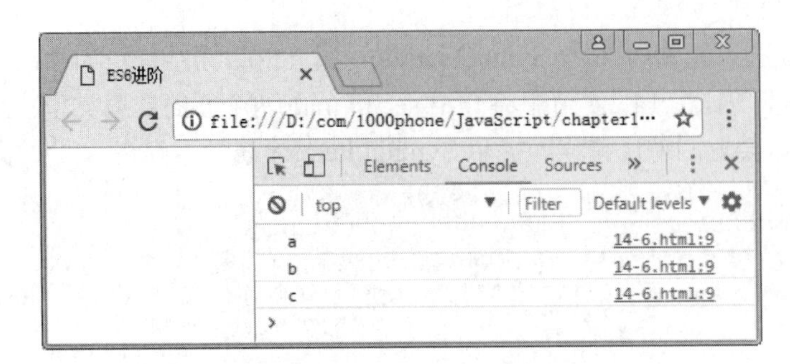

图 14.9　例 14-6 的运行结果

set 方式提供了一些相关的方法，有助于对 set 数据结构进行操作。下面分别介绍这些方法。

（1）add()

add()方法表示往 set 数据中添加元素。具体示例代码如下：

```
1   <script>
2     var s = new Set();
3     s.add('a');
4     s.add('b');
5     console.log( s.size );        // 2
6   </script>
```

（2）delete()

delete()方法表示从 set 数据中删除元素。具体示例代码如下：

```
1   <script>
2     var s = new Set();
3     s.add('a');
4     s.add('b');
5     s.delete('b');
6     console.log( s.size );        // 1
7   </script>
```

（3）has()

has()方法表示判断 set 数据中是否存在该元素。具体示例代码如下：

```
1   <script>
2     var s = new Set();
3     s.add('a');
4     console.log( s.has('a') );   // true
5   </script>
```

（4）clear()

clear()方法表示清除 set 数据中的所有元素。具体示例代码如下：

```
1  <script>
2     var s = new Set();
3     s.add('a');
4     s.add('b');
5     s.clear();
6     console.log( s.size );                    // 0
7  </script>
```

set 数据类型与数组类型最大的区别在于，可以去掉重复的元素。接下来通过案例来演示，具体如例 14-7 所示。

【例 14-7】 用 set 数据类型去掉重复的元素。

```
1   <!doctype html>
2   <html>
3   <head>
4   <meta charset="utf-8">
5   <title>ES6 进阶</title>
6   <script>
7      var s = new Set(['a','b','c','a','b','d']);
8      console.log( s.size );
9      for(var v of s){
10           console.log(v);
11     }
12  </script>
13  </head>
14  <body>
15  </body>
16  </html>
```

运行结果如图 14.10 所示。

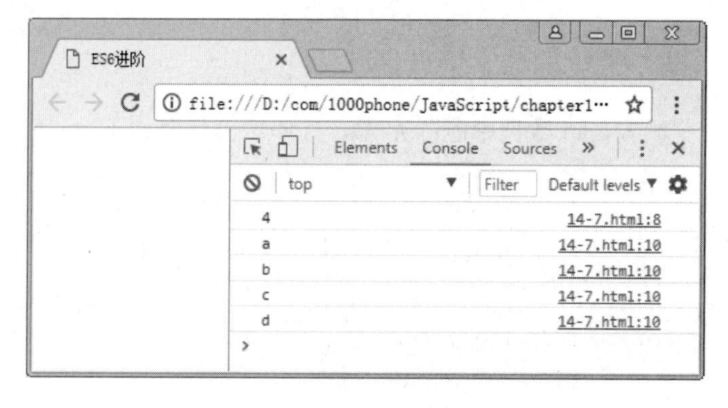

图 14.10　例 14-7 的运行结果

在例 14-7 中，用 set 数据定义了一些初始值，其中有一些是重复的。set 数据会自动进行去重操作，因此，打印出的 size 和遍历的值都是去重后的结果。

利用 set 数据的去掉重复数据的特点可以实现数组去重的功能。具体示例代码如下：

```
1   <script>
2     var arr = ['a','b','c','a','b','d'];
3     var newArr = Array.from(new Set(arr));
4     console.log(newArr);                    // ['a', 'b', 'c', 'd']
5   </script>
```

2．map 数据结构

map 数据结构与 set 数据结构相似，同样具备 size 属性，与 set 数据不同的是 map 数据结构需要设置一组键值对。具体示例代码如下：

```
1   <script>
2     var m = new Map([
3           ['name','hello'],
4           ['age','100']
5     ]);
6     console.log( m.size );                  // 2
7   </script>
```

map 方式提供了一些有助于对 map 数据结构进行操作的方法。下面分别介绍这些方法。

（1）set()和 get()

set()方法和 get()方法表示向 map 数据中添加元素和获取元素。具体示例代码如下：

```
1   <script>
2     var m = new Map();
3     m.set('name','hello');
4     console.log( m.size );              // 1
5     console.log(m.get('name'));         // 'hello'
6   </script>
```

（2）delete()

delete()方法表示从 map 数据中删除元素。具体示例代码如下：

```
1   <script>
2     var m = new Map();
3     m.set('name','hello');
4     m.delete('name');
5     console.log( m.size );              // 0
6   </script>
```

（3）has()

has()方法表示判断 map 数据中是否存在该元素。具体示例代码如下：

```
1   <script>
```

```
2      var m = new Map();
3      m.set('name','hello');
4      console.log( m.has('name') );     // true
5   </script>
```

（4）clear()

clear()方法表示清除 map 数据中的所有元素。具体示例代码如下：

```
1   <script>
2      var m = new Map();
3      m.set('name','hello');
4      m.clear();
5      console.log( m.size );            // 0
6   </script>
```

map 数据的主要作用是可以把 DOM 节点作为对象的属性。在 ECMAScript 5.0 中如果把 DOM 节点作为对象的属性，则 map 数据会被转换成字符串类型，而 ECMAScript 6.0 中则不会转换。具体示例代码如下：

```
1   <body>
2      <div id="div1"></div>
3   </body>
4   <script>
5      var oDiv = document.getElementById('div1');
6      var obj = {
7            [oDiv] : 'hello'
8      };
9      var m = new Map([
10           [oDiv , 'hello']
11     ]);
12     for(var v in obj){
13           console.log(v);             // '[object HTMLDivElement]'
14     }
15     for( var v of m.keys() ){
16           console.log(v);             // <div id="div1"></div>
17     }
18  </script>
```

14.2.5 遍历器与生成器

1．遍历器

在 ECMAScript 6.0 语法中提供了一个内置的接口，即 Iterator 遍历器，它能为各种不同的数据结构提供统一的访问机制。当在数据结构中设置 Iterator 接口后，就可以使用 for…of 语法对数据进行遍历操作。

Iterator 遍历器的原理是创建一个指针对象，遍历时通过调用指针对象的 next()方法，移动到下一个数据。Iterator 遍历器指针如图 14.11 所示。

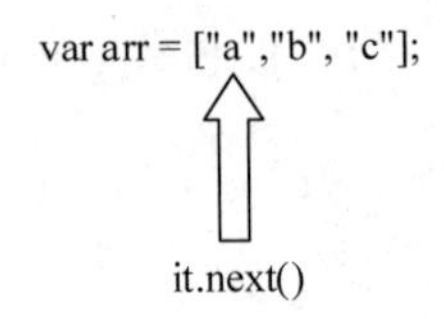

图 14.11 Iterator 遍历器指针

在 ECMAScript 6.0 语法中，通过 Symbol.iterator 可以访问到指针对象。接下来通过案例来演示，具体如例 14-8 所示。

【例 14-8】 通过 Symbol.iterator 访问指针对象。

```
1   <!doctype html>
2   <html>
3   <head>
4   <meta charset="utf-8">
5   <title>ES6 进阶</title>
6   <script>
7     var arr = ['a','b','c'];
8     var it = arr[Symbol.iterator]();
9     console.log( it.next() );
10    console.log( it.next() );
11    console.log( it.next() );
12    console.log( it.next() );
13  </script>
14  </head>
15  <body>
16  </body>
17  </html>
```

运行结果如图 14.12 所示。

调用执行后，返回一个遍历器对象，通过遍历器对象的 next()方法可以访问到数据项，再次调用 next()方法时可以让指针向后移动，从而得到数据中的下一项。直到 done 属性返回 true，说明已经访问到整个数据的最后位置，此时的 value 属性返回 undefined。

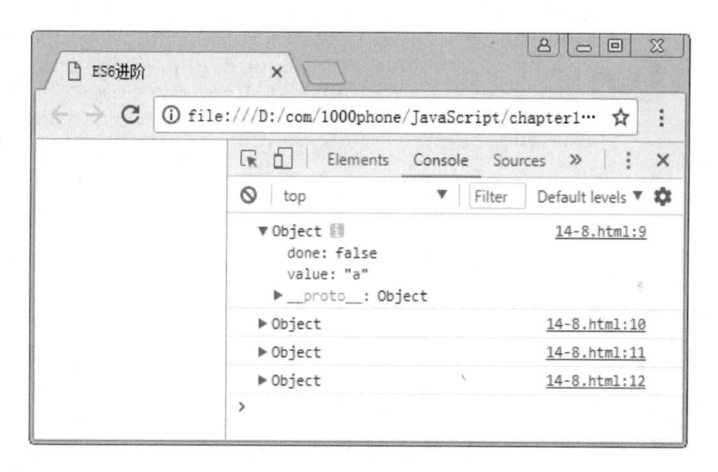

图 14.12　例 14-8 的运行结果

使用遍历器对性能有一定的提升，因为针对大量数据操作时，只需把指针对象的位置移动即可。所以尽量在 ECMAScript 6 中采用 for…of 循环。

2．生成器

在 ECMAScript 6.0 中提供了一个名为 Generator 生成器的语法，它主要提供了一种异步编程的解决方案，它比 promise 规范更加灵活，更适合异步编程。

Generator 函数与普通函数写法上有所不同，Generator 需要在 function 语法后添加一个*号，而且在 Generator 函数内部还提供了 yield 语法。接下来通过案例来演示，具体如例 14-9 所示。

【例 14-9】 Generator 生成器的使用。

```
1  <script>
2    function* foo(){
3          yield 5;
4          yield 6;
5          yield 7;
6    }
7    var it = foo();
8    console.log( it.next() );
9    console.log( it.next() );
10   console.log( it.next() );
11   console.log( it.next() );
12 </script>
```

运行结果如图 14.13 所示。

当执行 Generator 函数时，会返回一个遍历器对象，数据 5、6、7 其实可以看作一个集合，调用一次 next()方法后，才能进行下一次的调用。

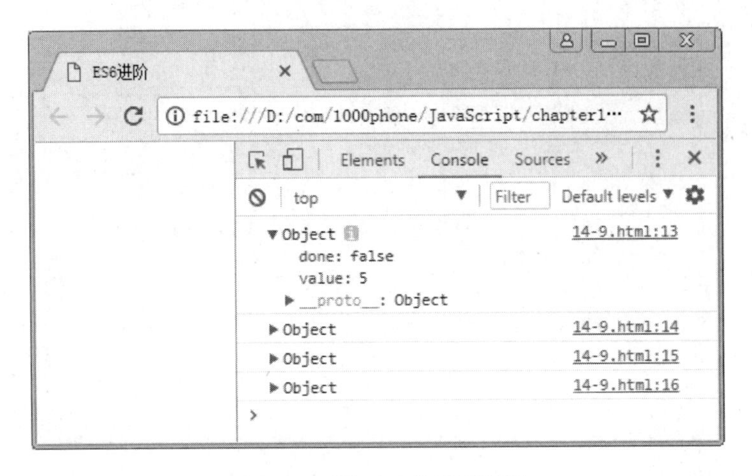

图 14.13 例 14-9 的运行结果

下面介绍 yield 语句的返回值，需要在 next()方法中传递参数，传递的参数会作为上一次 yield 语法的返回结果。具体示例代码如下：

```
1   <script>
2     function* foo(){
3             var a = yield;
4             yield a + 3;
5     }
6     var g = foo();
7     g.next();
8     console.log( g.next(5) );          // {value: 8, done: false}
9   </script>
```

下面示例将演示如何利用 Generator 函数来解决异步的问题，首先演示问题代码，具体如下：

```
1   <script>
2     function foo(){
3             var result = asyncMethod(5);
4             console.log(result);    // undefined
5     }
6     function asyncMethod(x){
7             setTimeout(function(){
8               return x*x;
9             },1000);
10    }
11    foo();
12  </script>
```

由于定时器属于异步操作，因此 result 调用时，异步操作未结束，这时打印 result 结果会返回 undefined。通过 Generator 函数，可以让异步变得简单，像写同步操作的方式来写异步操作。具体示例代码如下：

```
1   <script>
2     function* foo(){
3           var result = yield asyncMethod(5);
4           console.log(result);        // 25
5     }
6     function asyncMethod(x){
7           setTimeout(function(){
8             g.next(x*x);
9           },1000);
10    }
11    var g = foo();
12    g.next();
13  </script>
```

1s 后会在控制台上打印出 25，这种方式更符合编程的习惯。

14.3 本章小结

通过本章的学习，希望读者能够了解 ECMAScript 6.0 的一些相关概念和基本语法，并能够学会运用 ECMAScript 6.0 中的一些高级用法，包括 rest 参数、箭头函数、class 面向对象、Symbol 类型、promise 规范、set 和 map 类型、遍历器、生成器等。

14.4 习题

1．填空题

（1）gulp 的使用是需要配置一个________的文件。
（2）在 ECMAScript 6.0 中提供了两种新的定义变量方式为________、________。
（3）rest 参数也叫不定参数或剩余参数，形式为________。
（4）promise 规范的三种状态分别为________、________、________。
（5）________类型是 ECMAScript 6.0 中提供的一种新的数据类型，表示独一无二的值。

2．选择题

（1）面向对象中的 Class 语法用于定义（　　）。
　　A．对象　　B．类　　C．接口　　D．泛型
（2）下面对箭头函数描述错误的是（　　）。

A．不能作为构造函数来使用　　B．不可以使用 arguments
C．不可以用在 Generator 函数中　　D．不可以使用 return

（3）下面不属于 ECMAScript 6.0 中新增的字符串方法的是（　　）。
A．includes　　B．repeat　　C．startsWith　　D．copyWithin

（4）set 数据类型跟数组类型最大的区别在于，可以（　　）元素。
A．排序　　B．找最小值　　C．去重　　D．找最大值

（5）Generator 函数用来解决（　　）。
A．同步问题　　B．异步问题　　C．动画问题　　D．模块问题

3．思考题

（1）请简述 promise 规范。
（2）请简述 for…of 循环与其他循环的区别。

图书资源支持

感谢您一直以来对清华版图书的支持和爱护。为了配合本书的使用，本书提供配套的资源，有需求的读者请扫描下方的"书圈"微信公众号二维码，在图书专区下载，也可以拨打电话或发送电子邮件咨询。

如果您在使用本书的过程中遇到了什么问题，或者有相关图书出版计划，也请您发邮件告诉我们，以便我们更好地为您服务。

我们的联系方式：

地　　址：北京市海淀区双清路学研大厦 A 座 701

邮　　编：100084

电　　话：010－62770175－4608

资源下载：http://www.tup.com.cn

客服邮箱：tupjsj@vip.163.com

QQ：2301891038（请写明您的单位和姓名）

资源下载、样书申请

书圈

扫一扫，获取最新目录

用微信扫一扫右边的二维码，即可关注清华大学出版社公众号"书圈"。